庆祝 新中国成立 人民政协成立 **70** 周年

主　编◎**杨天兵**

副 主 编◎**黄琪晨**

书名题字◎ 鄢福初

守望初心

听政协委员讲家风的故事

中国文史出版社

◎ 主　　编：杨天兵

◎ 副 主 编：黄琪晨

◎ 采　　编：仇　婷　吴双江　黄　璐　唐静婷　沐方婷　李悦涵

　　　　　　夏丽杰　彭叮咛　廖宇虹　周　欢　刘权剑　邹嘉昊

◎ 音频主播：仇　婷　沐方婷　汪　平

◎ 美术编辑：彭　鹏　高　杉

序　言

家国，在中国人心中，总是一股"沛乎塞苍冥"的浩然正气。

自古以来，中华民族始终重视"家国"文化建设，但凡清官严吏，都把优良的家训家规、家教家风，作为励志勉学的精神食粮、修身处世的道德标准、为官从政的坚挺脊梁。很多积极的家教思想、古朴的家风文明，在岁月的淘洗中愈发真实深邃、淳厚浓酽，滋润着时代正气的心灵，培养着传统美德的力量。

家风，是一个家庭中气质与价值观的体现，也是一个民族文明传承绵延在血脉中的基因。由家及国，弘扬中国传统文化提倡的"修身、齐家、治国、平天下"的文化内核，也是家风传承的根本。这正如习近平总书记所说："家庭是社会的基本细胞，是人生的第一所学校。"家，是家庭的"家"，也是国家的"家"。"小家"连着"大家"，关乎"国家"。

好家风是人格的镜子，是弘扬正气正义之根，是初心之源，是精神之钙。"蓬生麻中，不扶而直，白沙在涅，与之俱黑。"家风是一个人精神成长的开端，它影响着一个人的一生的走向。时光荏苒，历史已经翻过了一页，但是他们的懿德良行、襟怀情操并没有随着时光的流逝而消弭，而是在他们各自的家庭和后人中延续着、传承着。从这个角度上讲，家风是一种积淀，是一种传承，也是一本读不完的书。

《守望初心——听政协委员讲家风的故事》正是讲述委员家风初心的故事，那一个个守望的故事，一个个守望的身影，穿过时代的烟云，如此清晰动人。这是政协人献礼新中国成立 70 周年、人民政协成立 70 周年的温情之作。在这里，我们看到家风里那盏乡愁不灭的明灯，那份亲情绵远的牵挂，以及那种家国永恒的沛然情怀。

本书脱胎于政协云、《文史博览·人物》、力量湖南联合推出的"夜读往事之家风传承"音频栏目，邀请政协委员讲述家庭、家教、家风故事，至栏目开播一年多来，已有近80位政协委员讲述他们的家风故事。这些真挚感人的故事被编辑成书的同时，音频地址二维码也附于每篇故事之首，因而这又是一本可以"听"的纸质书籍，可谓匠心可期。

在这近80期的家风系列故事中，来自全国、省、市、县四级政协人，纷纷讲述对家风、家教、家规、家训的思考、理解、体悟和力行，进而阐发修身、养性、为人、处世、齐家、治国等方面的见解，传递了修齐治平、家国相依的情怀，传播了积善能裕、怀德维宁的家风、家教，同时也表达了对亲人慎终追远的那份永恒的牵挂和怀念。文章寓意强、道理清、文字简、故事精，感人至深。可以看出，"家风"作为个体的人生起点，是每个人的精神源泉、归宿，也是每个人的初心。新时代咏诵家风，是不忘初心，是对家国情怀的致敬，对伟大祖国的致敬！

通过政协委员来讲述家风，也是凝聚社会共识。一个人有一个人的气质，一个国家有一个国家的性格。一个家庭在长期的延续过程中，也会形成自己独特的风气。无论时代发生多大变化，无论生活格局发生多大变化，注重家庭、注重家教、注重家风，是我们民族共同的价值认同，因为只有每个家庭的家风充满正能量，那么由家而国，整个国家才能充盈着由各个家庭汇聚而来的正能量，可谓家风正，则国风正。

目录
Contents

辑一

辑 ❷

辑 ❸

003

辑④

辑
一

未有我之先，家国已在焉；没有我之后，家国仍永存。多少沧桑付流水，常念家国在心怀。

叶小文：
多少沧桑付流水，常念家国在心怀

文 | 叶小文

习近平总书记说："家庭是社会的基本细胞，是人生的第一所学校。"家，是家庭的"家"，也是国家的"家"。"小家"连着"大家"，关乎"国家"。

中国传统文化提倡"修身、齐家、治国、平天下"。修身，以"孝"文化为起步，由孝而忠。爱乡方爱国，尽孝常尽忠；忠厚传家久，诗书济世长。孝，其实就是"扣好人生的第一颗扣子"。齐家，以"年"文化最为浓烈。这是中国人文化认同的象征，是对自己文化记忆的顽强保留，也是对家庭、亲情等重要文化价值的坚定守候。治国、平天下，以"家国"文化为真谛。

有多少名言警句可以信手拈来："烽火连三月，家书抵万金"（杜甫）；"常思奋不顾身，而殉国家之急"（司马迁）；"生当作人杰，死亦为鬼雄"（李清照）；"驾长车、踏破贺兰山缺"（岳飞），"壮志饥餐胡虏肉，笑谈渴饮匈奴血"（岳飞）；"死去原知万事空，但悲不见九州同。王师北定中原日，家祭无忘告乃翁"（陆游）；"苟利国家生死以，岂因祸福避趋之"（林则徐）；"恨不抗日死，留作今日羞，国破尚如此，我何惜此头"（吉鸿昌）；"我以我血荐轩辕"（鲁迅）……

史书万卷，字里行间都是"家国"二字。无论社会变迁沧海桑田，不管乡野小农高官巨贾，人皆知"万物本乎天，人本乎祖"的规则，都遵循"敬天法祖重社稷"的古训。家国，在中国人心中，总是一股"沛乎塞苍冥"的浩然正气。

现代化使人们的物质生活水平普遍提高，可精神世界却缺少了关照。欲望在吞噬理想，多变在动摇信念，心灵、精神、信仰在被物化，被抛弃。如果失落了对自身存在意义的终极关切，人，靠什么安身立命？

"人，在发觉诊治身体的药石业已无效时，才能急着找出诊治心灵的药方。"笔者认为，继承和弘扬孝文化之合理内核，有助于找回尊重生命、敬畏生命这两条约定，治疗迷心逐物的现代病。

孝的本质之一是"生命的互相尊重"。孝文化所倡导的"善事双亲""敬养父母""老吾老以及人之老"，不仅要求我们尊重自己父母的生命，也要尊重、关爱他人的生命，从而扩展为对上孝敬、对下慈、对亲友悌、对国家孝忠，将"亲其亲、长其长"的家人之孝升华为"助天下人爱其所爱"的大爱。

孝的本质之二是"敬畏"。宗教的原理是敬畏神，孝文化的原理是敬畏人——敬畏父母、敬畏长辈、敬畏祖先。如果说金钱、利益可以洗刷和消解人伦道德，诱使民德"变薄"，那么，"慎终追远则民德归厚矣"。

还记得美国前总统奥巴马的夫人米歇尔的第一篇助选演讲。美国人评论说，细看米歇尔的演讲，其实并无太多惊人之语，讲的多是家庭故事。然而，就是这些平凡的家庭故事，让听众感同身受。

当讲到"当我们的女儿刚出生的时候，（奥巴马）隔不了几分钟就急匆匆地查看摇篮，确认她们仍在好好呼吸，并骄傲地向我们认识的每个人展示自己的宝贝女儿……"时，我为之动情。

// 人物名片 //

叶小文： 全国政协委员、全国政协文史和学习委员会副主任

◎太湖世界论坛，叶小文
发言

当讲到"如果我们的父母先辈可以为了我们而艰苦奋斗，如果他们可以建起摩天大楼，把人类送上月球，如果他们可以用一个按钮就把世界连接，那么当然，我们也可以自我牺牲，为我们的子女和孙辈建设世界"时，我也为之激动。

当讲到"今天我不仅是第一夫人，也不仅是代表一个妻子，每当一天的工作结束，我的身份就只是一个操心的妈妈，我的女儿仍是我的心头肉，我世界的中心"时，我不禁为之叫好。

这动情，这激动，这叫好，是因为不仅触动了美国人，也触动了我——一个中国人心灵深处的家国情怀。

中国与美国有许多不同，但有一个道理是共通的："家是最小国，国是千万家""我爱我的国，我爱我的家"。有一个情感是共通的，"为什么我的眼里常含着泪水，因为我深爱着脚下的土地"。

"身修而后家齐，家齐而后国治，国治而后天下平。"中华民族是一个伟大的、不可替代的族群。凝聚我们这个历久弥新的伟大国度的精神资源之一，同样是那永不衰竭的家国情怀。

未有我之先，家国已在焉；没有我之后，家国仍永存。多少沧桑付流水，常念家国在心怀。如此，每个中国人短暂而有限的生命，便融入永恒与深沉的无限之中，汇集成永续发展、永葆青春的动力。

◆本文原载于【文史博览·力量湖南】微信公众号 2018 年 3 月 2 日

爷 爷奶奶一再叮嘱我要发奋学习，做个好人。
三十多年来，爷爷奶奶的谆谆教导，我一刻也
不曾忘记。

黄兰香：爷爷，我等你和奶奶来坐

文 | 黄兰香

又是一年芳草绿，又是一年清明到 。

有了清明小长假后，越来越多生活在外地的人，都会在清明节期间回到家乡去祭拜他们在九泉之下的亲人们。我也不例外，总会在这个时候，去爷爷奶奶的坟上，虔诚地挂上清明旗，磕上三个响头，说上几句一年来积攒的心里话。既表达对他们的思念，也借此来慰藉我自己的灵魂。

今年我不准备去山上挂清明，只回到老家的房子里，一个人安静地坐在窗台前，轻轻地呼唤着爷爷奶奶，我希望，冥想中，只听"吱呀"的一声门响，爷爷奶奶相互搀扶着笑眯眯地出现在我的跟前，就像在梦里一样。

我将用茶碗泡上一杯滚热滚热的茶，爷爷奶奶特别喜欢喝农家烟熏茶。过去，爷爷奶奶喝的都是自己亲手做的茶，现在家里已没有这种陈茶，爷爷奶奶走时都托火苗捎带过去了。不过不要紧，我早已把这种茶准备好了。几天前，我找到了一个茶场，在那里亲手采下一小筐茶牙，小时候陪下放到我村里的知识青年一起跟着爷爷奶奶学会了采茶和做茶。把洗干净晾干水后的茶牙，放到锅子里去炒，炒得茶叶变软后再撮起来，再用手去揉，揉得变形变色以后，晒干。这样做出来的就是爷爷奶奶喜欢的烟熏茶，也是我记忆中的茶味道。

爷爷奶奶喝茶，喜欢把茶水喝得呵呵响，喝到杯中水只剩下一口时，手端茶杯转动起来，突然一下倒进口中，连同茶叶津津有味地嚼掉，那神情，仿佛在吃肉。

除了备好茶叶，我得为爷爷奶奶备好几个味美的苹果。洗干净，切成条陪他们一起慢慢品尝，品出水果的香甜，品出昔日岁月的难忘，品出我们几姊妹对爷爷奶奶的感恩。

我这一生第一次吃上的苹果，是爷爷在生病期间从牙缝里省出来的，那两条苹果深深地镌刻在我的脑海中，永远不会被磨灭，那两条苹果的甜香味道，牢牢地粘黏在了我的味蕾上，永远不会变模糊。

爷爷晚年得了慢性支气管炎，厉害的时候吃不下那本就难吃的干红薯丝拌的饭。姑父是家里唯一吃国家粮的，在一家煤矿当工人。姑父隔段时间就会从几十里之外的矿山步行来我家，送上点吃的，有时几个皮蛋，有时几个苹果，有时是一包面条，这些在那个年代都是稀罕物。爷爷会把这些宝贝疙瘩，先用纸包好，收在他自己做的唯一的木柜子里面，再加上一把老铜栓锁，好像它有翅膀会飞走似的。

那是一个晴天的下午，我们放学后挎着书包疯疯癫癫地往家门口冲，只见爷爷坐在门前的屋檐下笑眯眯地等着我们，听我们叫一声"公吉"（爷爷）后，他起身回到里屋，很神气地端出一个碗。碗里摆着一样我们从未见过的东西，肉是白白的，黄黄的皮里透点红，切成了条，散发出一股十分诱人的甜香味，把我们的口水都引诱到了嘴边。"公吉，这是给我们吃的吗？"我们兴奋得眼巴巴地望着爷爷。爷爷眨巴了一下眼睛神秘兮兮地说："是给你们吃的，但你

——————————// 人物名片 //——————————

黄兰香： 全国政协委员、湖南省委常委、省委统战部部长

◎老家风景

们知道格是么子家伙吧？"我们没做声，但喉结一直在动。爷爷顿了顿，才揭晓谜底：这是我们北边很远很远的地方来的苹果。我说："我在书上看到的苹果是圆圆的红红的，不是一条条的呀。"爷爷摸摸我的头，爱怜地说："你这个调皮崽仔，苹果是圆圆的红红的没错，但公吉我没有这么多个啊，只能把一个苹果变成条条给你们吃啊！吃吧！"爷爷把一个苹果，切成很均匀的几条，我们每个人平均两条。我一把抓起两条细细的苹果条，恨不得一下塞进嘴里，但又一想，这么好吃的东西，不能一下子吃完，于是，我慢慢地一点一点地咬，一点一点地让它们经过舌根和喉咙吞到胃里，让满口生香，那味道真是无与伦比的好。如今，烟台的红富士、阿克苏的冰糖心苹果，已经成为家中常备的水果，甚至美国蛇果也不鲜见，但是它们的味道远远无法与童年的那两条苹果媲美。

此外，我还要拿出我的当家本领，为爷爷奶奶炒一盘青椒蒜苗小炒肉，那肉一定要带皮的，炒出来的肉还要带点汤，那才会有真正的家乡小炒肉的味道。想念爷爷奶奶的时候，我就想，要是他们现在还活着该多好啊，我要天天买肉给他们吃。

奶奶厨艺好，做得一手好菜，那时候，一年算下来吃不上几顿肉，但每年春夏之交时，奶奶会为我们做一两回青椒蒜苗小炒肉，带皮的粉嫩的肉片配上嫩嫩的青椒和碧玉的蒜苗特别漂亮，猪肉的鲜香和青椒蒜苗的清香融合在一起，互相渗透，那个滋味呀，就是泡上点汤汁，也能迅速消灭三碗饭。可是，这么好吃的小炒肉，奶奶竟然不喜欢吃，她说肥肉腻人、精肉夹牙齿，也不喜欢蒜苗的气味。每次，她脸上荡漾着满意的笑意，不断地夹给我们吃。奶奶呀，后来我才知道，你哪里是不喜欢吃？

奶奶的小炒肉不但让我们大饱口福，也成了我数学启蒙的最好道具。记得那年，我刚满四岁不久，爷爷给我出了道数学题："兰伢子啊，我们家如果明天买两斤肉做小炒肉，每斤肉8毛钱，要多少钱呢？"一听说小炒肉，我就兴奋不已，我掰着小指头，一会儿就算出来了，很骄傲而奶气地说："16角钱。"话音一落，立马引起哄堂大笑。我委屈得直掉眼泪，又掰弄了一下小指头，羞羞答答地说："就是16角钱。"爷爷将我搂在怀里，抚慰着我说："你没错，是爷爷没告诉你，10角钱就是1元，是1元6角。"

这样的数字游戏，后来越来越复杂，难度系数也越来越高，但我和爷爷乐此不疲。不知不觉，我对数字、数学有了浓厚的兴趣，上学以后，我的数学成绩很好，每次考试都要抢着交头卷，连男同学都望尘莫及。老师和同学都夸我是数学脑袋，考大学时，我理所当然地填报了数学系。

记得去省城上大学的头天晚上，我和爷爷奶奶还有父母坐在一起，人手一杯茶，茶水续了好几回，茶味越来越淡，而我们的谈兴越来越浓。最记得的是爷爷给我描绘了四个现代化的美好蓝图：楼上楼下，电灯电话，萝卜白菜管够，青椒炒肉常有。爷爷奶奶一再叮嘱我要发奋学习，做个好人。三十多年来，爷爷奶奶的谆谆教导，我一刻也不曾忘记。

爷爷奶奶，我的心声，你们明了吗？我的呼喊你们听得见吗？你们听见了以后会丢开那边的事务回来吧？你们喜欢喝我给你们泡的茶吗？喜欢吃我给你们买的苹果吗？喜欢我给你们炒的小炒肉吗？爷爷奶奶，你们可以不回答我，清明，你们可要来啊……

（黄兰香写于2017年4月）

◆本文原载于【文史博览·力量湖南】微信公众号2018年3月5日

回忆多少年前，愧跪于父亲坟墓前，冥纸和稻草燃起，灰屑如黑色的蝴蝶漫天飞舞，家国情怀，何能以两全相报？

谭清泉：让竹园家风代代相传

文 | 谭清泉

我的家乡在湖南岳阳。临资江，濒洞庭，三面环水的湘阴县南湖洲镇，是个典型的江南水乡小镇。在我的记忆深处，老家背后那片竹林，是和父亲一起最深的回忆。2014 年，我以"竹园之家"命名为家里的微信群，"未出土时先有节，纵凌云处也无心"。用竹意喻指倡导传承良好家风，同时用父亲一生对我的教育影响作为我最好的纪念。

我的父亲出生于民国 23 年 7 月，即 1934 年，是东方红公社（即现行政乡）村上的会计，后任农村信用社会计。1976 年，我在父亲的影响下高中毕业就参军入伍。那一年，由于全国性的粮食短缺和饥荒影响，在大队公社主要靠我作为主要劳动力挣取工分来维持家里的温饱，我作为家中五兄妹排行的老大，在选择参军这事上左右为难。父亲只用一句祖训开导我："'无瑕之玉，可以为国器；孝悌之子，可以为国瑞。'家里和弟弟妹妹的事情不要你来管，家里有我，你选择报效国家，是家里的光荣，你可放心地走。"

当兵走后，那时部队的家书用盖三角印戳来充当邮票，后来父亲回信给我特意批评："难道邮局没有邮票买，吃穿住都是国家的，邮个信还要盖个免费的。"事后探亲回家次次数落我，"吃亏是福，国家部队培养你不容易，要替国着想!"而且次次家书告诫我,自古忠孝两难全,不要总是想着父母和家里,好男儿就要在部队好好干一番事业。

"我今仅守读书业,汝勿轻捐少壮时。"我想我的军旅生涯,立志在部队努力考学、工作,多次立功受奖与他的训示教育分不开的。

我的爷爷奶奶有7个儿女,父亲是家中长子,一大家子全靠他一个人撑起来。爷爷奶奶一生没享过什么福,一直跟父亲一起生活。爷爷抽的烟是自己家种的旱烟。父亲要是碰上开会,会场会有不少烟头,父亲就会让大哥把烟头捡起、剥开,把烟丝收集起来给爷爷抽。

记得每次探亲回家,我家的院落前后左右,都是用废弃的红砖砌筑做土坝,整整齐齐,坚实可靠,听小弟讲,一有时间父亲就没有闲过,要么叫上他们,要么自己一人在老远的河滩上拾捡废弃的瓦砖,怕我们吃不消,手都磨出血泡,硬是一个人用一副肩膀挑回来的。如今家乡院落前后似长城一样的砖瓦土坝,见证了他用无数时日和汗水勤劳操持的一生。

在1991年之前,父亲已经是乡信用社会计,我休假回来,他总是忙个不停,上午去收农户贷款的学费、化肥钱,下午走村串户了解村民情况,发放贷款和上门给村民存、取款。记得高中那几年,每天晚上我总是枕着父亲的算盘声入眠,很多时候我一觉睡醒,父亲的算盘声还在噼啪噼啪不停地响。

更让我记忆犹新的还有父亲装订的会计档案,其整齐、整洁、无差误是整个行业的范本、典型。记得有一年,父亲积攒给我们弟妹的学费马上要交学校了,因一邻村的村民贷款未还,又无钱购买家里的稻田化肥,找到我父亲,他从一个塞满无数张角票的破书本里慢慢地翻出来,"伢几的学费我再想办法,

———————//人物名片//———————

谭清泉:湖南湘阴人。全国政协委员、火箭军某部高级工程师,专业技术少将军衔,享受国务院政府特殊津贴。全国敬业奉献模范,曾被中央军委授予"砺剑先锋"

◎谭清泉（左一）工作照

这些你先拿去，别耽误了稻田里的收成……"

正是这些点点滴滴，影响着我。我在部队每一次立功受奖的喜讯，不断地用家书向父亲汇报。多年后，母亲无数次告诉我，我的每次来信，父亲都是无数次地笑着，无数遍地读着，无数次地念着，还要无数遍地告诉乡村邻居，因为他有一个听话争气、在部队表现突出而且令他永远骄傲的儿子。

2011年5月，我在部队接到父亲病危的加急电报。我那时正在河南山区执行一项军事训练任务，急急忙忙赶回家时，父亲已经入葬，家里的无数亲友告诉我，父亲在弥留之际，一直在呼唤我的名字，而且是走后3天都没有闭眼……回忆多少年前，愧跪于父亲坟墓前，冥纸和稻草燃起，灰屑如黑色的蝴蝶漫天飞舞，家国情怀，何能以两全相报？

"天下之本在国，国之本在家，家之本在身。"从军43年，国家和军队给予我太多的荣誉，我倍感珍惜，更加理解国与家的内涵和意义，对于父亲，我只能用另外一种意义或方式来报达和偿还；对于家人，我更只能用清贫相守，陪你们共度余生；对于个人，只要还在部队和阵地一天，我将坚守到最后。

我的父亲，谭开来，一位奋斗在农村金融系统的优秀共产党员，享年77岁。一如名字，继往开来，一生质朴、敦厚、真实的良好家风家训在竹园之中代代相传。

父亲，戊戌年，是为祭。

◆本文原载于【文史博览·力量湖南】微信公众号2018年3月3日

麓山枫红秋渐凉，耒水悄然入清湘。
峰遇回雁别南岳，船至石鼓思草堂。
老马乏力难行远，幼驹扬鬃路漫长。
庄生化蝶醒亦梦，过了白露又降霜。

·扫码收听·

欧阳斌：一片悄然飘逝的红叶

文 | 欧阳斌

丁亥秋月，与友人麓山小聚之后，触景生情，我信手书作了这首《梦醒感怀》，记录了自己的一段心路历程。诗中的耒水，是湘江一级支流，流经我母亲的故乡。草堂则是指王夫之隐居治学 27 年的湘西草堂。那一年，母亲 76 岁。

乙未羊年，又到九月九，又见麓山枫叶红，只是再也见不到我的母亲。唯有她 84 岁的微笑，定格在我的记忆里，如一片红得灿烂的秋叶。

母亲当了一辈子小学教师，从 1948 年初中毕业起，她先后任教了 6 所小学，直到 1989 年退休，她的最高职务是年级语文教研组组长。母亲虽是"大家闺秀"，却在 12 岁丧父、15 岁丧母，小小年纪就走上了自己谋生并抚养 5 个弟妹的艰难生活之路。作为大姐，解放前夕，她支持大舅秘密参加了湘南游击队；解放初期，又送大舅、小舅参军，上了朝鲜战场。十年内乱，厄运降临，在一场风暴到来之前，她悄悄塞给我两块钱，让我避走到附近小镇上去，以免在我幼小的心灵留下伤痕。后来，我揣着舍不得花的两块钱，回到家里，交给母亲，母亲流泪了，说我懂事了。

鱼龙变幻，云雾初开，父亲带着弟弟和我插队落户 3 年之后，从雪峰山下那个偏远的小山村回到了机关大院。获得"解放"的母亲，也一手牵着云妹，一手拎着旧箱子，从故乡赶来与父亲团聚。一向不苟言笑的父亲，或许是想把氛围弄得轻松些，便指着那口旧箱子，开玩笑说，这么多年，你就带来这么一口旧箱子？一向温顺的母亲很不客气地回敬了一句，我还给你带大了几个孩子！父亲一时哽咽无语。

在母亲生前珍藏的照片中，她非常喜欢我在《湖南日报》当记者时抓拍的一张照片：她站在发亮的黑板前，用手指着粉笔写下五个字——"金色的细雨"，微笑着面对听课的学生。几十年如一日，她春风化雨，像一个辛劳的渡工，把一届又一届学生从此岸送到彼岸，让他们扬帆远航。自己却日复一日地留在这个小小渡口上。她待学生如待自己的儿女，因之被评为湖南省优秀少先队辅导员。退休后，当她的学生以不同的方式前来看望时，她总像过节一样。逝世前夕，她还和毕业于1985年的原湖南一师二附小139班的几个前来看望的学生欢颜相聚。这时，敬爱的母亲李老师的记忆已如星云混沌，但对这些毕业了30年的学生的记忆却挥之不去。

我的父亲是在22年前因公殉职的。在我少年时期，父母两地分居，母亲后来告诉我，她看过一部叫《红雨》的电影，那里面的红雨长得很像我。父亲殉职以后，母亲很长一段时间哼的则是另一部电影《等到满山红叶时》的插曲。甲午马年，除夕之夜，我的小孙子，一匹"小马驹"欢腾着来到人间，我们以"四世同堂"的圆满，陪着敬爱的母亲度过了她生命的最后一个除夕。

母亲是在羊年晚春的一个清晨，于家居睡梦中悄然离去的。她的离去，理性地解读，有点符合荣格描述超自然现象所用的"共时性原理"，因为她辞世前几天做了一个与父亲欢聚的梦，梦醒之后她异常精神地向云妹详细描述了这

∥人物名片∥

欧阳斌： 中国文学艺术界联合会第十届全委会委员、湖南省文联主席、湖南省政协原副主席

一片惝然飘逝的红叶

◎ 欧阳斌书

个难以想象的梦中故事。她以这样的方式表达了自己对生命的眷恋,对生活的感恩,对后人、家人和友人的牵挂与祝福。云妹说,母亲逝世前夜,还自己舒舒服服洗了个澡,干干净净上床睡了。就这样,她一次性地放下所有,结束了长达 22 年的阴阳两隔之苦,踏上了与父亲的团聚之路。她的离去,完美地诠释了"生如夏花之灿烂,死如秋叶之静美"。

母亲出生在春天,名字中带有一个春字,又在春天惝然离去。这令我想起 46 年前,十年内乱期间,我的父亲与属相为羊的母亲短暂面语后,悄悄写下的两句话:"山花烂漫喜相逢,春水东流泣满巾。"她走了一个月之后,我们才发现她留下的 15 年前给我们写好的一封遗书:

"……我走了,是人生必经之路,是自然规律,不必伤心。……像你们爸和我一样,一辈子不贪吃穿,安慰,就是你们兄妹的发光点了。……我的丧事,一切从简,衣物不买新的,在现有的衣服中选几件,穿整齐就行了。……1993 年,耒阳年鉴最后一页刊登了你们爸爸的生平简介,这本年鉴是我花 40 元钱买来的,放在书柜里,留作纪念……"

我的母亲——李老师就这样走了。"一年一度秋风劲",来年的麓山,枫叶还会泛绿,母亲却像一片惝然飘逝的红叶一去不再。

"父母之恩,山高水长",她善良的灵魂之光,照耀着我们未竟的生命旅程,融化记忆的积雪,越过冬天,走向春天,令烂漫的山花亲情般绽放,吐露出永恒的人性之芬芳……

◆本文原载于【文史博览·力量湖南】微信公众号 2017 年 8 月 19 日

可以说，我后来从事科研所获得的一切，莫不是源于父母对我的影响。

陈晓红：父亲的家书

口述 | 陈晓红　文 | 黄　璐

我父亲是一名从事冶金领域研究的老学者，曾是中南工业大学的一名教授。他治学严谨、做事认真，亦有着厚重的"家国情怀"，常常教导我要低调做人，高调做事，清清白白做人，认认真真做事。这种价值观的传递从小就影响着我。

我的母亲性格开朗、热情，不惧困难，永远保持着一种向上的乐观和源源不断的动力。

可以说，我后来从事科研所获得的一切，莫不是源于我的父母对我的影响。

一

父亲对我们要求很严，他对我和妹妹一直的期望就是当学者。记得小时候，他每周回来检查我和妹妹的作业，如果我们没做好，他就会特别严厉地批评。他也要求我们每天早上6点就起床跑步、锻炼身体。

在我准备考研那年，春节期间，父亲督促我应该抓紧时间学习，而不是待在家里，于是，大年三十我在家吃了一顿年夜饭，其余的时间，我都一个人在学校自习室复习考研。

父亲对我们的严要求，是伴随着我们每个人生阶段的——从读书时代到工作，从治学、从教到开展科研……渗透到各个具体细节中。

他有一个特别的方式：写家书。

尽管我们基本都在长沙，也住在中南大学，但是他依旧喜欢给我们写信。比如每次看到报纸上有对我们有益的内容，他都会用心剪下来，装到信里。他也会分享有见解、有意义的资讯，或他的思考和建议——事无巨细，他觉得用书信的方式能更准确地表达。

当然，还包括一位父亲对女儿各个方面的叮嘱，比如，他会细致地嘱咐过马路要注意什么，有怎样的要求，工作中要如何与人相处，在单位上如何开展工作，怎样更好地处理人际关系，出差时要注意什么等等。

于是，在他给我们的家书里，有的是简单几句话，也有的长达十几页。

我在专业领域的探索和获得，是和父亲的引导分不开的。读大学时，是他建议我学计算机专业，在当时，计算机根本还是一个刚刚兴起的专业。在选择研究生方向的时候，当时国家正处于改革开放初期，经济建设亟待发展，需要大量经济管理方面的人才，他同另一位归国教授都鼓励我从计算机系跨界报考管理系。

学科的交叉和跨界，让我后来在信息管理决策方面，更好地发挥专长，运用到实践，推动经济社会发展。而这均是源于我父亲对方向的把握和判断，也就是他的远见。

父亲以他自身的点滴言行，成为我最好的榜样。这也成为我对女儿的教育方法：让自己成为女儿的榜样，就是对她最无形的教育。

———————— ∥ 人物名片 ∥ ————————

陈晓红：全国政协委员、中国工程院院士、湖南工商大学校长

◎陈晓红和母亲

　　我的母亲则给予了我无微不至的关心。后来当我工作繁忙的时候，亦是她帮着我照顾女儿，给了孩子最好的陪伴和教育，帮我减轻了很多负担，也成为我最强大的支持和后盾。

二

　　我一直追求做顶天立地的学者，更致力于当好一名教育工作者，培养胸怀天下、德才兼备的人才。对于教育事业，我有一种发自内心的热爱，这种热爱源于我的父母。

　　父母是有着厚重家国情怀的知识分子，他们对我和妹妹的希冀从小到大没变过——希望我们好好读书，将来在高校好好做学问。他们有着浓浓的家国情怀，希望我们学有所成，并将所学为国效力。

　　20世纪90年代初，我在日本东京工业大学做高级访问学者，当时国外待遇很优厚，父亲担心我"不回来了"，经常写信给我。事实上我也没什么留恋，只想把最先进的管理理念带回国家。后来我妹妹和妹夫到日本留学，父亲也担心他们选择留在国外，曾专门写了一封20多页的家书，觉得寄信太慢，守着我一页一页给妹妹发去传真。后来我妹妹、妹夫也回到祖国，在自己的学术领域攻坚克难、兢兢业业。

　　父母从小教导我"低调做人，高调做事，清清白白做人，认认真真做事"，他们对待学生像对待子女一样，还十分关心家乡教育事业的发展，生前一直资

◎陈晓红一家人

助家乡小学，建造新教学楼，设立奖学金。我接过接力棒后，除了继续支持家乡学校发展，还曾参与"春蕾计划"，资助贫困大学生和对口扶贫村学生。

在父母的影响下，我心无旁骛地朝着自己的人生目标走，将所学应用到实际，为国家的经济社会发展贡献自己的力量。从最初的关注信息决策、中小企业融资，到后来的"两型"社会建设，再到今天的数字经济和5G时代、大数据、区块链、人工智能等新技术的应用，我始终瞄准国家需求的痛点、难点问题，研究成果获得了广泛关注，先后获得国家杰出青年科学基金、全国优秀教师称号、光召科技奖、复旦管理学杰出贡献奖，入选全球高被引科学家，也当选为中国工程院院士。

从我父母这一辈人为人治学的风范，到我这一代人怀揣着"为中华崛起而读书"的信念，再到我女儿这一代年轻人，我希望有些精神和信念依旧延续。希望年轻人学好本领，不要做精致的利己主义者和冷漠的自我主义者，而要有一种使命担当和责任感，将所学运用到实际，经世致用，为国家的经济社会发展做出更大的贡献。

◆本文原载于【文史博览·力量湖南】微信公众号 2018 年 3 月 13 日

·扫码收听·

我们老张家是医生世家，爸爸、妈妈、弟弟和我都从事医疗行业，这种济世救人的至善情怀，很大一部分是来自外婆的言传身教。

张国刚："大脚"外婆的豪情传承

口述 | 张国刚　文 | 吴双江

在那个以小脚为美的时代，拥有一双大脚的外婆是个特别的存在。

我和弟弟都是外婆带大的，由于爸妈工作繁忙，我8个月大时就被送到外婆家，初中时才离开外婆。对外婆的记忆，总是不自觉地回到小时候，我调皮不听管束，被外婆严厉地批评一顿后，我心里不服气跑出家门，外婆又悄悄地把饭菜做好留在灶台，生怕我回家的时候饿着。每次看到这些特地留给我的饭菜，我又是感动又是羞愧，外婆对我的慈爱与教育更是深深记在了心里。

我们老张家是医生世家，爸爸、妈妈、弟弟和我都从事医疗行业，这种济世救人的至善情怀，很大一部分是来自外婆的言传身教。虽然外婆只是一名传统的家庭主妇，可是总是不遗余力地帮助那些需要帮助的人。她教育我们要有家国情怀，乐于助人，要常怀感恩之心。

有一句俗语叫"省己待客"，外婆可谓把这句话做到了极致。小时候，外公一个人在外工作，整个家庭都由外婆一个人操持，她把家里安排得紧紧有条，勤俭持家这个词用在外婆身上非常贴切。同时，因为外婆的乐善好施，邻里亲戚只要有事就首先想到向她寻求帮助。在那个物质基础还相对匮乏的年代，外婆总是尽其所能地帮助那些向她求助的人，很多时候，外婆甚至宁愿自己再找别人去借钱，也要先解了当下求助之人的燃眉之急。因而，每到月底，家里的开支都有些紧张，但是外婆毫不在意，她总有度过难关的办法。

外婆有她的豪情，胆大心细，敢于担当，这也是亲戚邻里信任她、敬佩她的重要原因，我们这些后辈们的行事风格，也深受她的影响。

印象最深刻的是，有一次晚上屋外响起了一声枪响，家里只有我和外婆两人，我很害怕，外婆一边在窗边观察，一边却很坚定地对我说："不用怕，声音听着近，实际很远。"这种处变不惊的态度，像是给我吃下了一颗定心丸。按现在的话来说，外婆应该是那个时代的"女汉子"了吧。外婆常对我们说，在困境面前，要有一颗不怕困难的决心。医者仁术，我能在危急重病人处理中排除万难敢于担当，挽救生命于一线，这种勇气也是来自小时候外婆对我的谆谆教导。

在交通闭塞的20世纪70年代，从家乡常德到益阳，200多公里的路程，外婆一个人连续步行10多个小时，只是为了完成一件受人所托的事情，这还多亏了她那双大脚。这种恒心和毅力所释放出来的能量，总是能给我们力量。外婆言传身教，告诉我们在工作中要有一颗持之以恒的恒心，这种潜移默化的示范作用，影响了妈妈、弟弟和我。

我很喜欢金庸武侠小说里的令狐冲，他武艺高强而又天生侠义心肠，落于行动而从不挂在嘴边。而且他喜交朋友，不论贫贱富贵，均可肝胆相照——他的人格之中充满了光明。朋友们打趣说我的行事做派与令狐冲很像，事实上，这种侠义豪情最早对我的启蒙者应该是我的外婆。在我这几十年的行医路上，这种热情似火、雷厉风行的工作作风，无不打上了外婆教导的烙印。在临床工

———————— ‖ 人物名片 ‖ ————————

张国刚：全国政协委员，农工党中央委员、湖南省委副主委，中南大学湘雅三医院院长

◎张国刚工作照

作中我一直怀着一种质朴的感情去对待患者，医者仁心，用爱心去对待每一位病人。

十年磨一剑，我领导的团队科研成果今年发表在心血管最权威期刊Circulation（IF19.039）上，我多想把这项荣誉成果分享给外婆。可是，外婆离开我们已经很多年了。那时我还在上大学，她没有看到我成家立业，当然也没有看到我的女儿。我经常给女儿讲外婆的故事，我的外婆虽然没有多少文化，但是这种对真善美的追求和情怀，是值得我们这个家族代代相传的。

我的女儿高二就独自去国外读书，一直以来都很独立。她在美国念书的本科，现已从英国完成研究生学业，回到祖国工作。她也继承了外婆乐于助人的品德，一直以来很热心公益。让我觉得骄傲的是，她已经连续三年组织热心公益的美国留学生、海归人士以及国内热心人士到湘西腊尔山贫困山区进行支教。

我很欣慰，我也会把外婆这种侠义豪情、淳朴家风在我们家族一代代传承下去。

◆本文原载于【文史博览·力量湖南】微信公众号 2018 年 3 月 4 日

·扫码收听·

父亲在回忆他的军旅岁月，虽然他并不享受那段戎马生涯，那时山河破碎，四海飘零，炮火几乎震聋了父亲的耳朵，别人都叫他"文聋子"。

文树勋：父亲的坚守与荣光

口述｜**文树勋**　文｜**吴双江**

022

　　父亲离开我们已经 26 年了。

　　夜深人静的时候，总是不自觉地想起儿时陪父亲下乡出诊的日子。也是在这样安静的夜里，父亲一遍遍给我讲他参加解放战争和抗美援朝的故事，说在部队打仗行军的时候千万不能落后，因为一落队就会被俘虏，更严重地会被枪打死。

　　父亲在回忆他的军旅岁月，虽然他并不享受那段戎马生涯，那时山河破碎，四海飘零，炮火几乎震聋了父亲的耳朵，别人都叫他"文聋子"。我记得，父亲有一个专门的皮箱，里面装满了他参战的军功章、嘉奖令、纪念册和军服，他从不炫耀，那是他的青春芳华啊。

　　父亲是一名军医，从小他就告诉我们战争的残酷、和平的可贵，要珍惜眼前来之不易的安稳生活。小时候家里很苦，所以父亲经常告诫我们要能吃苦，做什么事都要认真。

　　我的父亲很小的时候就被国民党抓壮丁去参军了。爷爷是个老郎中，生了包括父亲在内的 10 个孩子，家里很穷，所以父亲 10 岁的时候就被爷爷安排去给别人当木匠学徒，这样可以为家里省一个人的口粮。后来国民党抓壮丁，我的父亲被抓了 3 次丁。

那时候父亲太小，在旧军队里经常挨打受欺负，他经受不住就逃跑了两次。再后来，他跟着国民党的部队到了东北。解放战争时期，他所在的国民党部队在东北投诚起义，父亲加入了中国人民解放军，被编入解放军王牌师第 39 军116 师，驻守在现在辽宁省的海城，是紧靠朝鲜的最近部队的一个师，并一路南下参加了解放战争。

朝鲜战争爆发后，116 师于 1950 年 10 月随 39 军首批入朝参战，父亲就是其中的一员。父亲经常向我们回忆朝鲜战争的惨烈，天寒地冻，炮火连天，志愿军官兵付出了巨大的牺牲，并告诫我们一定要珍惜和平。

1957 年，父亲离开部队，那年他 29 岁。回到地方后，父亲就在家乡邵阳隆回的一个乡镇卫生院工作，后经人介绍娶了我的母亲。我的母亲是地主的女儿，比我父亲小了将近 10 岁，按当时的说法是我们的家庭社会关系不好，招兵、招工、招干、读大学都没我们的份，外加家里孩子多，所以日子过得很苦，记忆中父亲穿的外衣一直都是用白大褂改了再染的。

父母总共生了 7 个孩子，小时候我们基本就没有吃饱过饭，一年之中，除了大年初一这天我们还有顿肉吃，平时吃的是杂粮，配菜就是酸菜和蔬菜。所以那时我的梦想就是，能够吃饱饭，能够有肉吃，没想过还能吃"国家粮"。哪曾想现在我们的生活水平这么好，所以我非常感恩党，感恩改革开放的好政策，给了我们这些农村孩子改变命运的机会。

在兄弟姐妹们中间，我排行老四，却是家里的长子，父亲从小就对我要求很严格。除了要求我做事要能吃苦、要认真外，还有做人做事要坚强。农村实

——— ∥ **人物名片** ∥ ———

文树勋： *湖南省政协委员，长沙市政协党组书记、主席*

◎文树勋父亲去世15周年
时全家在老屋合影

行土地承包时我才14岁，就学会了犁田、耙田。以至于后来我不管做什么事情，都不怕困难，能吃苦，形成了一种习惯——要么不做，要做就一定做好！

还记得1982年我考上了大学，父亲特别高兴，经常来信叮嘱我认真学习，团结同学，吃亏是福，他还在信中鼓励我积极向党组织靠拢。大学毕业后，我留在省城工作，离父亲的距离虽然很远，但是他对我的教诲和关爱依然很近，他一直用他朴素的方式为他的子女们勾画着未来。

父亲离开我们的时候还是太突然了，那年他63岁，离休后的第三年，我最小的弟弟当时还在南京读大学，父亲去世的当天，弟弟正在考研的考场里。

我们多么希望，父亲能再多陪伴我们几年，当我们遇到一些挫折、困惑，父亲依然用他那沉稳、坚定的语气告诉我们，不要怕，要能吃苦，困境总会过去；我们也多么希望，当我们幸福快乐的时候，我们能第一时间告诉他，让他老人家分享儿孙们的喜悦，享受天伦之乐。

然而这些都不能实现了。父亲，儿子唯有努力奋斗，认真过好当下的每时每刻，才是对您最好的告慰。

◆本文原载于【文史博览·力量湖南】微信公众号2018年4月4日

早点起、多读书、要勤快、懂礼貌，是我父亲传承下来的治家之道。这实际上也是对中国农耕社会的一种特有的家风的传承，归结起来就是——耕读传家。

·扫码收听·

刘长庚："耕读传家"好家风

口述 | **刘长庚** 文 | **吴双江**

我生在洞庭湖边，长在洞庭湖边，是 20 世纪 80 年代从农村走出来的最早的一批大学生之一。我儿时的生活环境可以总结为"放养"，村里一群孩子嘻嘻哈哈地一起长大，虽然 20 世纪六七十年代的农村生活条件非常艰苦，吃了上顿没下顿的情形时有发生，但是我依旧养成了爽朗、率真的性格。

从小我所接受的家风教育，从早起开始。记得小时候父亲经常说：要早点起来，要扫扫地；早上起来要读点书；见到爷爷奶奶要主动喊，对人要有礼貌，我觉得这些朴素的话影响了我一辈子。

早点起、多读书、要勤快、懂礼貌，是我父亲传承下来的治家之道。这实际上也是对中国农耕社会的一种特有的家风传承，归结起来就是——耕读传家。事实上，曾国藩家族是把"耕读传家"的家风精神具化和发扬光大的典范。

曾国藩的曾祖父制定治家信条："早、扫、考、宝、书、疏、猪、鱼"。前四个字的意思是"早起打扫清洁，诚修祭祀和善待亲邻"；其余四个字讲读书、种菜、饲鱼、养猪之事。此信条是告诫后辈要学会勤俭治家、热爱劳动。

中国被称为"礼仪之邦"，古人讲忠孝仁义礼智信廉，讲勤俭持家，重视家庭伦理，这些在今天仍有可汲取的营养。要学家风，要向古代先贤学习。

"古今家训，以此为祖"之誉的《颜氏家训》，强调对子女的教育要赶早，提出"教儿婴孩"，鼓励子女靠勤学自立于世，而不要靠祖上的庇荫养尊处优。司马光为了教育儿子警惕奢侈的祸害，常常详细列举史事以为借鉴。他对儿子说，西晋时何曾"日食万钱，至孙以骄溢倾家"，石崇"以奢靡夸人，卒以此死东市"。寇准生活豪侈冠于一时，"子孙习其家风，今多穷困"。这些简单的道理，对于今天的我们仍然有启示和借鉴意义。

现在，我也冥冥中成了"耕读传家"精神的践行者和传承者。每天早上6点准时起床，锻炼身体，这是我从小在父亲的教育下养成的习惯。自从任职湘潭大学副校长以后，管理工作的任务更为繁重，我只能挤着上班前后的时间指导学生的学术研究。虽然时间排得很满，但是感觉很充实。

勤俭节约也是从小父亲教给我的家风，农村长大的孩子更加懂得粮食的珍贵。我现在常给我的学生讲，不要浪费，也带领学生拒绝使用一次性餐具，出去吃饭，和大家一起推崇"光盘"行动。现在，我的父母依旧在农村的老家生活，这种耕读传家的家风精神还在延续。

我时常想，其实家风和政风一样，核心就是要正心诚意。俗话说，穷在陋室无人问，富在深山有远亲。我想把后一句改为"官在深山有远亲"。

现在，越来越多的违法犯罪分子，在正面腐蚀拉拢领导干部难以奏效的情况下，便迂回侧进，挖空心思把进攻目标瞄准领导干部的"后院"，从领导干部的家人、工作人员身上打开"缺口"，从而导致有些领导干部的家人和工作人员经不起"糖衣炮弹"的攻击，助纣为虐。

由于有着一脉相承的血缘关系，或者朝夕相处的深厚感情，这些领导干部

————————// 人物名片 //————————

刘长庚：全国政协委员、湖南财政经济学院校长、民建中央委员会委员、民建湖南省委副主委、湘潭大学原副校长

◎耕读传家（资料图）

往往放弃了原则，对亲属的胡作非为装聋作哑，甚至包庇纵容，于是，有的是夫人"参政"、子女"坐庄"，有的是身边工作人员打着"首长旗号"捞权谋私，这都极大程度地损害了党员干部的形象和社会风气。

如果能做到正心诚意，社会自然就会各司其职，修身齐家没有问题，治国平天下也没有问题。

◆本文原载于【文史博览·力量湖南】微信公众号 2018 年 3 月 16 日

·扫码收听·

回 想自己的成长经历，我把自己的家风凝练为"勤俭顺和"这四个字，而这又是与发生在自己家庭的那些家与国交织变迁的往事紧紧联系在一起的。

刘建武：家风好才能和顺美满

口述 | **刘建武** 文 | **夏丽杰**

028

"家是小小国，国是千万家"。国和家、家和国总是紧紧联系在一起的，没有国哪有家，离开家何谈国。家与国是一个人的根，一个人无论怎么发达，都只不过是国和家这棵大树上结出的一个果而已。

回想自己的成长经历，我把自己的家风凝练为"勤俭顺和"这四个字，而这又是与发生在自己家庭的那些家与国交织变迁的往事紧紧联系在一起的。

20世纪30年代，国家动荡不安，民不聊生。我的父亲3岁的时候，为了逃避因阻滞日军进攻的花园口决堤而造成的洪水，随着我的爷爷奶奶逃离故土，历经千辛万苦从河南老家来到了黄河北岸的渭北高原，在那里落下了脚。后来，在人民公社和"大跃进"后期，河南的一些地方又发生了饥荒。我的母亲就是在这种情况下，为了讨口饭吃，也从河南老家逃到了陕西，与我的父亲成婚。我这样的家庭背景，让我从很早的时候就感受到了家的命运与国的命运是多么紧密地联系在一起的。

勤劳善良是家庭和生活给我上的第一课。可能是天生的基因，也可能是生存的艰难，抑或是两者皆有，我从朦胧地懂点事开始就感受到了父母勤劳和不易。我们家兄弟多，不仅饭吃得多，穿衣做鞋还特别费布。我的母亲特别勤劳，白天上工在生产队干活，一进家门就赶快做饭。每天当我入睡的时候我看到，只有母亲一人还在灯下为我们默默地缝衣做鞋。而每当我早上醒来的时候，又看到母亲早早地起来干活了。她好像一个铁人一样，日复一日、年复一年地辛勤劳作着。

父亲最大的特点就是勤劳和吃苦，他每天都是面朝黄土背朝天地埋头苦干，从不与别人计较得失，一年 365 天，没有一天是不干活的。每年的大年初一，吃过中午的年饭，下午就又到地里干活了。好像除了吃饭睡觉，就一定要做事干活，他是一个永远也闲不下来的人。记得在我很小的时候，有一天，父亲带我早上三四点就起床去几十里以外的窑上去拉瓮。这么早出门，我迷迷糊糊，连走路都还是闭着眼睛。本以为已经足够早了，可是没想到，路上竟然还有人比我们更早的。这个时候，父亲对我说了这么一句话："莫道君行早，更有早行人。"从此，这句话牢牢地印在了我的脑海里。

我的奶奶是旧时代裹了小脚的农村妇女，一天学也没有上过，大字不认一个。但是，她有着一般农村妇女少有的广闻博见和聪明智慧。我对天下大事的了解都是从我的奶奶开始的，比如说，孟姜女哭长城、花木兰替父出征、樊梨花平乱、穆桂英挂帅等等这些故事，她总是给我们讲得活灵活现。还有她生活中无穷无尽的所闻所见，那些兵荒马乱的大事和东长西短的琐事，总能让我开阔眼界，认识社会。可以说，我的奶奶是我最重要的启蒙老师。奶奶经常对我说的一句话是："不怕慢，就怕站。"做事不要担心自己笨做得慢，不要急于求成，只要有耐心有恒心，就一定会成功。

说实在的，"不怕慢，就怕站"，这句话当时我并不太理解它的全部内涵，

∥ 人物名片

刘建武： 湖南省政协委员，湖南省社科院党组书记、院长

◎刘建武将"勤俭顺和"四个字写下来挂在家中，他说：这四字是家风，是传家宝，要一代代地传递下去才好

但却深深印在了我的脑海里。如今看来，这句话影响了我的一生。"勤"是立人之本、立家之本。一个"勤"字从祖辈传到父辈，又传给了我们。

与"勤"结伴而来的是"俭"。节俭而不浪费往往是与物资匮乏相联系的。我出生时正是3年困难时期，在物资极度匮乏和缺吃少衣的时代，家里的生活非常节俭，从未有过奢侈浪费的事。不管是好吃还是不好吃，每餐吃饭都是把碗里的东西吃得干干净净，一粒不留。现在我依然保持着这样的习惯，好像装到碗里的东西一定要吃干净才踏实。至于穿衣，都是大的穿了小的穿，穿烂了补，补了又穿。真是"新三年，旧三年，缝缝补补又三年"，一点不假。

给我印象很深的是，家里很节俭，但父母为人却很慷慨大方。别人遇到困难，总是竭尽所能，伸手相助。那时候讨饭的人多，每次来到我们这个穷人家，我的奶奶、父母总是予以帮助，往往还要聊上一阵。我大伯去世留下一个独子，住在离我家比较远的地方，因为成家要给对方家里送聘礼，我父亲不仅把我们家的粮食等都送给他，还出去向人借款。事后，我的母亲偷偷地哭了一场，擦干眼泪又继续干活。后来我们问母亲为什么哭？她说看到你们兄弟缺吃少穿，经常饿肚子心里疼呀！生活的不易，都体现在了他们这一代人身上了。

现在，生活好起来了，家里仍然保持着非常节俭的习惯，能节约的就节约，一点也不敢浪费。

节俭是在艰苦的环境中形成的，而孝顺也是在父母的言传身教中学到的。我的爷爷在我出生之前就去世了，对于我的奶奶，我父亲可以说是一个大孝子。那时零食很少，红枣、米糕一类都是很稀罕的，父亲每次从外面"赶会"回来，都会买些好吃的东西给奶奶，尽管最后这些东西基本上都是经过奶奶之手到了我们的口里。小时候我们调皮，挨打是常有的事，但只要奶奶说不能打了，父亲也只有收回自己的手。那时只知道奶奶是我们的保护伞，后来也知道了父亲的孝顺使我们免了不少的皮肉之苦。

孝顺不是说出来的，而是体现在一言一行和一举一动之中。不管什么时候，做好饭之后，父母都要先盛一碗给奶奶送上，奶奶动筷了，我们这些晚辈才可以吃。这是自然而然的习惯，看似简单，却内涵深厚。家风从来都不是靠讲成的，而是在日常生活里，通过点点滴滴的行为慢慢积累而成的。是父辈的言传身教，是潜移默化中形成的自觉和习惯。

俗话说，家和万事兴。"和"是一种素养，是一个人、一个家的灵魂。勤奋、节俭、孝顺等等，归根到底是要求得一个和的目标，只有和睦才是美满的。

国有大小之分，家是小小国，国是大大家，只有大家好才是真的好。家风不是个小问题，是一个家庭的立家之本，也是一个人健康成长的根基，好的家风能够培养人良好的素养，让人受益终生。同时，家风还连着党风政风，连着社会风气。习近平总书记说："家风好，就能家道兴盛、和顺美满；家风差，难免殃及子孙、贻害社会。"

最近，在一次搬新家的时候，我将"勤俭顺和"四个字写下来挂在家中，觉得这四字是我们的家风，我们的传家宝，要一代代地传递下去才好。

◆本文原载于【文史博览·力量湖南】微信公众号 2019 年 1 月 5 日

父亲既平凡又伟大，通过言传身教，将敢于担当、助人为乐的精神融入我们的骨髓，让我们不断成长，受益终生。

雷鸣强：父亲将敢于担当、助人为乐的精神融入我们的骨髓

口述 | 雷鸣强　文 | 田　园

父亲对我的影响至深。在我印象中，他一心装着老乡和群众，严格要求自己和家人，对于困难民众他总是发自内心地怜恤帮助；对于自己和家人的困难却总是习惯自己来扛。

小时候，听母亲唠叨，"批孔运动"中父亲是"克己复礼"的典型，有些似懂非懂。长大后，才深切认识到父亲还真是个"克己复礼"的典范。

父亲18岁时就当上了生产大队大队长，后来当过十几年的大队支书，也当过公社乡镇单位的多个负责人，但一直听到大家叫他"雷书记"。

在我的印象里，小时候家里常缺吃少穿。究其原因，除了那个时代大家都很穷之外，还因为父亲的一些不寻常的举动，为这些，母亲和我们四个兄弟姐妹经常抱怨他。

记得小时候，搬过两次家，是作为支书的父亲主动要求从富队搬到穷队去，带领穷队的乡亲们一起提高生产、增加收入，等把这个生产队带富些了，又搬到另一个穷队去。每次换队搬家都是和一个贫困户家对调对换，房子越搬越差，收入越搬越少，上学越搬越远。

一次我父亲挑着半担谷出去打米，母亲便在家中等米下锅。好不容易把父

亲盼回来，结果发现箩筐里的米太少，以致都舀不起来了。母亲当时很生气，问父亲："这些米到哪里去了？"原来，父亲在回家的路上把米送给一些五保户和贫困户了。

父亲在公社得奖，选了一条花头巾回来，母亲可高兴啦，一直舍不得用，等要用的时候竟找不到了。后来才知道是被父亲悄悄送给一个贫困户家里救急用去了，因为他们家大龄女儿要去相亲，怕头上长的癞子被男家看出来。

父亲只读过3年书，但他讲的话很服众，既有理有据，又鲜活接地气。他在台上说，乡亲们在底下听得津津有味、鸦雀无声。

父亲善于做群众工作，是出名的纠纷"调解员"。我们是移民地区，望城、宁乡、益阳来的叫"南边人"，常德、澧县、津市来的叫"西边人"，两边的人经常闹纠纷，有时人命关天。只要父亲一到场，矛盾就会得到调解，气氛就会缓和，有时还能化干戈为玉帛。

20世纪六七十年代，村里有一些家庭贫困的回乡青年，以及长沙插队在我们大队的知识青年，被我父亲积极推荐去当兵，读大学或者招工、回城，并因此改变了他们的命运。这些人一部分成，了我学习成长的良师益友。

80年代初期，我们隔壁村有个妇女，因为借不到钱送孩子上大学，在回家路上喝农药自尽，这件事深深地触动了父亲。后来，凡听到村里、乡里有考上大学却念不起书的孩子，父亲都坚持去给他们送被窝和褥子。

直到今天，这些不同年代的青年和学生都非常感激我的父亲，经常回去看望关心他。这也是现已八旬的老父亲比较得意的事情。

如今，父亲已经80多岁，搬来长沙与我比邻而居10多年了。但他还是非

//人物名片//

雷鸣强：全国政协委员、民进湖南省委副主委、湖南省社会主义学院院长

◎雷鸣强与家人在山东大学留影

常关心村民的情况，每年都要回老家去看看。经常念叨着"哪家的孩子读书如何，打工怎么样了？"父亲总是掏心窝子地帮助他人，这让我受到极大的感染。正因为如此，我们的家也经常成了乡亲们的孩子考试读书、打工就业的中转站，加油站。

90年代以后，我们村里有很多乡亲到长沙附近、广东一带发展和定居，他们经常回故地看看，当他们回顾过去的时候就会想到我父亲，就像回母校要见班主任一样，他们回乡过长沙就要拜访我父亲。从某种程度来讲，父亲已经成为乡情乡愁的精神纽带。

父亲和母亲很重视对我们子女的教育，家里学习氛围浓厚。母亲初中毕业，当过老师，也算是有知识、有文化的女性。他们在农村是属于很有想法的人，从小灌输给我们兄弟姐妹们最多的观念是要读书自立。

1983年，我考入华东师范大学，4年后又接着读研，我成为村里恢复高考后的第一个本科生、研究生，这是让父亲特别骄傲的事情。我的姐姐考上中师、妹妹考上大学，这让我们家在当地成了有名的"大学生之家"。

我的父母不是那种完全以儿女为中心的保姆型父母，对我们要求非常严格，经常教导我们"要艰苦奋斗，要自立自强"，而且公私分明。所以当年父母送那么多人去当兵、招工，就从没考虑到自己家里人。

这一点影响到我，也影响到了我儿子。一个细节是，以前我坐公车上班，儿子要去培训学校上课，如果顺路我会让儿子坐我的车。但我发现儿子比我还较真，每次都坚持一定要在分叉口下车，绝不许公车拐弯送到校。好多次干脆自己独自去，一节路也不搭。

2016年，我在上海挂职，父亲去看我，特地提出到华东师范大学看看。这是他曾经引以为豪和充满希望的地方，曾经经常写信、寄钱的地方。有一次，父亲在我的引导下参观校园，他突然停住，看到一块路牌，上面写着"光华路"，我见他眼睛一亮，精神一振。因为父亲就叫雷光华。

对我而言，父亲就像是思想上的航标灯，给我们家里带来了一种很"正"的范儿。父亲既平凡又伟大，通过言传身教，将敢于担当、乐于助人的精神融入我们的骨髓，让我们不断成长，受益终生。

◆本文原载于【文史博览·力量湖南】微信公众号 2018 年 3 月 12 日

·扫码收听·

岳父曾对我的工作提出五点期望："你要学会五种语言：教授语言、学生语言、社会语言、老百姓语言和流氓语言。"

何清湖：岳父教我的五种语言

口述｜何清湖　文｜黄　璐　廖宇虹

　　我是农村出身的孩子。小时候，父母一直要求我们多读书、好好读书，在他们的鞭策下，我和弟弟成为当地的第一、二个大学生，知识改变了我们的命运。在我的人生中，用知识带给我影响的，还有我的岳父。

　　岳父特别爱读书。即便到了80岁，他每天至少要读两个小时，《光明日报》《人民日报》《凤凰周刊》……他都一期不落。他也十分善于读书，在每本书里都要"画格子"、做笔记、写批注、写体会。他坚持背书，"四书""五经"、唐诗宋词都背得滚瓜烂熟。我打从心底里觉得，这种"活到老学到老"的精神实属难得。他家藏书之多一定排得上湖南之前列，已经读了那么多书的他却从未满足。

　　在工作方面，他也常常鼓励我多思考问题，能够写一些有观点、有价值的文章，要在中医文化、中医文献等方面多培养一些学生。他常常叮嘱我要重视专业知识和技能的积累培养——"你可以做行政工作，但不能丢本，在专业学习上要不断前进。"记得我常常一踏进家门，岳父就拉住我，跟我讨论书的问题——"今天看了一本好书，你也可以看看""之前你跟我说的那本书，我看了之后倒觉得是这样……"这一来一往之间，既是亲情的交流，更是思想的碰撞。

这种对书的热爱，源于对知识的渴求、对世界的探索。他不仅鼓励我们读书、学习，和我们分享自己读书的感受，他还经常能从书中落到实际生活上，对我们的工作和生活提一些有创造性、建设性的意见和见解，时常给我们以启迪。

我印象最深刻的是，当我成了湖南中医药大学副校长以后，我们两人之间进行了一场深入的交流。当谈到在大学如何当好一个干部时，岳父对我说："我不希望你成为一个'足球文化'的拥有者。"什么叫足球文化？足球看上去很漂亮，但里面是空的。我瞬间就心领神会，他这是告诫我，在岗位上一定要脚踏实地做事，扎扎实实做人，要有真功夫真本事，多读书、多锻炼，不断提高能力和水平，不能做一个徒有其表的"空心球"。

他曾对我的工作提出五点期望："你要学会五种语言：教授语言、学生语言、社会语言、老百姓语言和流氓语言。"

何为教授语言？指的是学术语言，在学术方面要有造诣。一方面，在学术场要能阐明自己的学术观点，要有学术的深度和广度，能够展现学术的创新。另一方面，还要能够善于以教授的语言传道授业解惑。

所谓学生语言，岳父告诉我"要学会与学生打交道，跟学生之间要有亲近感，对学生要能够授之以渔"。这点对我影响很深。所以我特别喜欢跟学生交流，用心给学生上课，往往十年、二十年过去，哪怕只上一次课，希望他们都能记得有个何老师。

要学会社会语言。大学虽然是象牙塔，但毕竟也是社会的组成部分。社会影响着大学，大学要适应社会，有时也要推动社会。所以在产学研结合、人与人的交往、学生综合素养的提升上，"不是要你变成察言观色的人，但是有时

// **人物名片** //

何清湖： 湖南省政协常委，湖南中医药大学副校长、教授、博士生导师

◎何清湖的岳父

候你要学会察言观色。"

要学会老百姓语言。他说到中医文化的传播："跟老百姓讲文化时，你必须能够用通俗语言，做到深入浅出。你看毛主席讲为人民服务，向雷锋同志学习。把敌人搞得少少的，把我们的朋友搞得多多的，这叫统一战线。"

到了最后一个"流氓语言"，我表示十分不解，岳父告诉我"不是让人变成流氓，很多时候秀才遇到兵，有理说不清，这就是告诉你要学会用不同的方式去化解问题"。

这五种语言，涵盖了我工作的所有方面，也都对我所遇到的问题提出了解决的方案。他的教导和告诫，对我一生的事业都有着启迪，这些深刻的话语都化作了我面对任何困难的底气，至今受益匪浅。

书，还能打造一个人的品格。我的岳父也有着一身"文人气息"的正直与忠厚，浸入到他的工作和做人当中。工作中，他从不吹牛拍马屁，也从没有利用自己的职权为家人朋友谋求过任何东西。在他的言传身教下，我尊重长者，尊重有文化、有知识、有水平的人，始终坚守客观公正、不阿谀奉承——从我1985年参加工作以来，30多年里，没有任何一个工作的调动、职位的提拔，来源于人情因素。在一个人情社会中，我感觉能坚持到这一点，并不容易。现在，我对学生要求也很严格，希望他们更进一步，能在中医领域里面有所造诣、有所成就。如今，我的岳父已经去世了，但是对于我们一家人来说，他始终是前方的一盏明灯，照亮我们前行的道路。

◆本文原载于【文史博览·力量湖南】微信公众号 2019 年 1 月 31 日

038

·扫码收听·

是他让我明白人生需要平淡对待得失，冷眼看尽繁华，畅达时不张狂，挫折时不消沉，在不断的历练中淡定从容，在潮起潮落的人生戏台上，举重若轻，击节而歌，人淡如菊。

刘山：心素如简

口述｜**刘　山**　文｜**沐方婷**

　　我把早餐端进她的房间时，她已经醒了。一个人，头也不抬地那么认真地拾掇着被子和枕头，动作很轻很慢，像怕吵醒了身边熟睡的人。"妈，吃饭了。"她回转头来，那一刹那，她的眼神是迷离的，自从前几次大病后，母亲的反应就大不如从前了。我坐在她床边铺着红毡布的木凳上，看着她小口小口地喝着牛奶，牛奶黏上她的嘴角，她却浑然不知，我伸手给她擦了擦。然后起身拎起公文包，坐上早晨七点去单位的车。

　　每天，我都要看着自己91岁的母亲吃上早饭后才离家，因为心安。

　　母亲老了，就变成了孩子，害怕被人抛弃。"不听话"时，我就"吓唬"她，"把你送到姐姐那里去"，她的眼神便瞬间惊慌，但却依旧故作镇定："老人家不能坐飞机。"看着我哭笑不得的样子，她露出狡黠而自豪的笑。等改天我告诉她，自己要坐飞机参见儿子的婚礼时，她的眼睛又忍不住地闪出快乐的光芒："那我也去！""你不是说老人家不能坐飞机吗？"我有些乐，故意反问她，她嗫嚅着说："啊？没事，我行。"

　　从当年住在单位连厕所也没有的平房时，父亲母亲就一直住在我的身边。父亲已经去世十几年了，如今，只有母亲依旧留在我的身边。

　　我的母亲是个与时俱进的女性，对新事物的接受能力让人惊奇。退休后，为了和在国外留学的外孙交流，她主动自学英语，学得很慢很吃力，稍复杂点儿的单词得记上老半天，但让人惊奇的是，她依旧学得津津有味。平常日子里，总时不时地蹦出两句，让人捧腹亦让人佩服。她还喜欢练字，练得很专心，旁若无人，一横一捺都写得屏气凝神。母亲只是一个会计，她爱做的几乎都于她的工作无益，也从未听到她说，自己想要在书法等方面有一番造诣，但看着她投入专注的模样，任谁也不忍心打扰。问她图什么？"什么也不图，就是开心。"

　　后来我看球、摄影……也不由地趋向我的母亲。不乱写足球评论、不乱吹嘘炫耀、不随处投稿拿奖，更不据此拉近关系，清清爽爽，做心之所悦的事。

　　摄影中我偏爱拍摄野生鸟类，节假日会偶尔背个包、带个小板凳，一拍就是半天。为了去洞庭湖拍摄清晨的鸟儿，我可以凌晨两点多起床，驱车到小县城吃点早餐，五点多蹲守在湖中央，拍摄清晨的阳光穿过水汽弥漫的洞庭湖，拍摄白鹭、水雉、须浮鸥等各式各样的鸟儿在水中扑腾嬉戏。如我的母亲一般，仅仅只是为了纯然地享受那个过程。

　　我的父亲是解放后湖南大学的第一届法律毕业生，然而正是他的克己与安分让他在一次又一次波涛汹涌的政治运动中安然无恙。在当时父亲的资历"很老"，组织上曾有意邀请他出任某市法院院长。面对这一美差，或许绝大多数人都会欣然接受，然而父亲在得知来者意愿后，竟沉默了半晌，"本人能力依旧有待提升，也缺少领导岗位的历练，担此大任，可能心有余而力不足。"对方开始还以为这仅仅是父亲的谦让之言罢了，多番劝勉之后才不得不承认，父亲是真心不愿当这个官。

——————— ∥ 人物名片 ∥ ———————

刘山：湖南省政协常委、湖南省公共资源交易中心党组书记、主任

◎刘山与家人合影

　　年轻时候的我心高气傲，总觉得父亲起步那么早，资历那么好，为什么总是甘于"平庸"？面对我的不解，父亲只说了一句话："做人不要太为难自己。"他的话语里隐约有风一般轻微的叹息。父亲最终只是科级干部退休，没有像我们所有人预想的那样，升了大官，发了大财。然而在他的庇护下，我们这个五口之家却过得平安和美，既不过于富足亦不过于贫穷。直到后来，我步入仕途多年，一路走来看见了越来越多的人与事。身边的朋友同学平步青云的也有，猝然陨落的也有，其中不乏顺风顺水者，亦不缺大起大落之人，他们从我的同事变成了我的领导，位居高位却又锒铛入狱。而我也最终慢慢理解了父亲当年的选择和那声风一般轻微的叹息——当世界无法理解你，请你自己理解自己，不要被欲望裹挟而急功近利，不要妄想得到与自己才德不符的东西。

　　是他让我明白人生需要平淡对待得失，冷眼看尽繁华，畅达时不张狂，挫折时不消沉，在不断的历练中淡定从容，在潮起潮落的人生戏台上，举重若轻，击节而歌，人淡如菊。多一份"宁可抱香枝上老，不随黄叶舞秋风"的坚贞和执着，少一些"我花开后百花杀"的霸气和傲然。这样的淡，淡在荣辱之外，淡在名利之外，淡在诱惑之外，却淡在骨气之内。在物欲横流的滚滚红尘里，击破纷扰，回归简朴，真正做到"落花无言，心素如简"。

　　清晨的阳光从车窗玻璃中透射进来，温暖而不失力量，我看着窗外的车水马龙，回忆如风，走在奔腾不息的时光里，眼前的人和逝去的人，我的母亲与父亲。

◆本文原载于【文史博览·力量湖南】微信公众号 2018 年 8 月 11 日

> **""** 生于斯时多幸运，愿得此生常报国。"母亲那一代人是新中国成立的见证者，走过了国家风雨飘摇的危难岁月，对新中国、新时代尤其感恩与自豪。

向双林：愿得此生常报国

口述 | **向双林**　文 | **吴双江**

此心安处，唯有吾乡。

若对于12年前的我来说，祖国就是我的故乡。那时我还在大洋彼岸的美国，是哈佛大学医学院的一名研究员，科研工作虽小有所成，但心里依然牵挂故乡，牵挂故乡的亲人。

正在我寻找机会回国工作的时候，远在家乡的母亲给我打来电话："儿啊，倦鸟归巢，叶落归根，是时候回来为国家做事了。"

人说母子连心，我感慨那时我与母亲竟然如此"心有灵犀"。我没忘记母亲从小对我的教诲，走得再远，都不要忘了背后的国家。

"生于斯时多幸运，愿得此生常报国。"母亲那一代人是新中国成立的见证者，走过了国家风雨飘摇的危难岁月，对新中国、新时代尤其感恩与自豪；我生于新中国，长于红旗下，见证了祖国改革开放这几十年来的伟大变迁。

我出生于湖南邵阳的一个小县城，是改革开放改变了我的命运。高考制度的恢复让我有机会上大学，之后又抓住了去西方留学深造的机会，学习先进的科研知识。也是因为改革开放的人才政策背景，让我有机会回国，用自己毕生所学回报祖国。

　　我的父母曾是邵阳绥宁县城普通的工厂职工，生了我们7个孩子，非常难得的是，我们七兄妹个个都受到了很好的教育。这与父母重视教育密不可分。在那个缺衣少食的年代，能够供完家里的7个孩子读书实属不易，但母亲总对我们说，唯有读书才能有更好的出路，只要我们肯读书、会读书，砸锅卖铁也要供我们念书，念到博士、博士后更好。其实那时母亲不知道，真正念到了博士、博士后，已经有工资补助了，家里在经济上不会有所负担，但那是母亲的一种信念。

　　在那个物资极度匮乏的年代，一个普通的职工家庭，要养活一家9口谈何容易？印象中父母总是早出晚归，现在我的脑海里还时常浮现出深夜母亲在灯下缝补衣服的情景。记得有一次，我半夜醒来，看到母亲还在为我们缝制衣服，当时没敢吵到母亲，可是眼眶却情不自禁地湿润了。那时我们一家人的衣服，都是母亲一针一线亲自缝制的。

　　从我的父母身上，我学到了两样珍贵的品质：父亲教会我们要老老实实做事，母亲则教会我们要规规矩矩做人。父亲是个非常老实的人，一辈子专注于一件事，就是老老实实干活，从不去说别人长短。我在这方面受到父亲很大的影响，并且也时常把这些体会传授给我的学生。我一直给学生们讲，老实人不吃亏，干活要好好干、主动干，不要别人推一下，自己才动一下。应该是主动去找活干，让大家能够感觉到你在这个团队里发挥的独特作用。

　　我的母亲是一个非常开朗、勇敢的人，一直都非常敢于也善于表现自己。她一直给我们传授一个观念，就是要规规矩矩做人。她常说，即使少吃点、少穿点，也不要去占不该占的便宜，不要去拿不该拿的钱财。这对我们兄妹几人

————————// 人物名片 //————————

向双林：湖南省政协常委、湖南师范大学生命科学学院教授、南华生物医药股份公司董事长兼总裁

◎向双林的母亲

的影响非常大，从求学到工作，我们一直规规矩矩、兢兢业业，在自己平凡的
岗位上做一个正直的人。

　　沧海桑田，一晃几十年过去了，我回国工作已经10余年了，一直不敢忘
记父母的谆谆教诲。母亲今年89岁了，是一个充满乐趣的老太太。她现在生
活非常规律，一般早上6点钟左右起床，和其他老伙伴一起散散步，锻炼一下
身体，然后回来吃早饭。上午就看看花鼓戏，到了下午就出去跟其他老伙伴打
打麻将，大家一起交流，活动活动大脑，生活过得有滋有味。

　　人说父母在，人生尚有来处，父母去，人生只剩归途。我的父亲20多年
前去世了，现在我们身边只有母亲陪伴了。只愿在余生的日子里，好好握紧母
亲的手，让她健健康康、快快乐乐，希望母亲陪儿孙们的时间再长些、再长一
些……

◆本文原载于【文史博览·力量湖南】微信公众号 2019 年 4 月 24 日

·扫码收听·

父亲在消费经济学这一学科的创立和发展中拥有全国"六个第一",被誉为"中国消费经济理论第一人""中国消费经济学之父"。而这背后的故事,足够我一生铭记。

我的父亲尹世杰

文 | **尹向东**

我的父亲尹世杰教授出生在湖南省洞口县山门镇石柱乡一个书香世家。爷爷是前清秀才,后来做了廪保。只因废除了科举制,没有晋升进士。4个儿子中,父亲最小,在家随爷爷读"四书""五经",每天晚上一盏灯油没有点完,就不能睡觉。由于聪颖好学,勤于动脑,1942年高中毕业因学习成绩优异被保送到西南联大,后因交通困难而未成,于是考入湖南大学经济系,先后任教于武汉大学、湘潭大学、湖南师范大学。

一

父亲小时候,就看到很多人家里贫困的情况(包括一些亲友家里和自己家里),经常难以吃饱、穿暖,不少人还住在茅棚里。特别是农村,农民生活更加困苦,有的难以生存,只有外出讨米、做乞丐!有的甚至饿死了!父亲始终在思考,为什么人民生活这么苦?怎样来改变此状况?

1942—1946年,父亲在湖南大学读书,他写的毕业论文就是"长期停滞论",描述国民党统治下生产不发达、人民生活很艰难的情况,这时父亲开始有了研究消费经济的念头。他引用了马克思和列宁关于提高消费的观点，当时不敢写他们的真名字，而是用"卡尔"和"伊里奇"来代替，论文写了几万字。

解放前，人民生活很艰难，统治者骄奢淫逸。父亲感到极大的不公平，他渴望一个新社会的来临，渴望民众的消费问题能够得到解决，这是父亲决心研究消费经济的重要原因。他在日记中写着自己的心愿。

"在现实社会里，有许多人是哭天喊地，有些人是欢天喜地，还有些人是昏天黑地，真是'月儿弯弯照九州，几多欢乐几多愁'。""物价又在直线上涨了！人民的生活越来越下降了！有些公教人员一个月收入也买不到一担米，要他们怎么养活妻儿，怎么活下去呢？"

刚解放，湖南大学许多"地下党"从学校调到军管会或者被派的地方工作，军管会领导希望父亲到军管会教育科工作或者担任湖南大学校长李达的秘书，父亲提出他希望从事马克思主义政治经济学教学与研究工作，不希望离开他热爱的教学与研究工作，秘书与老师工作双肩挑。

为此，李达特别欣赏父亲。1951年，父亲萌生到中国人民大学去读国民经济研究生班的想法，李达校长非常高兴，亲自向中国人民大学校长吴玉章写推荐信，并叮嘱父亲"不要牵挂他，不要牵挂学校，不要牵挂家，一心一意好好学，要回来工作"。

1953年父亲以十分优异的成绩从人大毕业，放弃了留在人大工作的机会，应李达校长（当时湖南大学院系调整，李达校长调任武汉大学校长）之邀来到武汉大学经济系工作。我父亲在研究马克思主义再生产理论的同时，开始关注消费问题研究。

—————— ∥ 人物名片 ∥ ——————

尹向东：湖南省政协委员、湖南省政协提案委员会副主任、湖南省社会科学院产业经济研究所所长

二

父亲作为经济学家,清楚地认识到,"文化大革命"时期"先生产,后消费""先治坡,后治窝""以钢为纲"等政策,大大影响居民消费的提高。十一届三中全会以后,党中央出台一系列大政方针,强调消费对社会经济发展的作用,这进一步加强了父亲对消费经济研究的决心,使他能够真正坚持以研究消费作为今后的研究重点和工作重点。

1979年4月,父亲在《光明日报》提出消费经济是一门复杂的学科,强调要把消费经济作为一门新学科进行研究。从此直至父亲生命最后一刻,他都一直坚持对消费经济的研究,带领中国消费经济研究走过了"从创立——快速崛起——深入发展"三个阶段,创立了中国消费经济学。

父亲生命不息,写作不止,用他自己的话来说:"消费经济研究就是我的命,就是我的一切。"他不仅是个学习狂,还是个工作狂、写作狂。80岁以后还公开发表百万字的著作。废寝忘食成了他的习惯,争分夺秒地学习,忘我地工作,不停歇地写作是他一辈子的常态,哪怕是半夜,只要灵感来了,爬起来就写。挤出点点滴滴的时间抓紧写作,不仅他自己习以为常,家里人也都习惯了。

几十年来,他几乎从来没好好休息过,从没有考虑过自己的身体,一直在透支着自己的身体,与时间赛跑,哪怕在重症监护室生命垂危的紧要关头,只要醒来仍然执意要拔掉针管、抗拒治疗,不停地喊着要回到学校上课,要回到书房写作。

三

无论是在武汉大学、在湘潭大学,还是在湖南师范大学,在治学方面,父亲都是以严出名,在学生中有"严肃部长"的外号,严格要求培养人才是他的一贯作风。同时,在生活方面,父亲对学生又是以慈祥、好客而出名,在学生中间有"尹老师的家就是我家"的说法。

学生们对父亲的课既怕又爱,怕是因为他经常提问题请学生回答,学生必须认真准备,喜欢是因为上父亲的课可以学到许多学术前沿的东西。当时消费经济专业研究生有几个"最怕",一是"最怕"父亲来寝室检查,曾有学生下午4点仍然在午休,父亲非常温和地告诉学生,我已经工作两个小时了,看了什么书,想了什么问题,有什么收获。你们在梦里有什么收获吗?牌桌有什么收获吗?我的牌打得很好,那是在做地下工作时,以打牌作掩护,解放几十年来,我再没有打过。二是"最怕"开卷考试,需要十分投入地准备几个星期,去研究国内消费经济学术研究前沿,去思考提出自己的观点,并且需要论证。

这些消费经济研究生在校期间都发表大量论文,并且都在全国产生比较大的影响,形成了20世纪80年代闻名全国的湘潭大学消费经济研究团队,《中国青年报》头版头条专门报道父亲所带的这一批消费经济研究生。他们感谢父亲,正是由于父亲的严格,把他们逼出来了,把他们教出来了。

20世纪80年代初期,父亲的学生凌宏城生病了,晚上父亲知道后,马上要母亲煮好鸡蛋面,和母亲一起送到研究生四楼,看着凌宏城吃了才放心回家。第二天又到学校找救护车送医院。1993年正月初五,西安一个报考研究生的年轻人,半夜三更来到我家的门口,打算坐在路边等到天亮。父亲听到窗外夜间巡逻人员盘问这位陌生人的声音,便赶快起床,把这位冻得发抖、正在发高烧的考生接到家里,母亲为他做饭。

不拘一格选人才,是父亲的原则。一个学生考湘潭大学研究生,英语分数未达标,但在面试中脱颖而出,父亲破格录取了他,并为他跑学校、跑教育厅,父亲提出"人才不能光看分数,要看有没有独到的见解、创新的思维方式、严谨的学术态度。如果没有这些特质,读研究生有何用?"

四

由于父亲在学术上的突出贡献,母亲为了支持我父亲的事业,放弃了自己的事业,他们俩几十年的风雨与共,共同打造了一个非常和睦的家庭,父母1997年被评选为全国十佳金婚伴侣,荣获全国妇联授予的"全国金婚佳侣奖"。

"文革"初期,父亲一夜之间成为"走资派"和"反动学术权威",被下放到湖北农村"劳动改造"。造反派疾言厉色地对母亲说,如果不同父亲"划清界线",就是"立场"问题,就要受处分。但是母亲没有屈服,她坚信自己的丈夫绝不会反党反社会主义。父亲下到农村后,母亲用自己柔弱的双肩挑起

◎尹世杰作"从消费资料出发，搞好国民经济综合平衡"的学术报告

了抚养 5 个孩子的重任。

后来，母亲干脆带着我们几个，搬到父亲"劳动改造"的地方一起生活。父亲专心于学问，出差在外，衣物行李什么的总是丢三落四。母亲就在父亲的每一件衣物上用针缝上"尹"字。父亲每次出差之前，她总要不厌其烦地叮嘱与父亲同行的学生或同事，要他们提醒父亲把自己的衣物带回来。

至于家务事，母亲从来不让父亲操心，让他把全部精力用在工作上。在我们家的墙上，有一个详尽的食谱，每天 5 餐，每餐的营养都注意科学的搭配，这是母亲根据父亲早起晚睡的生活规律特意拟定的。

唯一引起父亲与母亲"争端"的是母亲很爱整洁，扎鞋带哪边长哪边短都有规矩，父亲则比较随便，繁重的工作使他养成了漫不经心的生活习惯，而且常常不记得自己的东西放在哪儿。父亲问得多了，母亲有时就忍不住数落他："你怎么这样没记性？"每遇上母亲责怪，父亲或憨然一笑，或遁入书房……而母亲看到他这副憨态，也就心软口缄了。他们就是这样共同走过半个多世纪相濡以沫、患难与共的悠悠岁月。

◆本文原载于【文史博览·力量湖南】微信公众号 2018 年 11 月 28 日

·扫码收听·

如果说我的前半生是在为科研、为世界的科学界做事，我希望我的后半生，能够为生我养我的故土、为中国的农民做点事情。

邓兴旺：
父母无条件的支持，让我始终有底气

口述 | 邓兴旺　文 | 黄　璐

我出生于湖南沅陵的大山，一个偏僻而安静的山村。

沅陵素称"湘西门户"，在沈从文先生笔下，这里是一个"美得令人心痛的地方"。东边雪峰山奔腾而去，西麓武陵山逶迤而来，土家人的母亲河——酉水在这串联起神秘的历史遗存和优美的自然风光。

40 年前，因时代的机遇，我通过高考走出了沅陵大山，后出国留学、工作，成为美国科学院院士，站在国际学术舞台最前沿。2014 年，我辞去耶鲁大学终身教授教职，全职回国筹建北京大学现代农学院，希望用现代科学技术改善农民生活、推进农业现代化。

我的一切坚持和选择，始终离不开给予我无条件支持的父母，以及我念念不忘的故乡。

一

记忆中，我的家乡山清水秀，孩童时代，一到春夏之时，我和小伙伴们便到田地里捉泥鳅、青蛙，到小河里抓小鱼小虾，也常在水塘里游泳。

那时，人与人之间淳朴相待，这是一种发自山村农民内心最本真的善良。

我的父母都是农民，最高学历是小学毕业。今天看来，文化水平是比较低的，但在那个年代，我的父母已属村里最有知识和远见的农民——他们的开明和包容，超越了偏僻山村一般农民的认知，也为我的人生开启了一个良好的起点。

首先，他们十分重视教育。他们从一开始就很明确——改变农村孩子命运的唯一出路，就是有知识和学问，而不能只靠在山区里蛮干。在那个物资匮乏的年代，他们从来不把家里的担子分给孩子们——他们尽量不让我们干农活，因为干农活耽误时间，他们让孩子尽量用全部的时间和精力去学习。

1977年，恢复高考的消息传来，由于备考时间紧，为了争分夺秒地学习，在学校寄宿的我每天早上5点起床，晚上在教室自习到接近11点宿舍关灯——我用最后5分钟"冲刺"洗漱、爬上床铺。

父母给予了我最强大的支持。他们尽自己所能，给我提供最好的生活保障。比如，家里养了鸡，还有鸡蛋，他们觉得我学习辛苦，会毫不犹豫地优先给我补身体。无论我需要什么，哪怕他们身上只剩最后一分钱，也会全部拿出来。

他们虽不能在课业上给我指导，也从来不会逼着我去读书，但他们十分信任我——相信我一定会好好学习。

1978年，我顺利考入北大，这让我的父母很是欣慰。自我考上大学，按父母的要求，家里的弟弟妹妹们也都必须以我为榜样考大学或专科学校——如果一次考不上就考两次，直到考上为止。

用知识改变命运，父母为我们的人生选择了方向。现在，他们也颇为自豪——孩子们都有着相对安稳和满意的职业。

//人物名片//

邓兴旺：湖南省政协湖南发展海外顾问、世界著名生物学家、美国科学院院士、耶鲁大学原终身冠名教授、北京大学现代农学院创始院长及学术委员会主任

回头看,这何尝不是与父母的远见和坚持紧密相关?

二

在学术领域,常常会遇到难以攻克的瓶颈,一方面,用创新的思维开动脑筋,努力寻找解决问题的方法很重要。另一方面,在暂时还看不到任何希望的时候,应始终保持坚韧,不轻言放弃,积极对待挑战。

一旦选择了,就坚持把事情做好,我在专业领域取得的任何突破,莫不源于此。而追根溯源,这无不是来自父母对我潜移默化的影响。

我的父母用双手撑起一个大家,从来不是靠投机取巧,而是踏踏实实靠自己的辛勤努力。与此同时,他们也讲究干农活的方法和策略。

农民所有的收入都来自一亩三分田,如何在最短的时间里获得最高的效率?同样的农产品如何能换取更高的价格?市场上的辣椒,如果最早上市的,往往供不应求,市场价格也相对会高。父母懂得这个道理,即使简单的种菜、卖菜,他们也讲究种植时间和"策略",为的是换取最好的价钱。

农民们每卖一批菜能换取的都只是小钱,多是几毛钱,一块钱都少见,这些零钱在这些朴实的、沾着泥土的双手里来来往往,每一分钱都来得不易,又是多么的艰辛!

印象中,我在家中少有几次看到十块钱以上,这都是勤劳的父母为了有能力支持一家孩子上学,用智慧和汗水赚取的。他们用双手创造支撑我们成长和人生"远行"的条件。

三

1978年秋天,不到16岁的我通过高考进入了北京大学。

我从北京回家探亲,一趟行程需要坐两天火车,再转两趟汽车,然后一路从镇上步行到大山深处的家——前后要花上四天时间。回到家,没公路,没有电,没有自来水,生活条件相当原生态。

有一次,回家探亲的我在家待了两周后返校,父亲坚持要送我到县城。我们从大山里一路步行到镇上,然后搭一个长途汽车到达县城。刚到县城,我发

◎邓兴旺的父母（中）
和子女

现有一个重要的学生证件落在了家里。

怎么办？这时，我的父亲毫不犹豫对我说：你在这等着我，我回家拿。

同样的路线，父亲立即折返回家，没有任何迟疑。第二天，赶在离开县城的那趟公交车出发之前，父亲为我取回了证件。

这或许只是一件小事，但这么多年过去，我没有忘记。父母的爱说不上一定是多么轰轰烈烈，但一个简单的细节，让你感受到父母对孩子本能的、无私的关心，条件反射式的爱——他从未考虑让我回去拿，没有任何商量，不管路途多艰难，他第一时间就决定自己跑上一趟。

这样的细节发生在我人生的很多时刻，父母的无条件支持和无私关爱让我感觉到很温暖、很有底气——你会知道，无论在外面学习、工作遇到什么难题，远方的家人始终在那，百分之百地支持你。

无论走出多远，这些年，我也常回老家看看。现在，农村的交通等基础设施建设已经大有改观，我可以早晨从北京出发，坐一趟高铁到湖南怀化，然后坐两小时汽车到达县城，县城到家通上了乡村公路——一趟行程 10 个小时，刚好赶上回家吃晚饭。

四

中国是一个农业大国，"三农"问题始终紧紧牵系着民生。

我是农民家庭出身，我深刻地感受到处于中国社会底层的农民生活的艰辛。

◎邓兴旺（右）与前辈吴瑞先生

我始终无法忘记，小时候家乡父老辛勤耕作的场景——尽管已经付出了百分百的努力，但是由于缺乏必要的技术和支持，他们往往得不到理想的收益。

几千年来，中国山区农村生活模式依旧没有改变。这是一种社会的落后、世界的不公平，必须改变。

2014年我回到国内，开始创建北京大学现代农学院。我希望通过开展一些创新工作，立足科学技术，推进农业现代化，让农民生活得更好。比如，培育更好的农产品品种，更新耕作的方式，大力推进农业机械化，同时用更科学的市场规律和政策指导引领农民从事农业生产，让农民劳有所得、少劳多得。

未来，农民绝不再是面朝黄土背朝天的简单体力劳动者，也不是传统的种田人，而是有着高技术含量的新型职业农民——懂管理、懂技术、懂金融，懂得操作现代专业机械设备。

中国未来的农村，也绝不再是和"贫困""落后"相连。它应该是一片宜居的、人文的沃土，有着更高的产出和产值，有着令人向往的田园生活图景，吸引越来越多的人回归农村，回归中国传统诗意栖居。

40年走了一圈，就像一个轮回。如果说我的前半生是在为科研、为世界的科学界做事，我希望我的后半生，能够为生我养我的故土、为中国的农民做点事情，让他们过上更好的生活。我也希望未来有更多优秀青年人重视"三农"问题，通过自己所学，为普通农民做点事情，为自己的父老乡亲做点事情。

·扫码收听·

积极对待挑战，善心对待世界——这，是我的外婆、父母留给我最大的财富，让湘江之滨的一个普通女孩，稳步走到牛津剑桥，走上联合国的讲台。

傅晓岚：如何活出独立女性的姿态？

口述 | 傅晓岚　文 | 黄　璐　夏丽杰

31 岁那年，我决定去英国留学。

当时，我已工作 8 年，带着 3 岁的孩子，由于英国不承认中国的硕士学历，所以我要重新和一群二十二三岁的年轻人共同攻读硕士学位，并取得优异成绩才能继续读博。这个选择对我来说是极大的挑战——不仅要重新拾起经济学和计量经济学的知识点，语言的障碍也是一种很大的压力。

但我从没想过放弃，我清楚地明白：这件事一定不是最难的。

就在课业结束时，全班只有两名同学得到了优秀，我是其中之一。

这可以算作是我在学术生涯上的一个起点。而现在回看，我在学术上所获得的一切，都离不开我的外婆和父母带给我的潜移默化的影响，是他们用坚韧、刻苦、独立和开拓精神，教会我怎么活出一个独立女性的姿态。

20 世纪 80 年代，正值中国改革开放如火如荼，中国开始大量学习国外的先进技术和管理经验。我的父亲当时在湖南财经学院，他要负责一个新学科的开设。从北京考察回来后，他决定开设管理学，这是文理科的交叉领域。也正是在父亲的影响下，我后来的研究方向也选择了既需要理工科目功底、又需要人文知识基础的管理工程。

　　由于职位调动，父亲后来到广州金融高等专科学校 (今之 "广东金融学院")做校长。由于政府支持的经费有限，为了加快学校发展，他常常需要出去 "化缘" 筹钱。对一个学者来说，这不是件容易的事，不仅需要看人脸色，而且还总会碰壁。

　　有一次他拜访完资助单位后，在回来的路上看到一个牌子，写着邓小平的一句话："发展是硬道理"，他豁然开朗——学校要自己想办法，通过发展自身实力来赚得发展所需资金，这才是正确的道路。

　　父亲找到了为学校筹资的有效方法——除了办好校办产业银行、证券营业部之外，主动适应广东金融系统的需要，成立金融高级人才培训中心，大力培训广东省及周边省区金融系统的干部职工。助力金融系统的同时，提升学校实力、推动产学研合作。

　　"发展是硬道理"，父亲的所思所行对这句话做了诠释，那就是要自强、要独立，要积极开拓。

　　也正是父亲潜移默化的影响，之后我在牛津大学创立的技术与管理发展研究中心，走的是依靠出色的科研能力和全球影响力，在高水平的研究理事会和欧盟的公开竞争中赢得一个又一个重大研究项目的道路，而不是筹集捐赠善款的传统路径。

　　父亲常常教导我对人对事要豁达。这对我来说很重要，特别是在打拼过程中会遇到很多困难和压力，这种正面看待挫折的态度是让我能够不断克服困难、往前进取的精神源泉，也让我不断以善心看待世界、以善心对人。

　　对我来说，作为一名女性，更要有独立自强的意识。这是我的外婆和母亲

‖ 人物名片 ‖

傅晓岚： 湖南省政协湖南发展海外顾问团成员、牛津大学社会科学领域首位大陆华人终身教授、技术和管理发展中心主任

◎傅晓岚和父母

带给我最宝贵的精神财富。

我的外公去世早，外婆一个人含辛茹苦抚养 3 个孩子，凭一己之力把他们都送进了大学。家里没有男人，社会环境复杂，有些人也常常欺负我们家。外婆承受很大的精神压力，她一直小心翼翼，不招惹麻烦，却从未在孩子们面前抱怨过。她一直这样保持着精神和生活的独立，到了 80 多岁时还坚持一个人生活，认为自己可以照顾好自己，不应该给晚辈增加不必要的负担。

母亲继承了外婆的坚强。9 岁失去父亲，13 岁时哥哥被送去内蒙古挣钱，家里没有男丁，她就帮助外婆一起劳动，共同支撑起这个家。结婚后，由于出身成分"高"，她被分配到长沙县的农村中学教书数年，与我们一家人分离，吃了太多苦。

记得每到周末，是我们最开心的时候。父亲骑着自行车，带着装着肉的小铁盆，载着我和妹妹一起去看母亲——妹妹坐在前面，我坐在后面，我们满心欢喜，期盼着与母亲的短暂相聚。

在艰苦的环境里，母亲一直是独立的、坚强的。要做一名老师，为了写好板书，达到内容和表达的完美，母亲坚持每天练字，她的板书十分漂亮。

有一年母亲撰写专著，每天伏案工作。长沙夏天炎热，由于开风扇会吹乱书稿，她便不开风扇，天天埋头工作，任汗珠一颗一颗从她脸上滑落。

所有这些，都是无声的榜样。

直到"文革"结束后，母亲才调到湖南财经学院任教，我们一家才真正团聚。她一直注重改进教学、推进学术研究，也成为学生最为欢迎的老师。记得每到周末，母亲的学生们都会到我们家聚会，吃饭、聊天、唱歌、排话剧。她关心学生的学习，也关心他们的生活、成长。在那些年里，我和妹妹更愿意称呼母亲为"朱老师"而不是"妈妈"，因为我们觉得叫她"朱老师"比叫她"妈妈"得到的关爱要多。

在外求学时，我没有依靠，没有亲戚，一切要靠自己打拼，所有事都不会一帆风顺。无论遇到怎样的困难，我从来没有失去对未来的信心。每每遇到挫折，我会想到我的外婆、我的父母，在经历了大时代里那么多残酷的考验和"斗争"，他们遇到的问题比我的还艰难，他们能做到，我也能做到。

我也记得父亲告诉我：凡事要宽容，要相信历史是人民写的，真正的优秀和善良是会被历史记住，被大部分人雪亮的眼睛看到的。

我明白，人一旦失去了对未来的信心，就会垮掉。我也经常和年轻教师分享："有时候，你觉得困难到了一定程度受不了了，这时候很多人会放弃了，但这就是上天考验你的时候，你熬过去了，就上了一个新台阶。"

如今回望过去，如果说我有一丝成功，我觉得并不是我比别人聪明，也有很多人像我一样努力，但是我始终保持着坚韧，越遇到困难越把它当作动力，不轻言放弃。积极对待挑战，善心对待世界——这，是我的外婆、父母留给我的最大财富，让湘江之滨的一个普通女孩，稳步走到牛津剑桥，走上联合国的讲台。

◆本文原载于【文史博览·力量湖南】微信公众号 2018 年 11 月 3 日

远 在他乡、身患多病、丧女之痛，父亲一生命运坎坷，但始终放不下的是故乡。

胡国珍：父亲是真正的湖南汉子

口述｜**胡国珍** 文｜**吴双江 周 欢**

这些年来，我常常遇到湖南人，也常常因为湖南话而勾起内心最深处的乡情。但我又常常不敢想起记忆中的那个真正的湖南汉子和他的故乡，因为每每回想，总觉得他好像昨天才离开，总是忍不住泪流满襟。

一

我出生在贵州省岑巩县，但从小一直生活在一个地道的湖南话语言环境中。20 世纪 50 年代初，父亲从湖南来到贵州学艺谋生，但他始终说着一口纯正的湖南话。因为父亲的乡音未改，也让我对湖南的牵挂不断。我的内心深处似乎总有个声音在说，我的根在湖南邵阳。

在父亲陪伴下的那些年，他用乐观、善良的生活态度，言传身教地影响着我们。父亲的前半生一直生活在湖南邵阳，爷爷唱戏谋生，在耳濡目染中，父亲也学会了唱戏。《打铜锣·补锅》是父亲最爱唱的曲子，我们小的时候，还时常听他唱起。

原本在湖南生活的父亲，家庭条件不算太差，但后来奶奶患上重病，为了给奶奶治病，家里所有值点钱的东西都被卖掉了。身为长子的父亲除了要照顾好失明的小姑，更是尽心尽力地照顾着奶奶，用他的话说就是要尽子女最大的能力厚养父母，生前对老人好才是最重要的。奶奶临终前对父亲嘱托："孩子，你孝心尽够了，我走了以后，今后每年都不用给我烧香，不用祭拜我，在我生前，你该做的全都做到了。"

奶奶去世后，为了谋生，为了偿还家里的债务，父亲来到了人生地不熟的贵州。初来乍到，他总是会被当地人"拒之门外"。尽管父亲骨子里有着很好的德行，又学习了一门好手艺。但在最初的时候，因为是外地人，又说着浓浓的湖南话，很多当地人并不信任父亲。

那时候在贵州做木工，一般都会在当户人家过夜。记得有一次，父亲上门给别人做木桶等生活用具，那户人家没有像对待本地木工一样，让父亲住在客房。而是随便让他睡在房角的木板上，上面铺着席子——这就是给父亲安排的睡处了。晚上睡觉的时候，父亲觉得席子实在有点硌人，于是掀开席子一看，结果发现下面是一个装着几百块钱的钱夹子。

第二天早上，父亲把钱夹子拿给了那户主人。那个年代的几百块钱，真的是一个家庭很重要的财产。当时他们都被父亲的行为感动了，原来眼前这个操着浓郁湖南口音的人竟然如此诚实善良。之后，父亲成为贵州岑巩县里一个远近闻名的木工师傅。

在我七八岁的时候，有过一次坐错车的经历，也更加验证了父亲的为人。记得那次因为母亲身体不适，不能坐车，于是将攒了很久的肉票给我，让我去买两斤肉看望被打成右派的外公一家，但是我不小心坐反了方向，下车时天已

———————// 人物名片 //———————

胡国珍： 全国政协常委、黔东南州人民政府副州长

◎胡国珍家兄弟姊妹在2006年春节期间回湖南,与二叔一家在老房子门前合影。这个老房子不是父亲出生时的房屋,是胡国珍爷爷、父亲、二叔、大姑在1958年共同修建的

经黑了。

我怯生生地跑到一个饭馆去询问是否可以让我住一夜,并说我只有5角钱,这是妈妈安排买回家票的钱。一位中年妇女问起了我的情况,我如实回答:"我来看望外公外婆,我爸爸叫胡松茂,是一个木工。"听到我父亲名字后,她马上说:"你不要住饭店,你去和我女儿一起睡,和我们一起吃饭,不用你出钱。到明天早上我帮你找个便车回去。"我问她,应该怎么感谢,她却说不用谢,"因为我们都知道你父亲是一个非常好的人。"

二

或许,在广袤的湖湘大地,我的父亲只是一个"无名小卒",但他在我心中是一条真正的湖南汉子,他曾做出的一些事情超出了"人之常情",让人肃然起敬。记得那是1974年的一天,我姨带着妹妹去凯里玩,但妹妹不幸遭遇车祸去世了。得知消息的父母痛心不已,全家都笼罩在失去亲人的悲痛氛围里。然而,父亲在处理妹妹后世时却表现出令人心疼的冷静。当时警察对车祸的调查结果是刹车失灵,导致汽车撞向人行道,驾驶员须负刑事责任,并进行赔偿。"他是无意的,我不追究他的责任。"父亲用湖南腔沉重地说道,这让所有人都没有想到。

不追究刑事责任、不要经济赔偿,这对当时任何一个家庭都是一件非常艰难痛苦的决定,何况当时我们家还特别困难。驾驶员既后悔又万分地感动,为了表示歉意和感恩，还坚持要给我们家过继一个女儿。父亲拒绝了，并对他说："以后我们两家不相往来，你不用背着良心债，我也不想看到你想起伤心事。"后来父亲还特意按了手印表示自己决不追究责任。直到 1986 年，父亲去世，我们清理他的遗物时发现了当初他按的手印资料，当时模糊的记忆一下清晰地浮现在眼前。我们不知道的是，原来当时他按了 100 多个"免责"手印。

父亲总是用他的言行教导我们何为善良。

记得小时候，经常有遭遇灾难的人跑到我们家这边来讨饭。看到穿得破烂的陌生人，我们小孩子难免害怕，第一反应就是关上门。父亲看到了以后就会责怪我们，叫我们把门打开。他教导我们说："讨饭是君子的后路，别人是来找你讨，又不是来抢，咱家有就给人家分一点。没有也别关上门，送碗水给人喝吧。"尽管当时我们家的条件非常拮据，但是，只要有总是要匀上一点粮食送给他们。

"君子慎独"，父亲的善良不只是在人前，还体现在很多不为人知的细微之处。以前家里穷，我们常常去路上捡玻璃、锈铁钉、鸡毛鸭毛等，捡了以后拿去卖钱。但是路上带刺的树枝或者扎脚的瓦片，我们往往就会直接略过，任由它们横在路上。有次，我们和父亲在一条小路上走着，我们像往常一样略过了那些树枝、瓦片，结果被走在后面的父亲叫了回去，他让我们把这些东西捡起来放到路边去，"不要甩在路中间，以免下一个人踩到刺伤脚。"

三

善良的父亲，却并没有一个硬朗的身体。印象中的父亲常年多病，高血压、哮喘病、肺气肿、心脏病……他疾病缠身，整天不停地喘气和咳嗽。记忆中，我们家很少能好好地过个团圆年。每次快到春节的时候，父亲为了能有钱过年，会非常辛苦地去工作。结果快过年了，他却病倒了，常常都是在医院中度过春节。

别人看到我们家生活太难了，经常劝他说："你做木工也赚不了多少钱，要不就别让孩子读书了，让他们出去做工。"那时候，我们也到了可以去搬砖、挑沙、捡石头、挖野菜，给家里增加收入的年纪了。

没想到的是，父亲决定让哥哥休学，让我继续读书。当时很多人都不赞同他这么做，"女儿是别人家的，还是应该让儿子读书"。但是父亲却不这么认

◎胡国珍一家唯一一张全家福照片，
当时最小的妹妹还未出生

为，他说女儿在社会上生存更加不容易，要多读书。

对那时的我来说，学习不是一件容易的事情，放学后要去帮忙捡石头补贴家用，只能利用晚上时间来学习。开电灯浪费电费，点煤油灯也费钱又熏眼睛，怎么看书成为一大难题。当时我们家旁边就是税务局，中间就像是一条贫富交界线。税务局的公厕晚上会一直亮灯，于是我就在公厕旁边的电灯下面看书，蚊子、虫子、恶臭味，我都一一克服了，这是我从父亲的优秀品格中受到的启发和教育。那时候家里的经济实在是太困难，我是得益于国家的人民助学金帮助，才顺利完成了学业。所以，我一直存有一颗感恩的心。

四

1974年，我跟随父亲第一次回到湖南，故乡的土坯房让我印象深刻。那次更是时隔近20年，父亲第一次回家，看望爷爷，也把失明的小姑接回了娘家。那一年，我们全家第一次照了全家福，也是唯一的一张全家福，遗憾的是早夭的妹妹并没有留下一张照片。

远在他乡、身患多病、丧女之痛，父亲一生命运坎坷，但始终放不下的是故乡。直到1986年，父亲去世前，他思乡的情结异常强烈，买不起快车票，常常就是在慢车的过道边，坐三天两夜的车回老家。父亲去世前曾希望葬回他

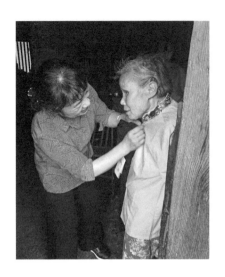

◎今年端午节（2019 年 6 月 7 日），
胡国珍回湖南看望双目失明的小姑

的故乡，陪伴他的父母，但当时我们家实在太穷，真是没办法，没能力将他运回湖南安葬。只好将他葬在了岑巩县城一个名叫湖南坡的山坡上，以安慰他的在天之灵。不久母亲也去世了，与父亲一起"长眠"在湖南坡。

这些年，我们常常都去湖南坡看望父母、为他们扫墓，有时也去湖南老家看看，因为那是我们的根之所在。如今，老房子已经旧貌换新颜了，叔叔开起了小卖部，父亲最牵挂的小姑，也因为党的好政策，有了自己的房子，生活有了保障。

后来，我还特意给小姑姑送去了贵州的特色蜡画。没想到姑姑还特意打电话跟我说："你送的蜡画好漂亮。"我问她，"你能看见？"她说："我是用手摸着感觉到的。"这么多年，我们一直尽其所能，帮助贫困的小姑，这也是我们对父亲精神的延续吧。虽然他的 5 个儿女没有惊天动地的成就，但都坚守了平凡中的善良。

父亲已经走了 30 多年，直到现在，我也不明白当时的那个湖南汉子为何能做出那么多平凡又超常，并令人敬佩的事情。父亲的精神和品格一直激励、影响着我，我也会将这种家风教育延续到我的下一代身上，希望她积极向善。

◆本文原载于【文史博览·力量湖南】微信公众号 2019 年 6 月 26 日

每 当有人问起母亲对我最大的影响，恐怕首先就是她的那一手好字。所谓母子一场，家风传承，就是她留给我如同河川留给地形的，那些她对我造成的改变。

欧阳飞鹏：
父母与我，如岁月中的河川与地形

口述 | 欧阳飞鹏　文 | 唐静婷　夏丽杰

　　在我写下的每一个字里，一撇一捺，一横一竖，都流淌着母亲的印记。兄弟姐妹 4 个，我们两个小的随母亲一起与外公同姓欧阳，长沙人欧阳询之后，从母亲的父辈起，字里行间就有"欧体"的风骨，母亲的行楷写得极有味道，倍受赞誉，小时候我总喜欢捡母亲工作写过的字条，当作字帖临摹学习写字，这一学竟是多年。

　　每当有人问起母亲对我最大的影响，恐怕首先就是她的那一手好字。所谓母子一场，家风传承，就是她留给我如同河川留给地形的，那些她对我造成的改变。

065

一

　　母亲今年 88 岁了，回想一生，在北京的那几年是她最难忘的回忆，不论当时如何艰辛，如今往回看，记忆都像是罩了层柔光纸，变得美好起来。

　　解放初期，因为她的舅舅有机会调往北京工作，母亲便追随了过去，但是，要在北京扎稳脚跟并不容易。那时候我的大哥和姐姐还随父亲一起生活在湖南攸县乡下，而母亲在偌大的北京城，她想啊、念啊、学啊、做啊，一边怀着对家人的思念，一边为了生活艰难奋斗。

白天，母亲在位于长安街西边的钟表厂打工，晚上又要走路走到东边去上夜校，就为了省下坐公交车的几分钱，然后和做女工打工赚到的收入一起，买衣服买毛线布料，寄回湖南给我的大哥和姐姐。

北京的这段经历，让母亲成了一名会计，而我父亲那时在湖南老家的供销系统工作。在那个时代，会计已经是干部级别了，可以说比我父亲职位更高。1957 年，母亲从北京回到了湖南，那是她人生中重要的一次转折点。事实上，对我们整个家庭来说，母亲的这段经历也改变了她的孩子们后来的人生轨迹。

由于母亲受到北京开放观念的影响，她非常支持我走得更远、追寻更广阔的天地。"到北京读大学"，成为我少年时代一直以来的梦想，后来到了美国生活工作，母亲也始终支持和鼓励我。因此，这么多年来我一直以工作事业为重，被笑称为"工作狂"，背后其实都有父母时时关切和鞭策的身影。

现在想来，我们常说"字如其人"，真是如此，母亲的字笔锋刚硬，极为潇洒，像极了她的为人，思想开放、视野开拓。正因此，她才会抓住机会去北京，当然，北京也为她的人生打开了一扇窗。

有意思的是，母亲尽管 80 多岁了，她还善用新科技，时常用微信给我发信息和语音聊天，全家四代同群的"全家福"微信群里，她是活跃分子，经常给大家鼓励点赞。母亲耳聪目明，普通话很标准，我在美国的药店柜台给她买药，她就直接与华人售货员"国际通话"，非常流利地指出要这要那的，售货员笑着对我说："你母亲的声音听起来好像只有五六十岁呢！"

———— 人物名片 ————

欧阳飞鹏：湖南省政协湖南发展海外顾问团成员、摩根士丹利财富管理公司高级副总裁兼家族财富管理总监、中国侨联海外委员、美国湖南联谊会会长、湖南海外侨社团联谊总会常务副会长

◎ 1997 年，欧阳飞鹏和父母、
儿子在旧金山金门桥

二

隔着岁月的凝视，观看与感觉那个时空下，"人"与"事""地"交会，具有时代风的世相人情，许多还深藏、绵延到当代。

1979 年高中毕业时，母亲鼓励我去首都上大学，我就考上了北京钢铁学院（现北京科技大学），后前往美国攻读硕士和博士，如今在美国生活。家乡对我的影响是与后代的培养一脉相承的，读中国文化故事、吃湖南菜依旧是全家人的习惯。这种对中国强烈的认同感和归属感，则和我的父亲息息相关，父亲在对后辈要始终热爱中国的教育上扮演着重要角色。

当年，日本侵略中国的时候一路打到湖南乡下，烧杀抢掠，父亲难忘民族耻辱。后来改革开放，家家户户的生活好起来了，每次回家父母亲都在桌上准备好了水果，父亲还是会经常说："三四十年前哪有这么多水果？如果没有改革开放，我们能拥有现在的生活吗？"父亲非常感恩改革开放，他始终坚定地认为改革开放改变了整个国家的命运，对国家抱有感恩之心和自豪之情。4 年前，父亲以 90 岁高龄仙逝，他老人家的风骨情操是留给全家最宝贵的财富。

所以，我的孩子从小到读大学，每天晚上吃饭的时候我都要给他们讲中国历史，尤其是抗日战争，平时他们也非常喜欢听、看《三国演义》《西游记》《水浒传》里的故事。

虽然现在生活在美国，但是儿子吃辣椒比我还厉害，可以说是我的两倍，或许这就是湖湘血脉留下的基因吧。

◎欧阳飞鹏父母在湖南与全家人的合照

女儿从三四岁开始集邮到现在将近20年，母亲每年帮她将中国发行的邮票集到一块，已经攒了差不多20本，我每年从湖南探亲回美国，行李箱里最不能缺的就是奶奶给孙女订购的邮册。

网络上常有人说热爱中国要如何做，其实在我看来，从点滴中做起，就是非常好的教育了，就像一点润如酥的雨，落下无形无迹，远看才草色青青。

如今，我们家已经四世同堂，希望未来能和家人一起，五世同堂。如今，母亲健康长寿，就是我们后辈最大的期待和福气。

◆本文原载于【文史博览·力量湖南】微信公众号 2018 年 10 月 24 日

·扫码收听·

我们父女二人都能成为使者，为中国与捷克、甚至中国与欧洲之间的往来做贡献。无论何时，无论何地，我们的中国心是永远都不会改变的。

汪万明：改变不了的中国心

口述｜**汪万明**　文｜黄　璐

069

小时候出去玩，家就是我目之所及的那栋房子；长大了，去到外省工作，每次坐车进入天津地域内，就有一种到家的感觉；后来去到捷克生活，每当回国的时候，总会下意识地说成"回家"。

随着年龄的增长，我的脚步走得越来越远，家的范围也不断扩大，中国在心中的分量也越来越重。如今，于我而言，就像我喜欢的《国家》这首歌里唱的那样，"国是我的国，家是我的家，我爱我的国，我爱我的家"。

我个性比较独立，很早就离开了家，独自在外闯荡，一直到定居捷克，现在成为中捷之间经贸交流的使者。对我来说，身在国外，"家"的意义就是中国，贯穿和牵连着我们家的"家风"的，就是一颗改变不了的中国心。

我女儿生在捷克，长在捷克，但我对女儿的教育最重要的内容，就是要爱国，要记得自己的根，要有一颗中国心。

我们在家坚持讲中文，孩子也会学着我们讲中国话。我们每天要求她看中文电视，比如中央四台的海外频道、凤凰卫视，她可以通过中文字幕学习汉语。在生活中，我们也经常通过一些简单的方式强化她的中文。尽管她没有经过系统的中文教育，但现在她听中文、说中文、用电脑打汉字，都没有问题。

我希望她明白的是，汉语是我们的母语，是我们的根，无论走到哪我们都不能丢，学习中国话是我们教育她的基本内容，同时也是她了解中华上下五千年优秀传统文化的前提。

我经常给她唱《我的中国心》——"留在心里的血，澎湃着中华的声音，就算生在他乡也改变不了我的中国心。"她知道"我是个中国人，尽管我生在捷克，但是我的根在中国"。

由于女儿对中国的印象，几乎完全来自我们对中国的描述和我们的言行，所以，在教育她传承中国文化方面，我们更注重言传身教。看电视的时候，我们会讲中国的一些历史故事，讲中国传统的家庭理念，给她传输中国人心中"家"的意义，家人之间相互支持与帮助的温暖亲情。

在她读幼儿园、小学、中学期间，每年我们都要送她回中国两次，让她参加夏令营，有时候我回国也会带上她——我们想让她更多地接触和了解中国。

对于学习中国文化，她不仅喜欢，还有一种强烈的渴望。自从上了大学后，因为学习紧张导致回国的次数越来越少，但她依然与中国保持着联系。比如，她经常会给我们国内去捷克访问的代表团做翻译，她希望能通过自己的所作所为，给中国人提供帮助，她会有一种成就感——"原来我也可以做一名文化的使者。"而这，或许是她与中国不解之缘的开始。

我一直致力于中国与捷克之间的经贸发展，可能对她有一些潜移默化的影响，她研究生毕业以后，想从事中捷国际交流的外交工作。我也非常希望她能像我一样成为中国与捷克之间交流的使者。

梁启超在《少年中国说》里面说道：少年智则国智，少年富则国富，少年

———————————— ‖ 人物名片 ‖ ————————————

汪万明：湖南省政协湖南发展海外顾问团成员、捷克新丝绸之路商会会长、捷克华商联合会荣誉会长

◎汪万明（右二）和女儿汪伊（右
三）同湖南访捷克代表团进行交流

强则国强，少年独立则国独立，少年自由则国自由，少年进步则国进步，少年胜于欧洲则国胜于欧洲，少年雄于地球则国雄于地球。我非常期待我女儿能实现自己的理想，我们父女二人都能成为使者，为中国与捷克、甚至中国与欧洲之间的往来做贡献。我也相信，未来无论怎样，无论何时，无论何地，我们的中国心是永远都不会改变的。

◆本文原载于【文史博览·力量湖南】微信公众号 2018 年 10 月 27 日

从 1962 年到 1982 年，那 20 年是父亲一生中最为坎坷、低沉的时光，但无论是父亲还是母亲，都始终努力地、体面地、有尊严地活着。

金鑫：
父母一生无权无势，却活得体面

口述｜金　鑫　文｜仇　婷

072

　　"雄赳赳气昂昂跨过鸭绿江"——第一次听这首歌，来自父亲。

　　1933 年，父亲出生于桑植县五里溪白石村（原系常德市慈利县），当时读完高小的父亲在当地来说算是个文化人。1951 年 3 月，父亲光荣入伍，成为一名人民解放军，随后于 1952 年 2 月参加抗美援朝，随部队奔赴朝鲜战场。

　　父亲经常跟我们讲起入朝的场景：当时他们身穿军装，手持钢枪，唱着"雄赳赳气昂昂跨过鸭绿江"，战士们泪流满面，大家心里清楚，有可能跨过鸭绿江就一去不回了……

　　父亲一生三次入朝作战，1952 年 4 月第二次入朝，5 月回国；1952 年 9 月第三次入朝，参加了著名的上甘岭战役，历经 5 个多月的激烈战斗后于 1953 年 2 月回国。在惨烈的上甘岭战役中，上战场之前，父亲那个班 12 个人事先挖好了 12 个坑，袋子上写好各自的名字，最终只回来了父亲一个人……父亲也在那次战役中负了伤。枪林弹雨中，一同来自石门县的战友就倒在了父亲跟前，后来父亲回来石门县寻找他的家属，可惜最终没能找到……

　　多年后，每次生产队播放《上甘岭》这场电影时，父亲是不去看的，他说："现实场景远比电影里残酷。"

1953 年 5 月，父亲考入大连 1547 潜艇部队，1957 年升任舰艇轮机军事长。1961 年祖父去世，父亲回家奔丧。然而由于祖父地主成分问题，当时的生产大队将虚假材料寄往部队，导致父亲于 1962 年被部队开除党籍并解除一切职务，只保留军籍，于同年被遣回家乡慈利。

回到家乡后，父亲遭受了各种批斗，被捆绑、被挂牌子游行，身体和心理上都遭受了重创，不仅如此，我们全家在生产队都遭受了不公正的待遇，山工任务比别人重，赚的工分却远比别人少，父亲甚至还被人诬陷"行为不端"。

那时候家里没有电，连煤油灯也没有，靠点松树油脂来照明。没米没油，平常吃的就是土豆红薯，把土豆切成块块煮熟，用锅铲倒成糊，熬点锅巴，上面撒点盐来吃。记忆中最快乐的时光是我们一家人冬天围着火坑烤火，父亲把瓷脸盆倒过来，一手扶着，一手用五根手指敲打着，像是哆来咪发唆一样，边打着节拍边教我们三兄弟唱军歌。在那样穷困坎坷的年代，父亲承受的痛苦远远重于别人，却用他力所能及的方式来给我们制造快乐，鼓励我们积极向上。

在最困难的时候，也有人劝母亲算了吧，离开父亲，但母亲不为所动，依然坚守着父亲，坚守着我们这个家。其实母亲当年也是当地百里挑一的美女，她是一名人民教师，生得一副好嗓子，一条粗辫子一直垂到腰间。从小，母亲就教我们要行如风、站如松，给我们讲"寝不言、食不语"的道理，教我们要"路不拾遗"，她说"品行高于一切"。

1981 年的冬天，父亲正在菜园子里劳作，听到了落实政策的消息，于是立即启程前往原 37032 部队所在地青岛，联系平反事宜。我记得那天大雪纷飞，我还不到 11 岁，我和二哥在砍柴回来的路上目送父亲出发。父亲一走就是半年，

//人物名片//

金鑫： 湖南省政协委员、张家界旅游集团股份有限公司常务副总裁、董事会秘书

◎ 2010 年父亲肺癌晚期，金鑫
陪他到大连和青岛时留影

半年里，部队派人来家乡调查情况，最终拨乱反正，还我父亲清白。

那一年，父亲 49 岁，部队给他恢复了党籍，还安排了一个行政职务，父亲婉言谢绝，就此退休。2011 年 1 月 3 日，父亲去世，享年 78 岁。

可以说，从 1962 年到 1982 年，那 20 年是父亲一生中最为坎坷、低沉的时光，但无论是父亲还是母亲，都始终努力地、体面地、有尊严地活着，即便食不果腹依然穿着干净，即便家境贫寒依然靠双手供养我们念书，即便身处逆境依然保持内心的善良。在我心里，父母的一生无权无势，却活得高贵。

◆本文原载于【文史博览·力量湖南】微信公众号 2018 年 5 月 28 日

辑

·二·

守望初心

听协连员
讲家风的故事

·扫码收听·

父母和家人是我最坚强的后盾，给了我一个最温暖、有爱的成长环境，给予我人生源源不断的精神力量。

张大方：父母教育的"无为观"

口述｜张大方　文｜黄　璐　廖宇虹

　　20世纪60年代后期，我离开爷爷奶奶从上海跟随父母来到安徽，直到1976年下乡后离开——十年左右的成长岁月都是与父母朝夕相处、一起度过。他们对我的成长，有着巨大影响。

　　我常把父母对我们的教育观总结为"无为观"，实际上，这种方式也影响到我自己对孩子的教育。这种"无为"不是毫无作为，也不是放任自流，只是他们选择了给我们搭建一片广阔的草原，有肥沃的草地、碧蓝的天空、甘甜的湖水以及自由，最终我们能够自由成长，长成自己所期待的模样。

　　一

　　我的父亲是一名普通的技术干部，对待工作兢兢业业、踏踏实实。他性格内敛、低调，沉默寡言，但对我们的要求十分严厉。其实，我性格的本质还是更像父亲，继承了父亲很多的优良品德，或者说，我年轻的时候就是一个典型的理工男，坚韧坚定，不怕苦、不怕累，胆子大，为目标一直努力。

　　小时候，父母单位的大院里面有许多和我年龄相仿的孩子，我们放学后，就会到院子里一起玩游戏，撬撬棒、玻璃弹子、杏仁核……都是我们的玩具。我们家四兄妹，我排老三比较淘气，常常跑出去玩且回来很迟，家里做好了饭菜时常就等我一个人。我现在还记得，若晚回家后，我会尽量躲避着父亲严厉的目光。

所谓严父慈母，如果说父亲是一个扎扎实实投入工作、把事情做好的人，母亲则是一个性格开朗、为家庭里里外外的事儿四处张罗的人。家里无论大事小事，我们都喜欢去跟母亲说——只要母亲确定好了，我们就不担心了，因为她会去跟父亲商量并时常把事情办好。

母亲是个有文化的人。小的时候，正值"文化大革命"，群众文化生活非常匮乏，书籍是相当珍贵的。因为我母亲在单位办公室工作，有条件借到一些书和资料，她会经常带回家给我们看。当然我也十分愿意学，这在一定程度上培养了我喜欢读书的良好习惯，也给我打开了通向知识世界的第一道门。

她还经常鼓励我们做喜欢的事，比如学习乐器、书法、诗歌等。按照现在的说法，可能我还做过一段时间的"文艺青年"。后来我才知道我的外公曾在长沙开过书店，并在长沙"文夕大火"中损失惨重。为躲避战争，外公全家逃难去了沅陵，我的母亲一直跟着外公，并在沅陵县立中学毕业。这也许是我喜欢读书、更喜欢湖南的情结吧。

1968 年 8 月 7 日，《人民日报》头版头条的通栏标题是这样的："最大关怀最大信任最大支持最大鼓舞 我们的伟大领袖毛主席永远和群众心连心——毛主席把外国朋友赠送的珍贵礼物转送给首都工农毛泽东思想宣传队"。这一报道记载的是 1968 年巴基斯坦访华的客人送给毛主席一些芒果，毛主席

//人物名片//

张大方：全国政协常委、湖南省政协副主席、九三学社湖南省委主委

◎ 2006 年 10 月，张大方（中）携夫人
重返 30 年前曾作为知青下乡的安徽寿
县，与当年的农民兄弟合影

把它们转赠给了"首都工人毛泽东思想宣传队"。这一转赠，芒果成了无比神
圣之物，是毛主席送给全国人民的礼物。

实际上，芒果还转送到了全国各地的一些单位，我父母的单位也获得了转
赠。在当时，芒果究竟长什么样、又是什么味道，生长在内地的我们都不知晓，
也无从知晓。送到每个单位的可能就只有一两个芒果，工作人员到每个办公室
每人削一片，让大家都尝尝味道。我那天正好跟着母亲在办公室，尝到了我印
象中最好吃的水果——"毛主席送的芒果"，口感特别好，味道特别甜，至今
仍记忆犹新。

二

父母的教育中，我认为最管用的一点是：鼓励。

记得小时候，公园里面有一个露天泳池。到了夏天，父母就带着我们全家
一起去游泳。起初我压根也不会游，只会随便"扒拉"几下。父母在一边看着，
记得有一次父亲在旁边小声对母亲说："几个孩子中，大方游泳是最有潜力的。"
无意中听到父亲的评价，我莫名就有了自信，相信自己一定会游得很好——后
来，我的游泳水平还真的不错，至少在几个孩子中是游得最好的。

我们家在淮南，就在淮河边上。那时我们时常趁父母上班时，一帮小伙伴
偷着下河游泳，十岁左右的我们就可以横渡淮河。夏天常是雨水旺季，水面宽
了很多且水很急，我们随着湍急的水流横渡淮河，然后，要回走 1-2 公里才

能再折返游回去。现在想想，那时还真是淘气和大胆，即使现在想起也还会后怕。而这胆量，可能也还真来自当年对游泳的自信。

在我读小学的时候，正好碰上了"文化大革命"。在安徽，特别是在淮南，武斗特别厉害，严重的时候导致全面停课、停产。距我们家楼房 10 米左右的一条路就是武斗两派的一个战场，每天双方都要交火几个小时。

当然，既要打仗，也要考虑老百姓生活。他们双方就制定了"停火"协议——比如早上 6 点半到 8 点半"停火"，因为老百姓要去街上的自由菜场买菜，晚上 5 点到 7 点"停火"，因为百姓要到锅炉房打开水、洗澡等。除此之外，双方随时可能交火，因而大家是不能出去的。父母单位有位同事，就是没有遵守约定，背上"吃"了一颗子弹。

特殊年代的这种特殊场景，持续了几个月时间。

由于武斗，父母没法上班，有时会喊上单位的上海籍单职工到家中玩纸牌游戏，比如"对家拱猪"，还有桥牌等。有一次少一人参加，父亲便试试教我打牌，而我一学就会，且打的挺好——于是，虽然我排行老三，但我却是家中唯一一位能时常获得陪三位大人一起打牌"特殊资格"的孩子，要知道我母亲都没有这个资格啊。

这让我有种说不出的高兴，或许是感到了一种莫名的肯定。父母的鼓励对我来说，十分管用。

那时所有家做饭用的都是煤球炉，煮饭用的是铝锅，没有高压锅，煮饭时如果锅一直放在火上，那下半部分的米可能都煮糊了，而上面的米还没熟。在父母的指导下我慢慢发现了规律并掌握了一定的技巧——手动转锅与火势形成完好的配合，做出来的饭又香又好吃。这个活儿我做得很好，且比哥哥和姐姐做得好，因而只要我在家，父母就会放心地让我去做。

后来，我作为知识青年到安徽寿县下乡，我们五个男知青住一块，两年时间里，大部分的饭菜都是我做的。那时我们农村用的是柴火炉，但基本没有柴火，只能用草烧。煮一顿饭实在不易——一边不断加草，同时还要淘米煮饭、择菜炒菜——每次做饭都是一场"战斗"。

刚下农村时，我还不到 17 岁，一直就这么锻炼过来了。当然，我做的多除了因为做得好之外，还有就是我当时年龄最小，同组的知青照顾我。生产队照顾我们，做饭的知青可以提前 1 个小时回来——毕竟农活还是要比做饭辛苦多了。即便到如今，一般的家常菜我基本上看看就会做，根本不需看菜谱。

多年来，遇到任何未知和困难，我很少会觉得自己"做不到"，我常常有着一种天生的自信，这份自信很大程度上来自父母——他们时常给我鼓励，他们绝对地相信我一定能做好，这让我一往无前，无所畏惧。

三

父母为我们兄妹四人的成长营造了一个其乐融融、宽松自由的环境。我们考试成绩不够理想的时候，父母从来不会指责我们，只会鼓励地说："已经考得很不错了！"类似这样的鼓励，出现在我们生活、成长的方方面面。

我们家里四兄妹，我姐姐比我大两岁，下乡待了整整四年。她成绩好，又是班干部，到农村后也是当干部，一直是我学习的榜样。

和姐姐一样，中学毕业后，我到安徽寿县下乡两年。我的世界观正是在这个阶段形成的。现在回想起来，我那时是真真从内心响应毛泽东主席的号召，希望到农村有一番作为。实事求是地说，那时的农村和现在完全不同，环境的确非常艰苦。

记得有一次，我在水田插秧时，一只蚂蟥钻到我的小腿肚里去了，当我发现时，它已经整个身体全进去了，农民赶快用鞋子对着我的小腿不停打，打了很久才把它打出来。后来农民告诉我，这是很危险的。

其实，我当时也没感到害怕，可能是无知而无畏吧。面对一切困难，我始终充满着一种革命的乐观主义精神，有一种为理想而奋斗、用奋斗度过一个充实的人生的精神——这种精神的力量时刻在我心中沸腾。

1977年年底，正在乡下当知青的我听到恢复高考的消息，此时离高考只有不到一个月的时间。但父母给我们提供了很好的环境，我和姐姐一同准备一同复习。那年，我俩一起考取了全国重点大学——合肥工业大学。

在父母的单位大院里，参加高考的孩子有一两百人，但第一年一共只考取了四人——三人在合肥工大，一人考取了二本院校，姐姐和我都考进了合肥工大——这是父母最高兴的时候，因为那时家里能出一个大学生都非常不容易，可以想象那时我的父母是多么自豪和荣耀啊。

大学时代，为了抓紧时间学习，我的书包里常装了一个母亲用毛巾扎好的

◎ 1996 年春节期间全家回安徽
淮南陪同父母

"便当盒"，里面是一个碗、一个勺子。我背着这个包，一大早出门，中午吃完饭就回教室看书，直到晚上 11 点关灯才回寝室。多少次下课后在去食堂的路上，我就在脑子里复习着老师刚才上课的内容——抓紧一切时间学习巩固知识，就是想把被耽误的时间夺回来。

大学四年中，姐姐在学习和生活上一直都很照顾我。四年里我从来没洗过衣服，都是姐姐帮我洗的。

那时，我一个月的助学金是 7 块 5，父母每个月给我 15 块钱，这是我每个月的生活费。有时回家，已经工作的哥哥常会塞给我一些零花钱。读大学前，我从没穿过皮鞋，上大学后，哥哥就把在当时很贵、价值十元钱的新皮鞋送给了我。

081

四

良好的家风在我自己的小家庭中也获得了很好的传承与发扬。

我的太太现在是湖南大学建筑学院的教授与博士生导师。从建筑结构设计出身，转到建筑设计领域，从大学基建部门的主管领导，转到教师队伍，并在很短的时间内成为建筑学院的教授、博士生导师、学院副院长，还成为很好的建筑与规划设计师，做了很多建筑和城乡规划设计。她一直有着执着追求完美并努力克服困难、吃得苦霸得蛮的工作作风，经常每天工作到深夜。当然更重要的是她有着很好的学术品质和设计天分。更难得的，她还是料理家务的一把

◎ 2002 年赴加拿大访问前在湖南
大学计算机学院门口与指导的部分
研究生合影

好手，我们当时在湖南大学的家一直被许多来访客人认为是学校里最有品位最
漂亮的，当然现在的家也是如此。实际上她既是我事业的坚强后盾，也是我学
习的榜样。

在我们的"无为"教育观倡导下，可以说女儿整个中小学都是在一种很宽
松的环境下成长起来的。我太太多次在学校的家长会上据理力争，希望学校多
组织孩子们的课外活动，反对给孩子额外补课。我记得在我女儿高考的前二个
月，我们还允许她每个周末玩一天。当然女儿也很争气，如愿考取了复旦大学，
大学毕业又以前几名的成绩被保研到北京大学。

使我感到最可贵的还是她的爱国情怀。记得她在读大学期间，在一次在思
想品德课上给我发短信说："爸爸，我实在听不下去了，老师整堂课都在说西
方怎么怎么好，中国怎么怎么不好，我认为她的许多理解与观点都不对……"

我觉得她这么说是经过了比较，也有资格这样说，而这也更主要出于她内
心的反抗。因为在我加拿大访学期间，她在那里的中学学习了近一年，较多地
了解了西方，而她非常喜欢中国的历史、中国的传统文化，并有着深入的了解。
许多次我在有准备的情况下和她讨论一些局部的历史事件或历史人物，她都是
信手拈来，并有着自己独到的思考。

她还是一位非常遵纪守法的好公民。记得一个夏天的中午，我和太太开车，
远远看到在斑马线旁有一个人站着等红绿灯，其实马路上两边根本没有车，我
记得当时就对太太说，"这一定是我们的淼淼"——果然如此。

这些年来，面对任何困难我都不畏惧，只要认准一个目标，就一定会努力

082

去实现。下乡当农民，就把农活干好，如果有点本事，能帮助村民做点事，就一定会尽己所能做好；读了大学后，就认认真真地学习；工作后，脚踏实地地攻克难题，一步一步向前走。

大三期间，我就有了自己的理想：喜欢科学研究，希望有机会毕业后去高校或研究所工作。科学家是我的梦想。沿着学术的道路，我踏踏实实地前行。在湖南大学，我从一名年轻的普通助教到讲师、副教授、教授、博士生导师，成长为计算机系主任、计算机与通信学院院长、软件学院院长。现在基本实现了我年轻时立下的目标或理想，我已很满足了。特别感到自豪的是我直接培养的 300 多位博士、硕士已成长起来了，他们许多也成为了大学教授，目前，我学生的学生有的也已成长为教授、博导了。

我热爱自己的每一个角色。作为大学教授，我的工作是教书育人，并做好科研；作为政府官员，我要用我所长，为湖南省的经济发展特别是信息化建设尽自己的微薄之力；作为全国政协委员、常委，省级民主党派的负责人，我积极参政议政、关心民生、为民请命。把学问做好、把党派工作做好，把政协履职做好，并履行其他社会责任，这是我的心愿。感谢这个伟大的时代，感谢中国共产党的统一战线政策，给了我们党外人士更多更大的舞台，让我的人生更加丰富多彩。

而今天，回顾这一切，无不是与我父母和家人对我的影响有关，他们是我最坚强的后盾，给了我一个最温暖、有爱的成长环境，给予我人生源源不断的精神力量。

◆本文原载于【文史博览·力量湖南】微信公众号 2019 年 10 月 20 日

·扫码收听·

我想认真努力去工作，乐观积极地去生活，做一个对国家社会有用的人，这是儿孙们对母亲最好的纪念。

赖明勇：母亲的家书

文 | 赖明勇

母亲是在去年（2017年）全国"两会"期间去世的，转眼就是一年了。

别人都知道我是江西吉水人，但很多人不知道我母亲是湖南宁乡人。这是我与湖南最初的渊源。而我考入湖南大学，留在湖南工作、成家都是后来的缘分了。

母亲的童年其实并不快乐，我的外婆在她3岁时就去世了，9岁时外公也去世了。成为孤儿的母亲不得不投奔到江西南昌近郊的舅舅家。就这样在南昌长大的母亲成了"江西人"，后来成了小学老师。再后来她遇到我的父亲——一个传统的知识分子，当时少有的大学生。

因为父亲成分，在那个年代我们一家被下放到江西兴国最贫困的社富大队，后来又搬到祖籍江西吉水。这是父亲的出生地，从此一家就在这里生活。国家拨乱反正，按照政策我们一家是可以回到南昌的。但父亲习惯了吉水生活，就一直留在这里了。

应该说这是段比较颠沛的生活，但是母亲从来都很乐观，没有抱怨，一直默默地支持自己的丈夫，呵护着自己的子女。父母都还是当时少有的"吃商品粮"的，但家里其实过得很苦，因为我们是四个兄弟，家里人多。除了没有种田，父母一样要去公社大队干活，譬如种菜喂猪。

　　尽管如此，在那段最艰苦的日子里，记忆最深的是父母从来没有放松过对子女的教育。记得我4岁多，父母就开始教我打算盘，啪啦啪啦中，从1开始加，加2、加3……一直加到36，可以得出666，就说明没打错，这是对我最好的知识启蒙。而且父母的教育方式永远是激励为主，鼓励我们进行不同的尝试，注意培养我们的兴趣。

　　父母也注意培养我们独立、适应环境的能力。我考上大学那年，从吉水来长沙上学，需要转很多趟车，坐完汽车坐火车。母亲开始想送我来上学，但父亲反对，说人要多给锻炼机会。就这样我一个人带着一个旧樟木箱辗转来到湖南大学。

　　我的大学四年是母亲家书陪伴的四年。母亲每周会写一封信给我，涉及的内容非常广泛，读书、生活，也谈社会经济发展等，每次都是好几页纸，当时我都不理解母亲怎么会有这么多话想说。印象深刻的是，家里每个月给我的生活费，大学四年5元、10元、20元、30元，这样依次递增。母亲在信里常跟我讲，生活要有划算，用现在的话说是要有理财意识。

　　后来我也成了"教书匠"，也做了父亲，我才明白：一千个父母有一千种爱的方式，而我的父母选择了用家书。在我青春的岁月里，这些平实的家书让我无比温暖，也是我的精神源泉，激励着我去好好读书，去热爱生活。

　　父母给我的潜移默化的影响，也传递到我与女儿的相处、我与学生相处中。我对女儿的要求是要做个热爱生活、乐观向上的人。她小时候从来没有上过课外补习班，倒是钢琴、歌舞、游泳等兴趣爱好我们会全力满足。她现在在美国

人物名片

赖明勇：全国政协委员、湖南省政协副主席、民建中央常委、湖南省委主委

读大学，我不能像母亲那样每周写信，但我们父女俩会密切地用微信联系，看到好的文章，我会马上转给她。

女儿在美国学习，表现得很独立。我也像当年母亲那样，对女儿日常消费会有建议。只是当时我想让她学金融，但她选择学习天体物理，我充分尊重。女儿喜欢音乐，她在美国学校组织了来自不同国家的六个同学成立了乐队，她是主唱。我也是鼓励她不要影响主业就可以，女儿也很懂事，每周只去排练一晚。

我想认真努力去工作，乐观积极地去生活，做一个对国家社会有用的人，这是儿孙们对母亲最好的纪念。

◆本文原载于【文史博览·力量湖南】微信公众号 2018 年 3 月 9 日

·扫码收听·

民主与法治，是我大学时代确立的理想，这些年，这个理想一直未曾放弃。这样的坚守，源于我早年的教育，源于安化大山的坚韧，更源于父母毕生的示范。

胡旭晟：父亲的大爱与母亲的陪伴

文 | 胡旭晟

今年的清明，像往年一样，我又回到老家，在父亲母亲的坟前，进行了简单的祭奠。

回想起来，父亲已经走了17年，母亲也已离开我们9年了。但父爱如山，母爱如水，父母的爱，一直温暖着我，也始终影响着我。

一

我的父亲是一个大山里的农民，性格刚强，特别勤劳和能干，而最令人感叹和敬佩的，是他对大家庭的责任担当和无私奉献。

在父亲年仅12岁的时候，我的爷爷就在一场意外事故中过世，父亲一夜之间成了这个大家庭的顶梁柱：上有卧病在床的年迈阿婆（我父亲的奶奶），下有嗷嗷待哺的两个弟妹，而当时他柔弱的母亲正有孕在身。父亲毅然接过了支撑全家的重担。不久，我的小叔叔出生，因家境实在太过艰难，祖母本已打算将他送人，但父亲坚决反对，对祖母说：我就是讨米也要把他带大。

由于年龄太小，难以获取别的生计，父亲便每天一大早跑到山下的资江边，靠为运木材的老板"扛码子树"(以接力的方式,从山上往木排或木船上搬运树木)来换取粮食;为了获得一斗米的报酬,年少的他不顾家人的强烈反对,冒着生命危险,孤身一人,用了整整一个通宵,翻越野兽横行的大山去给人送信。

父亲含辛茹苦,先是将自己的一个妹妹、两个弟弟以及早逝哥哥的女儿抚养成人,后是养育了我们兄弟姐妹5人,到晚年又担负起自己年幼侄子的监护之责,以年迈之躯,起早摸黑送小侄子上学。而对自己为家人的所有付出,父亲从不抱怨,甚至极少提及,更不求回报,只是在晚年偶尔对我们风轻云淡地讲述他的一些往事,我们才从中体会到,在这漫长的几十年里,他所承受的压力,他所经历的苦难和艰辛,是常人难以想象的。

父亲的这种责任担当,是一种如山的大爱;他的坚韧坚毅,是一种宝贵的品格。他的这一切,对我后来从事公务事业,产生了深刻的影响。

二

父亲非常重视读书。

在我们家族的族谱里,有这样一句话:养崽不送书,不如养头猪。在解放前,尽管家里条件十分艰苦,父亲依然千方百计送自己的妹妹和两个弟弟读书,他坚持送妹妹读到了完小,送两个弟弟一个上了大学,一个读了高中。而父亲自己最大的遗憾,就是因为当初家里太穷而失学,极为有限的一年多上学,还是靠给别人放牛换来的。所以,在我们很小的时候,父母就告诉我们,一定要读书,只有通过读书才能改变自己的命运,也才能成为更有用的人,为社会做

人物名片

胡旭晟:全国政协委员、湖南省政协副主席、致公党湖南省委主委、湘潭大学法学院教授、博士生导师

更多的事情。

在父亲的督促和鼓励下，我们家几兄妹都十分珍惜上学的机会，成绩都非常好，基本上每个人在同届中成绩都排当地第一。这与家族家风的传承，以及父母创造的环境、营造的氛围有直接的关系。

父亲虽然没上过多少学，但他的勤奋好学，却给我留下了极为深刻的印象。

在父亲年近六十的时候，家中条件已有较大改善，但他不愿意像其他人那样安逸地度过晚年，他开始自学中医。

我小时候对父亲印象最深的场景，一是他在十分专注地看一些画着各种人体穴位图或者中草药的书，二是他在"捣鼓"各种中草药。经过拜师和几年刻苦钻研，他逐渐成了老家小有名气的民间中医，精通各种中草药材，熟悉、擅用人体穴位。记得他以前经常会去安化山上、沅江野外采草药，给病人敷上的草药往往也十分有效。他最厉害的是治疗蛇毒和跌打损伤，他的医技常常令我们感到十分神奇（尤其是他的"画水"和用银针扎穴位、用中药贴穴位），治好了很多急难险重的病人。

父亲这样一种勤奋好学、不断进取的精神，一直在内心深处激励着我的成长。

1978年初中毕业时，我参加了两场考试——高中和中专同时考上。家里支持我继续读高中，这也成为我人生的重要转折点——两年后我参加高考，以全县文科第一的成绩考上中国人民大学法律系。

从父亲的毕生经历中，我还深深地体会到，要靠自己的本事吃饭，要凭自己的努力去获得，这是父亲的信念，也成为我在人生道路上始终坚守的信条。

三

父亲还是一个刚正不阿、充满正义感的人。

在我们老家，父亲的威望很高，一来是父亲个头高大，大家也知道他稍微有点功夫，自然有几分忌惮。二来是他爱打抱不平，替受欺负的人出面，这一点在当地颇有名声。老家的乡亲们一旦遇到困难，总喜欢来找我父亲评断或帮忙，因为父亲为人正直、处事公正，所以，经过父亲调解或"裁定"的事，大家都心服口服。

父亲的正直，对我们影响很大。在二哥和我都选择从政后，父亲反复对我们

◎胡旭晟的父亲和母亲

教育的一点，就是为官一定要公正、廉洁，而且绝不能恃强凌弱。就像父亲身上总有着一种侠义精神，这潜移默化地影响着我们——我和二哥后来都从事法律工作，在某种意义上，用法律维护公平正义，这也算是一种现代社会的"侠义"吧。

四

如果说父亲的爱是一种大爱，那母亲的爱则是一种看似普通平常的陪伴。她的这种陪伴，既包括对自己丈夫风雨无阻的陪伴，也包括对子女无微不至的陪伴。

母亲对于父亲的陪伴，最难能可贵的，不在于克服困难、操持家务、养育子女，而在于，在长达数十年的时间里，不管生活多么艰难，都默默地与自己丈夫一道，将丈夫年幼的弟弟、妹妹、侄女、侄子，一个一个地抚养成人，哪怕是为此而不得不在寒冷的冬天睡凉席，也无怨无悔。

母亲给我的爱，是一种温暖的陪伴。记得以前小时候，每个点着煤油灯（后来是小瓦数电灯）的夜晚，我在做作业，母亲则坐在我旁边，静静地做点家务或者针线活，一直陪到我写完全部作业。

当然，这种陪伴，她从来不曾刻意让我意识到，我在儿时也从未察觉到什么。直到母亲过世以后，回想起那些寂静的夜晚，我才深深地感觉到，那是母亲为了给我营造一个安定、温馨的学习氛围；而母亲的灯下陪伴，也一直是我成长过程中心灵深处的一盏温暖的明灯。

母亲的爱里，还有深深的牵挂。

我 14 岁上高中，沅江三中离我家有 30 公里，我大概一两个月回家一次，都是步行，至少要走上大半天。每次离家返校的时候，母亲都会送我，沿着河边堤上小道，目送着我往前走。我每次回头，她的身影都始终伫立在那，每次回头都是，哪怕那个身影在我的视线里成为越来越小、越来越远的一个黑点——我想，母亲一定是要等到实在看不到我的身影了，她才会依依不舍地离开。

这种母爱的感觉是强烈的，是别离的忧伤中，一个母亲深深的牵挂。

五

我生于安化的大山、长于沅江的湖区。山和水对一个人的成长，有着不一样的塑造。

刚直不阿，这是山里人的性格，做人做事有韧劲，认真、执着，只要认准了目标就不会轻易放弃，会不屈不挠地追求理想。而水的特性是灵动，在湖区长大的人，灵活性强，考虑问题周全、细致，协调能力强是突出优点。

山和水在无形之中塑造着我。不过，很明显，我虽然在湖区长大，但山的性格更多地存留在我的个性里。究其缘由，或许主要源于父母高山一般的风骨风貌和周边浓浓的安化风土人情。而这样的传承，既造就了我的优点和缺点，也让我始终坚守着自己的原则和理想。

我是在"文革"后期开始成长的一代，从小接受着理想主义教育，所谓的"家国情怀"于我们而言，是从小就坚信，人一定要为社会做贡献，无论你在什么岗位。

理想是什么？很多人成年后，可能会在工作中、生活中慢慢地消磨掉，而我认为绝不能忘记。做人做事不能理想化，但人一定要有理想，不管到什么时候，都不能放弃自己的理想。只有坚守自己的理想，才能为你平凡而琐碎的工作赋予意义和激情。

民主与法治，是我大学时代确立的理想，这些年，这个理想一直未曾放弃。这样的坚守，源于我早年的教育，源于安化大山的坚韧，更源于父母毕生的示范。

我深深地思念我的父亲母亲。

◆本文原载于【文史博览·力量湖南】微信公众号 2018 年 4 月 11 日

·扫码收听·

如今，我是两个孩子的父亲，对于两个孩子，我没有太多奢求：他们不需要什么都学、什么都会，在人生还未开始的时候就要"先人一步"，我只希望他们能够在人生最初的时候，明白何为善，何为美。

张健：生生不息的德善之河

口述 | 张　健　文 | 沐方婷

美德的教育是一条河，从源头流出，生生不息。父母给了我生命中最初的活水，若干年后，我将之传递给我的孩子们，很久以后，他们又会传递给他们的孩子……美德就这样得到了永恒的生命。

一

我的父母来自农村，文化水平不高，不会讲大道理，他们只会凭着本心，简单直白地做给儿女们看，身教远多于言传，多年以后，当我回头看，才蓦然发现那是一种悄然无痕却又历久弥新的教育。

母亲的一辈子没享过什么清福，但却用辛劳的一生阐释着何为中国女性特有的坚韧和执着，她的一生有着难以愈合的痛。

母亲生下过 7 个小孩，但是最后只剩下大姐、二姐还有最小的我。在 20世纪五六十年代，农村缺医少药，各种疾病肆意流行，因为疾病缠身，无药可治，母亲眼睁睁地看着我的 4 个哥哥姐姐在怀中相继离去，欲哭无泪。连续 4次的丧子之痛常人难以想象，但是母亲挺过来了，她发誓要守护和教养好剩下的 3 个孩子。那时家境不好，父母克服很多困难坚持让我们三个上好学。

母亲 42 岁时，我出生了，所以在我们家大姐比我大了 20 岁，二姐比我大了 18 岁，虽然年龄相差大，但一直以来我们姐弟之间的感情很好。从我记事起，大姐已参加工作，是个小学教师。有一次家里做了点好吃的菜，母亲分了一点出来，让我送给在学校的大姐吃，从家里到学校，要横过一条小河，小河上没有桥，只有从河水中的几个石墩上跳过去。那次我不小心掉到河里，裤子衣服都浸湿了，但给大姐带的菜却没有被打湿。在我的心目中，给姐姐的东西是要尽可能保护好的。二姐出嫁的地方离家 20 多里，出嫁后在婆家村里的学校当老师，二姐夫当时在北京工作。二姐很恋家，周末常回家。那时我十来岁，每逢周末，我总是心甘情愿地走上姐姐归家一半的路程去接二姐回家。接到了二姐固然高兴，有时二姐忙，没有回来，也只好心有不甘地一个人闷闷不乐地回来。回顾往事，一路走来，两个姐姐在我的成长过程中给过我这个小弟弟许多的呵护、关爱和鼓励，我心存感激。

二

小时候我身体不怎么好，常常高烧痉挛。5 岁那年，有一次病得很重，高烧痉挛不省人事，一旁的母亲急得几度落泪，恳求上苍，保佑我的性命，在家乡的那个乡镇卫生院抢救了十来个小时才最终脱离险境。后来，我从美国留学回来，从事了将近 20 年生命科学的研究，希望走科研这条路为身处绝境的人带来更多希望。再后来，我被组织任命为湖南省卫生厅厅长，有机会参与到湖

//**人物名片**//

张健： 全国政协委员、全国工商联常委、湖南省政协副主席、湖南省工商联主席、长江学者

◎张健的父亲与孙辈在一起

南的医疗卫生事业发展与建设中,内心对医疗卫生事业始终有一种"特殊感情"。在一次对家乡乡镇卫生院的调研中,我对随行的调研人员说,这里是救过我命的地方,你们要给予重视支持。当然,不光是支持我家乡的乡镇卫生院,全省其他基层卫生院都要予以重视支持,要尽最大的努力,改变乡村缺医少药、就医环境差的状况。

在温饱问题还没有完全解决的艰苦岁月里,母亲一边忍受着多次丧子的痛苦,一边担惊受怕地呵护着从小身体不大好的我,默默守护着我们三姐弟长大。虽然我是当时家里的"独苗",但是母亲从不溺爱我,她心地善良,可原则性也强,从小我也算是挨着母亲的打长大的。小时候,我也调皮,但是成绩还算可以,常常是班级前三名。不知道小时候的我是真有点小骄傲,还是班主任老师的确"无话可说",一到期末写评语,老师总爱写上"克服骄傲情绪",我一看评语,就知道要挨母亲的打了。她是不允许孩子骄傲的,如果骄傲就犯了母亲的"大忌",打过之后,母亲还要让我跪在堂屋中央毛主席像前自省。

母亲也是一个勤劳而要强的人。作为一个家庭妇女,家里很多大大小小的事情都会落在她的肩上,为了生活,父亲那时常常到外地干活。母亲有一手能做布鞋的好活,她经常帮别人做点布鞋,赚点小钱补贴家里生活,常常劳累到深夜。因为过度辛劳,母亲有严重的高血压,医生给她开了药,但是她少吃或者不吃,她总在叨念,那个药吃多了,瞌睡多,哪里还有时间做事情?即使我们反复劝,也没有用。

母亲62岁那年,有一天我在工作单位接到父亲电话,说母亲病重,要我尽快赶回家。我用颤抖的手给单位写了请假条，办了请假手续，匆忙往家赶，到家时已近黄昏。母亲患的是脑溢血，昏迷不醒。当天晚上，母亲苏醒过来，有个片刻的清醒，我到床前呼唤母亲，她睁开眼睛，望了我一会儿说："你回来了，你还好吗？"我紧握她的手咽呜："好、好……"这就是母亲，她病重昏迷，片刻清醒之际，还在惦记着儿女们。之后，她再次昏迷，直到去世再也没醒来过。而"你回来了，你还好吗？"成了母亲对我说的最后的话。当年挽救过我生命的乡镇卫生院，这次没有能挽回母亲的生命。唉，如果母亲不那么要强、不那么辛劳，如果当时医疗条件好些，如果当时家境富裕点，她也不会走得那么早。但"如果"毕竟只是"如果"。

三

记忆里，我父亲的性格和母亲截然不同，他是一个言语少、随和、善良而忍耐的人。小时候我也调皮干"坏事"，有时也惹得父亲很生气，父亲是那种把想打人的手高高举起，却又不打下来的人，高声调训斥几句，危机也就过去了。如果父亲把我做的"坏事"告诉母亲，我将迎来一场风暴，但父亲很少那么做。父亲一辈子勤勤恳恳，站在我们三姐弟身后始终默默付出，倾其所有。

小时候，他是家中主要的劳动力，嗷嗷待哺的我们全凭他一人供养。20世纪70年代，家里自留地少，无可奈何的父亲只得偷偷在山脚下挖了一点地种菜，这也成了要割的"资本主义尾巴"，然后还要接受批判改正。为了一家人的肚子，父亲始终一言不发，将所有的羞辱与无奈嚼碎了往肚子里咽。

父亲懂得一些中草药知识，这在当时的农村是相当管用的技能。平日里，村子里谁家闪了腰、跌破了皮，第一个想到的就是"到张大伯那里看看"。"张大伯"是村上人对父亲的尊称，这个称呼一直用到父亲去世。而父亲对于前来求诊问药的也几乎"来者不拒"，有人为此要给钱，父亲不要，他觉得这是举手之劳。

1987年，我赴美留学，经济条件好一点的时候，会给父亲寄些钱，但是他用得并不多，绝大多数都是这个借走一点，那个借走一点，被借得多了，最后连他自己都记不清了。正是父亲的不计较和对钱的"稀里糊涂"，却为他赢来了极好的口碑。

父亲在世的时候，照看过我大孩子一段时间，父亲特别喜欢自己的孙儿，孙儿也特别亲爷爷。但是天意难违，父亲走的时候，我家的老大只有6岁，老二只有3岁，葬礼上，我看着六岁的老大跪在他爷爷的遗像前，一动不动，不肯起来，当时我的眼泪就止不住地往下流。

送葬那天，按照老家的习俗，亲人过世，需要抬着棺材走上好长一段路，沿路的人家放鞭炮以表尊敬，我作为家里唯一的儿子，每一户人家放鞭炮，就要下跪磕头以示感谢，就这样走一段、炮竹声起，双跪膝地，再走一段，炮竹声起……一路下来，我的膝盖都跪得红肿了。这是父亲给我人生上的最后一堂课：善意地对待他人，他人也会以善意回报你。

然而就是父亲这样一个善良而值得敬重的人，一辈子连一次韶山都没有去过。还有我那辛苦操劳了一生的母亲，一辈子甚至连一次长沙城也没有进过，他们都曾看似漫不经心地提起过这些小小的心愿，作为儿女，我们有时也"漫不经心"。上一代不会倾吐，下一代无心体会。生命，就像黄昏最后的余光，瞬间没入黑暗，给活着的人留下一生的遗憾、亏欠无法弥补。

四

如今，我是两个孩子的父亲，对于两个孩子，我没有太多奢求：他们不需要什么都学、什么都会，在人生还未开始的时候就要"先人一步"，我只希望他们能够在人生最初的时候，明白何为善，何为美。人生可以输在才能的起跑线上，但不能输在道德的起跑线上。

我是一个除了工作上的"主业"，什么兴趣上的"副业"几乎都没有的人，这也是我人生的一个小小的遗憾。因此，我希望我的孩子们除了"主业"外，还学门"副业"，这也会给人生增加一些乐趣。老大性格内向一些，小时候身体也弱，我建议他学门可以锻炼身体的"副业"，他选了乒乓球，打得还可以。老二性格活跃，拉丁舞、围棋、葫芦丝、小提琴……什么都学，但少点耐心。我问他你到底有没有最喜欢的？老二想了一想，"吉他挺好"，他现在的吉他弹得还不错，用他的话说应该是业余中上水平。

他们两个都很善良。兄弟俩从小手足情深，在我的记忆里，他们从来没有吵过架，红过脸，有什么事都常常想着对方。小时候谁有吃的，总要分给另外

◎故乡的石板路

一个吃。有一次，要到北京办点事情，我带老大去了北京，办完正事后，我带他游玩了八达岭长城，爬到了"不到长城非好汉"那块刻石碑那里，有个摊子，摊子上摆着做得像体育金牌的金属牌卖，谁买后可以将其名字和爬长城的日子刻在金属牌上，我看老大喜欢，就给他买了一块，刻上他的名字和日期，他戴上了很高兴，问我："爸爸，要不要也给弟弟买一块？"我说："不，等弟弟哪天也爬上这里再给他买。"

我并不是吝啬这几十块钱，而是要他们从小就树立要劳动才有收获的理念。老二学习偶尔也"吊儿郎当"，但是老师的评语常常会写上"乐于助人，有一颗善良的心"。期末考完，成绩单装在书包里，他会因为成绩不理想，回家后就一言不发，或许他因为怕我批评训斥而忐忑，我会对他说"学习还是要倍加努力！善良，这一点爸爸特别喜欢"。

但是他现在也许不明白，每次看见这样的评语，对于作为父亲的我而言，其实足矣。

◆本文原载于【文史博览·力量湖南】微信公众号 2019 年 6 月 12 日

·扫码收听·

我 在不同场合讲过，蓝思科技回湖南发展跟父亲有关，这是他生前一直希望的。他生前喜欢帮助家乡人，很关注家乡的发展。2006年我回到湖南浏阳开始新的创业，我想这是对父亲最好的纪念。

周群飞：父亲是我永远的偶像

口述 | 周群飞　文 | 黄琪晨

我母亲很早就离开了，直到今天，我也觉得父亲是我的偶像。

小时候，父亲好像就是我的"百度"，只要是我不懂的，一问他，他什么都知道。他那时候眼睛已经半盲，但是毛笔字写得很好，算盘打得很快，我的字从小是父亲抓着我的手教着写的。

他一直都很好学，悟性又很强。他们那个年代叫师傅，父亲拜了八个师傅，自己也带了很多徒弟。我有印象的是，他会砌房子、烧砖、烧瓦、竹篾匠、学道（师公），会算命、看风水，还学了医，会开处方给乡亲们看病。以前乡下没有医院，有人流着血过来，他念一个口诀可以止血，我觉得很神奇。他也教过我一个口诀，但是我没有用过。总之，父亲有很多神奇的技能"无所不能"。在老家方圆几十里人缘特别好，谁家里有什么事都找他。

父亲对我要求很严格，"二郎腿"肯定是不能翘的，夹菜不能去挑选，小时候就想吃瘦肉，但是不能挑。不准大声讲话，不准跟人吵架，不要占小便宜。不管你对还是错，只要跟人吵架了，回来就不准吃饭，会被父亲骂。我们家是从双峰搬到湘乡的"移民"，是外姓。路过黄瓜地、水果树，别人家的孩子可以顺手"摘一个"，但我们家的孩子不可以。

　　小时候，父亲教我抄《增广贤文》，那时候根本不是很懂，领悟不到，但他就是让我抄。他还请表哥回来教我念《三字经》。对于《增广贤文》，出生在这样的环境里，记得有一句话"贫居闹市无人问，富在深山有远亲。"这句话我印象很深刻，所以要改变自己的命运。但是父亲总是教育我们不要嫌贫爱富。他对我表扬少，有点追求完美，总是觉得我做得不够好，应该可以做得更好。我现在对我的孩子要求也高，也总觉得他们应该做得更好。

　　我们家不像农村普通家庭靠种田营生，而是靠父亲和哥哥的手艺来营生，父亲有"各种手艺"，哥哥开个小修理店、爆米花等，我后面有经商创业的意识，可能是在那时"萌芽"的。记得小时候，父亲每晚会把今天的收入拿出来，让我帮他整理、记账：今天赚了多少钱，余额多少。

　　记账时我很老实，不敢骗父亲。父亲那个时候眼睛已经不好使，但他能把钱的大小"摸出来"。每次记账父亲都会给我点"小费"，因为我很老实。他也更宠女儿，哥哥给他记账就不会给零花钱。后来我出去打工也一直会记账，为什么要去上夜校学会计，就是要学会理财。

　　我刚读初中时曾跟父亲约定过"养猪协议"：父亲买回来小猪崽子，我负责喂养。每养大一只，我可以拿到10元。当时农村养猪都是熟食喂养，我要上学没时间去煮猪食。我就用"养牛的方式"去养猪：喂生食，而且还放养，让猪运动。我喂养的猪比别人的长得快，而且肉质特别鲜美，后来周围的邻居都用我的方式来养猪了。我离开家乡外出打工时，就是拿着养猪赚的40块钱出发的。

　　现在回想起来，父亲其实是把我"当儿子养"。父亲手艺多，有很多师兄弟，

―――――――― ∥ 人物名片 ∥ ――――――――

周群飞：全国政协委员、香港湖南联谊总会会长、湖南省工商联副主席、蓝思科技股份有限公司董事长

也有很多徒弟，他们喜欢来我家吃饭喝酒。现在想起来很有意思，我很小的时候就跟这些叔叔伯伯一起喝酒。我从小就有点"天不怕、地不怕"，我20岁时做厂长，包括创业时碰到各种困难，自己都能去应对、扛过去。

后来我也把父亲接到深圳。创业刚开始很艰难，非常忙，经常是半夜回家。但不管多晚回家，父亲永远是坐在客厅的沙发上等。当时他眼睛已经接近"失明"，他也不会开灯，但听到声音就会去开门，这是我心里永远最温暖的记忆。父亲个子很高大，我家里当时那个布艺沙发，他坐的那个位置，一年要换两次，因为会"坐进去了"。

当时父亲认为我"很有钱了"，因为他安排要我帮助亲戚或兄弟姐妹，我总会答应，第二天就落实他的安排。其实当时过得挺困难，因为经常收不回货款，当然我是不想让他知道。很遗憾，父亲没有看到蓝思科技后来的发展，没有看到"我真的有钱"。

我在不同场合讲过，蓝思科技回湖南发展跟父亲有关，这是他生前一直希望的。他生前喜欢帮助家乡人，很关注家乡的发展。2006年我回到湖南浏阳开始新的创业，我想这是对父亲最好的纪念。

100

◆本文原载于【文史博览·力量湖南】微信公众号 2018 年 4 月 6 日

从 传统家风意义上来讲，父母对我的教育，是传统中国农民的教育。

袁爱平：传统中国农民家庭父母的爱

口述｜**袁爱平** 文｜**黄　璐**

从传统家风意义上来讲，我父母对我的教育，是传统中国农民的教育。

我们家在农村，要说家里有什么特别的东西？没有。我父母没读过什么书，可能就启个蒙，能识几个字而已，没有所谓成型的教育方法。但他们的骨子里是传统文化沉淀下来的基因。他们传递给我们的，也是最朴素的农民的品质：朴实、诚恳、勤劳。这些品质使我能忍受很多人难以忍受的困难和挫折，为未来的生活和工作打下基础。

他们没法给我更多的专业或前瞻性意见，他们只是基于中国传统乡俗和习惯，教我做人做事的基本原则，也就是在中国传统习俗之下做人的底线吧。

一

在家中兄弟姐妹里，我是老大。兄弟姐妹六个，在那个挣工分的年代里，意味着劳力少、张嘴的人多，意味着极度贫穷。就算如此艰难，父母就认一个死理：坚持送孩子读书。

父亲是独子，这在那个年代并不常见。父母两人要养活家里的六姊妹，我是长子，所以就成了父亲的小帮手。我们儿时的学习，更多的是跟劳动结合在一起。五六岁的时候，我就开始上山放牛、砍柴、打猪草。老黄牛在山坡上悠悠地吃着草，我就在不远处悠悠地找着猪草，日暮时牛儿要回家了，我篓里的猪草也找好了。

从我家到镇中学，有将近17公里，我在学校寄宿，每个月回家一次。因为家里穷，每次回家，能带到学校支撑一个月的，就是米、红薯和母亲腌制的一些坛子菜。红薯不当季时，带的是洗过红薯粉后的红薯丝，乡下叫茴丝，非常硬，又没什么味，实在难以下咽。但就是这些，一吃一个月。因缺油水、上火，我的嘴巴常常是长满了泡。

这些母亲其实都看在眼里。在每次返校的时候，母亲经常会站在村头送我，默默地流着眼泪。那时候，每个学生要给学校交些伙食费，也不多，就几块钱。但我由于家里穷，交不起，好在学校可以柴抵折——每交两百斤的柴，供学校食堂蒸饭用，就相当于交"伙食费"。

记得有一次，天还没亮，我和父亲带着干粮，走了几十里地，去山上打柴。我那时比较瘦弱，柴担不起，走得慢，也老是歇气，父亲担着比我更重的柴担，往往是走一段后，再返回来帮我挑。

其实对任何一个人来说，那都是超负荷的。但这就是作为一个传统中国农民——我的父亲对我的爱，默默无声的爱的表达。

那样的日子，确实是贫穷，而又无奈。但一家人都在默默地支持。就是在父母这种关爱下，我在1983年考上吉林大学，毕业时又考上了北京大学读研究生。

———————— ∥ 人物名片 ∥ ————————

袁爱平：全国政协委员、湖南启元律师事务所首席合伙人

二

如今条件好了，我也常想把他们接到城里来住。但出于不同的生活习惯，他们也老觉得给子女添麻烦——他们安贫乐道，更愿意生活在住了一辈子的大山里。前些年，我的老父亲还在坚持种田，我当时坚决反对，因为怕父亲辛苦。父亲说，他们已经不像以前家里搞"双抢"时那样辛苦了，现在不需要自己去收割，有专业的机械化服务，父亲也是"新农民"了。父亲还说，农民如果不种田了，他心里是过不得的，因为这是他一辈子的生活。从这里可以看出，村里老一辈人的内心，仍然保有一种传统的农耕文化的观念。

在老家，我想给父母盖房子，父亲听了，执意提出要再加个猪圈。当时我很生气，对父亲说：您这么大年纪了，为什么还要这么辛苦呢？可是父亲不依。各自坚持着，我们就吵起来了。我对父亲说：如果您要我盖这两个猪圈，这房子我们就不盖了！对父亲来说，这么大年龄还去养猪，其实是对传统中国农民生活方式的某种坚守。但考虑到他们的年龄和精力，这是做子女不放心、也是不会答应的。最后，还是父亲妥协了，但他要求：在新房之外，再盖一个偏屋。

就在房屋盖好的那一年，我回家去看他们，让我万万没想到的是——父母二人不住在主屋里，偏偏住在那两间小小的偏屋，不用现代化的煤气灶、电热水壶等，偏偏依旧按照原来传统的生活方式——打一个传统火塘，用柴火烧水煮饭，熏着腊肉，烤着火。那一刻，我眼泪直流——这就是我永远这么善良淳朴的父母啊！对子女付出了一辈子，却对子女所求是那么微薄。

作为子女，当我们已经有能力了，我们总是希望父母能享受到更好的生活，按照我们以为的舒适的生活方式，让父母"安享天伦之乐"。但他们认为最舒适的，或许仍是他们长久以来最习惯的。这中间，也有着两代人的观念冲突。但很多时候，两代人之间的爱，或许就是在这样默默无闻的表达里。

103

◆本文原载于【文史博览·力量湖南】微信公众号 2018 年 3 月 10 日

·扫码收听·

> "家庭会议"一代代的传递，已经连续开了40年。而我，尤为想念我的父亲。

王国海：
从父亲开始延续40年的"家庭会议"

口述｜王国海　文｜黄　璐

今年大年初二，延续了40年的家庭会议，如期举行。

而这，要从我父亲说起。

一

我离开家乡37年了，如今回想起儿时点滴，可以说很多片段都是忆苦思甜。

在我离开家乡前的很长一段时间里，生活条件是相当艰苦的。那时，村里土地资源也非常有限，农村的自留地和供家庭联产承包的土地少，更谈不上什么乡镇企业，家里的收入来源完全是依靠简单的小农经济。

我的父亲是一个很有特点的农民，虽然很瘦弱，但是内心十分强大。

用现在的话来说，他是十分具有战略眼光的。当他知道国家有"恢复高考"这一说后，他内心很坚定：一定要让孩子们读书。

1980年，常德澧水发大水，那场自然灾害把我们家的房子都冲毁了。我们家很贫苦，遭此一劫更是一贫如洗。

随后，我参加了高考，成绩不太理想。大年三十夜，由父亲主持，家里开了一场家庭会议。虽说男儿有泪不轻弹，但那晚我流泪了。家庭条件太困难，尽管我很想读书，但我仍决定要去干农活，帮忙补贴家用。

我的父亲却十分坚定地说："爸爸就是把屋卖了，也要供你读书。只有你读了书，才能让弟弟妹妹也以你为榜样。"

在这样的激励下，我们家四兄妹奋发读书，走出大山。这在当地成为一大佳话。

二

我经常用一句话形容那时的生活：中学吃不饱，因为没饭吃；大学吃不好，因为没菜吃。记得在上中学的时候，能吃的菜，就是家里做的腌菜，饭也总是吃不饱。我读大学的时候，个头是 1 米 55，大学四年后长到了 1 米 75，因为终于有了饭吃，有时候还会借班上吃不完 30 斤粮票的女同学的饭票。

尽管当时条件不好，更谈不上富裕，但是村子里从来都是有吃的就共同分享，有困难则互相帮助。我家有一大碗饭吃，我就会匀给你一点；谁家里最近种了什么菜，邻里之间也总会说"你拿一点去吧，一起吃点"。

父亲常常教导我们，一定要心存善念，做一个好人。记得小时候，每次父亲看到路边有乞讨的人，但凡他口袋里有一分钱、五分钱，他都会掏出来。其实我们家已经相当贫困，我不明白：爸爸，那我们吃什么呢？而父亲总是说：没关系，我们回去吃。

我家隔壁住了一户叫"桃姐"的人家，家里特别穷，我的父母经常会主动

———— ∥人物名片∥ ————

王国海：全国政协委员，致公党中央委员、湖南省委副主委、长沙市委主委

给他们送点吃的。有时他们来我家里借粮食，尽管叫做"借"，但我的母亲总是对他说："算了，你不用还了。"

时时要记得帮助他人，受父亲的影响，这些年，我总是希望能帮助家乡做点什么。十余年来一直坚持资助贫困孩子上学，尽管孩子们不知道遥远的我是谁，但我每次看到他们的留言都会十分欣慰，他们对我的称呼有"王爷爷""王伯伯""王阿姨"……通过我的少许帮助能够让他们有机会读书，我希望为他们的人生播撒一颗善良的种子。

这种爱心的传递也到了我的下一代。每年过年，我都会带上孩子去镇上的养老院看望老人。我们这个大家族的几个孩子，拿出自己工资的一部分，捎上拜年红包，大年初二去养老院看望老人。

今年我的儿子 25 岁，参加工作一年，他对我说：爸爸，从今年开始，把去敬老院的任务交给我。

这让我特别欣慰。我相信善良是有种子的。

三

由父亲主持召开家庭会议，这是每年惯例。对于我们四兄妹来说，不管身在何方，每年回家过年，在家庭会议上都会谈谈过去一年的学习、工作和生活情况，以及新年的打算。父亲则会一一做点评。

在父亲走了以后，家庭会议便是由我来主持。我是大家庭里的老大，大家

◎家庭会议

◎王国海的父母与孙辈

有点怕我，也信服我。我会认真做好记录，也会一一点评弟弟妹妹的"表现"，并提出要求。这是父亲之前的角色。

30年前，我的大学老师熊老师曾送给我六个字"人品正，业务精"。这六字微言大义，我受益无穷，每每以这六字鞭策自己。在每年的家庭会议中，我也每次都会提出这六字作为对大家的要求和期望。

不同以往的是，今年的家庭会议，我们四兄妹的孩子也被要求首次来参会。我把它命名为"4.0版家庭会议"。

孩子们也都长大了。每个人都谈谈自己2017年的学习、工作和生活情况，也提出2018年的计划和打算。我对大家提出了几点建议：要全面注重爱国爱业，全面注重团结和谐，全面注重保健身体。

我的侄子在今年参加完家庭会议后，发了一条这样的朋友圈："第一次参加家庭会议，这个从40年前爷爷开始的传统，现在延续到了我们这一代。四家人各司其职，却相互扶持，无私付出。很幸运，也很自豪，自己拥有全世界最美好最幸福的大家庭。"

家风或许就是这样，代代传递。而我，尤为想念我的父亲。

◆本文原载于【文史博览·力量湖南】微信公众号 2018年3月7日

无论是在欧洲的游学抑或是在香港的打拼，让我开始慢慢地明白人生其实就是一盘跳棋，唯有六个棋子全部都走入对方的六个空位中，你才会是最终的赢家。

胡野碧：我的父亲"兄弟"

口述 | **胡野碧**　文 | **沐方婷**

记忆里父亲只打过我一次，那还是我读初中时，和小伙伴吵闹，抓了一把沙子丢到他的碗里，然后一溜烟跑了。这事马上就被在学校当老师的父亲知道了，给我留下"一辈子的记忆"。

我不是个常规意义上的好孩子，除了读书成绩好，天性调皮捣蛋的我没少让父亲操心。当时我们还住在学校教职工大院里，我的野性子是出了名的：偷摘邻居家的苹果、把前座女孩的辫子悄悄绑在椅子上……这样的捣蛋事掰着指头都数不过来。

但父亲一辈子从事教育工作，曾做过常德七中、常德一中校长的他知道该怎样去教育我这个"坏小子"，原则就是自由而不放纵。父亲特别重视"德育"，如果一旦触碰到他的道德雷区，那他毫不留情，譬如上面说的"沙子事件"。

然而绝大多数情况下，面对少不经事的我做出的那些恶作剧，只要无伤大雅，他仅是瞪我两下，呵斥几句，和人家赔礼道歉，也就作罢了，他懂得有张有弛地呵护一个孩子的天性。

我的童年是我"野性子"的源头，那是一段和外婆共同度过的时光。不同于教职工大院里高高耸起的围墙，外婆家的门口就是一条尘土飞扬的大马路，马路旁是一座座高低不一、参差不齐的平房，住着各式各样、三教九流的"人物"。一声哨响，孩子们就像麻雀一样，纷纷从家里蹿出来，我人小，跑在最后头。

在街头，我们津津有味地奔跑追赶，生龙活虎。后来我总时不时地想起在街头成长的时光，我对人的洞察力、对事物的判断力与对社会的初次认知都来源于此。如果说教职工大院让我开始有了规范意识，那么街头童年就让我懂得了规范之内的流动、规范之外的突破。而父亲则不动声色地引导着我的性格塑造，譬如道德、毅力、吃苦……其他则让它自然而然地向阳生长。

后来我考上大学，大学毕业后到"当时很好"的国企上班，自己"不安分"，考上北京理工大学研究生；然后在湖南长沙一所高校教书，又一次"不安分"成为20世纪80年代出国深造较早的那批人。之后在香港工作，创业后被人称为"B股之王"，写书，上电视做脱口秀节目……而父亲始终在一旁静静守护，支持着我一次又一次的选择。

在父亲的70岁寿辰上，我曾说我们是父子关系、师生关系，也是兄弟关系。爱护学生、关心学生的父亲被学生和家长亲切地称为"胡老爸"，在当地很受尊敬，我的调皮和会读书也有"名气"。当时别人就开玩笑，说父亲是"胡老八"（"胡老爸"谐音），就叫我为"胡老九"，叫着、叫着，这个外号居然在校园里被叫开了。

直到后来我也成了两个孩子的父亲，也是尽可能地让他们自由地发展，而不是过多地约束他们。但我始终希望他们能够明白，人活在这个世界上是有责任的，当你去追求一样东西时，你需要综合全面地去考虑。放眼于家庭之中，

//人物名片//

胡野碧： *湖南省政协委员、香港睿智金融集团有限公司董事会主席*

◎胡野碧和父母一起
接受《文史博览·人物》
独家采访

110

那就是对父母的责任感，尽可能地让他们开心一点。我也开始明白精神上的慰藉远比物质上的满足更能让父母舒心，尽可能地为他们创造一个美好的精神世界往往是最大的孝顺。

毕业于湖南师范大学历史系的父亲，作为那个时代少有的大学生。在历史洪流中，因为富农阶级出生的缘故，默默无闻地当着一名高中政治老师，但是父亲极少抱怨，更多的是隐忍与谨慎，时代在他的身上打下了深深的烙印。

然而作为老派的知识分子，他始终坚信"知识改变命运"。他习惯并且擅长将对我的教育融入他的教学中。作为我诸多学科的启蒙者，他教给我政治常识、经济原理、哲学思辨……润物细无声地埋下一颗颗智慧的种子，但年少时候的我哪能够全然领会，只是后来在商场上摸爬滚打这么多年，才一点点地感悟到在人生起航之际，那些曾经让我一度昏昏欲睡的世界观、方法论是多么地深刻而凝练，面对潮起潮落、人是人非，永远怀有一颗平和之心，万物归一，无非"做人"二字。

1977年高考恢复后，父亲开始在当时任教的常德市七中挑选基础好的学生组成"尖子班"，让我们参加各种物理数学竞赛，将所有的精力用来帮助我们备战高考。两年后，父亲倾注心血的"尖子班"终于走上了高考考场，也就是在那一年，常德市七中第一次也是这么多年来唯一一次，在全市的高考成绩中超越常德市一中，名列全市第一。多年以来，这一直是父亲引以为傲的一件事。

记忆中，1979年高考的重点本科分数线是310分，当时只有15岁的我的高考成绩是370分。我拿着成绩单跑去见我的母亲。当时她是百货公司的会计，平时工作认真负责，还是那个年代的劳模，记忆中经常参加各种宣讲活动的母亲有着非常好的口才。

母亲看到跑得气喘吁吁的我，问："野碧，考得怎么样？"我开心得只是笑，还没等我回答，只见她的眼泪就扑簌簌地往下掉。她是这个世界上百分之一的，听到孩子可以上大学会伤心地流眼泪的母亲。因为我是那个时代少见的独生子，加之当时我才15岁，40公斤，一米五的身高，在许多人眼里都是一个还没有长开的小萝卜头，母亲舍不得也不放心让我独自一人走这么远，担心我的生活自理能力，怕没人照顾我。

最终我按照母亲的意愿，将五个高考志愿填报的都是湖南大学。因为这所大学离常德家里近，而且还有父亲的学生在这里，可以照顾我。母亲，作为一个传统的中国女性，她只是想尽全力来呵护自己的小孩。即使现在她不一定明白我从事的领域，但她还是会提醒我要去关心爱护员工。

然而考上湖南大学以后，我的心始终躁动不安，它渴望着去更远的地方看看。后来，我又考取了北京理工大学的研究生，成为国内第一批系统学习企业管理知识的学生。像四年前一样，母亲的眼泪又啪嗒啪嗒地落下来，我知道她有多爱我，就有多舍不得我。母亲明白自己儿子是只想要飞得更高更远的鸟儿，那根牵扯着的线必须被剪断。后来，我就飞去了北京，然后又飞往了国外，飞得越来越远，也飞得越来越高。

从国外留学回来，我最终选择留在了香港发展，一个既可以更好地发展事业又可以方便照顾二老的折中之地。无论是在欧洲的游学抑或是在香港的打拼，让我开始慢慢地明白人生其实就是一盘跳棋，唯有六个棋子全部都走入对方的六个空位中，你才会是最终的赢家，所谓的棋子就是你的事业、家庭、健康……这辈子，我一直在追求一种平衡，在下人生这盘跳棋。

111

◆本文原载于【文史博览·力量湖南】微信公众号 2018 年 9 月 19 日

> **"爱"** 是一个美丽的词。我想，正是父亲多年来对母亲的爱让我们下一代耳濡目染，他把对家人、对旁人这种爱的能量传递给了我们，我们一生享用不尽。

曹力农：父母爱情

口述｜**曹力农** 文｜仇　婷

112

　　2009 年，父亲走了，病来得很突然，几乎没给我们侍奉他的时间。我当时脑海里成天转的一个念头是：这辈子再也没有回报父亲的机会了。我爱人曾经说过一句话："曹力农，我所认识的人当中，你的父亲是天底下最好的丈夫。"而在我心里，我的母亲是天底下最幸福的妻子，父亲一生宠她、爱她、敬她。

　　1952 年，经媒妁之言，父亲与母亲结合。当时父亲是国家干部，母亲则是一名普通的农村妇女，大字不识。正是在众人眼里并不"般配"的婚姻，却携手走过了 50 多年的风风雨雨，恩爱如初。小时候，农村流行唱戏看戏，母亲也喜欢看。有一年冬天天气特别冷，父亲用一床火桶被将母亲裹起来，再用一个小炭炉生火提在手里，陪着母亲去看戏。街坊邻居见到了都笑话父亲，但父亲并不在意，他觉得自己就是要对老婆好，没有什么好笑的。

　　父亲身材高大，母亲却生得瘦小且体弱，经常生病。为了照顾母亲，早上五点钟，父亲就起床到菜场买菜，做早餐、拖地、洗衣服，他把母亲的活都做了。父亲喜欢吹拉弹唱，写得一手好字画，母亲没文化，唯一的喜好就是看电视，但有时候电视也看不懂，父亲就坐在母亲身边，给母亲讲电视里的故事情节，一说三四个小时。

父亲一生为官清廉，在我们当地有口皆碑。在档案局当局长时，父亲经常用两个箩筐把卷宗一担一担挑回家写，他说局里的工作人员白天上班辛苦了，不忍心让他们晚上还加班加点。父亲做书记时，经常有人送些鸡、蛋、白糖之类的到家里来，父亲就会马上把母亲叫过去嘱咐她："婆婆子，这个人来找我肯定是有困难，家里有什么好吃的做点给人家吃。"父亲会陪着他坐着了解情况，等到吃完饭要走了，父亲会送对方出门，示意母亲提着人家送的礼物跟在身后，待到走了四五百米了，再把东西退回去。父亲说："如果在家里就把东西退回去，人家不会要，送出门很远了再退回去，人家也没办法。"

其实，那个年代，父亲的薪水相当微薄，我们家里三兄妹读书，母亲没有工作，一家五口人日子过得并不轻松。记得那时候吃一顿肉都很罕见，要等到父亲回来了，母亲才会切几片肉炒个菜。当时有人建议父亲给母亲安排个工作，父亲断然拒绝，他说："如果我爱人能解决工作，那其他任何人都会效仿我来做，这绝对不行。"回想起来，父亲是这一生对我影响最深远的人，无论是为人还是处事，父亲都是我学习的标杆。

父亲过世后，我把母亲接到了身边，令我欣慰的是妻子对母亲一如既往的好。如今母亲80多岁了，习惯每天晚上12点之后要吃点东西，妻子就会包好家乡的馄饨和饺子，饺子大一点8个装一袋，馄饨小一点10个装一袋，到了12点就做给母亲吃，日复一日，年复一年。

"爱"是一个美丽的词。我想，正是父亲多年来对母亲的爱让我们下一代耳濡目染，他把对家人、对旁人这种爱的能量传递给了我们，我们一生享用不尽。

113

◆本文原载于【文史博览·力量湖南】微信公众号 2018 年 3 月 24 日

—————————‖人物名片‖—————————

曹力农：湖南省政协委员、香港全港各
区工商联名誉会长

·扫码收听·

父亲没这个文字水平，但他有着曾国藩那永不放弃的精神：不怕输、不服输、输了也不退让的坚韧不拔的精神。

曾佑桥：父爱如山

口述 | **曾佑桥**　文 | **沐方婷　夏丽杰**

114

　　"坚韧不拔"是人所熟知的成语。它的真正内涵，在我回想父亲的一生旅程时，才略略明白和理解其中的真谛。

一

　　人说曾国藩是智慧的湘人。曾国藩曾经在他的奏折中，将"屡战屡败"改为"屡败屡战"，彰显了曾国藩的智慧和执着，也成为一段历史佳话。父亲没这个文字水平，但他有着曾国藩那永不放弃的精神：不怕输、不服输、输了也不退让的坚韧不拔的精神。

　　60多年前的1936年2月，父亲从邵东流泽镇的仁让堂来到镇上的积福街开办杂货商店，因为本小利微，不得不在经营杂货的同时，亲力亲为，操持屠业。父亲在商场历经20多年的拼搏，起早贪黑，精心经营，日积月累创下了一份家业。然而，1956年，国家对农业和手工业实现合作化，对工商业实行公私合营，父亲的商店并入了供销社，这成为父亲的一段抹不去的记忆。1962年，农村公共食堂取消后，政策有所宽松，尤其是在实行"三自一包"政策（自负盈亏、自由市场、自留地和包产到户）后，农村经济的复苏，对时代商机有着敏锐嗅觉的父亲重新走上经商路，又开起了家庭小商店。

然而，好景不长，这次经商的时间更短。4 年后的 1966 年冬天，在"文化大革命"中个体户商店成了"资本主义尾巴"，理所当然地"被割掉了"。1974 年冬，农村经济政策有所宽松，父亲又以家庭手工业的方式重入商海。

一般人认为，在半个世纪的商海搏击中三度沉浮，应该知难而退，甚至"谈商色变"了。但父亲不然，他愈挫愈勇。

1978 年，党的十三届三中全会在北京胜利召开，国民经济的恢复正处于起步阶段，要办个体工厂的人并不多，人们似乎还在顾忌和惧怕着什么。但萧条多年的市场急待繁荣，办个体工厂有了最佳时机。父亲率我们四兄弟在邵东办起了"十字铝制品厂"。

在动荡的大时代面前，父亲也过得"动荡"，但他从来没放弃过奋斗努力，去改变个人和家庭的景况。后来，当我们四兄弟也在商海打拼，渐渐明白父亲经商信心和勇气的根本源泉是对我们国家未来的信心与希望。

我们现在都还记得十一届三中全会闭幕后，父亲从大队拿回报纸，关上房门，和我们兄弟一起一字一字反复学习报告，激动得说不出话来，觉得机遇来了。当时我们兄弟专门去拍了张合影，上面题了四个字"云开日出"。

二

在我们四兄弟还小时，父亲言传身教，把诚信经商的理念灌输给我们。无

////// 人物名片 //////

曾佑桥：湖南曾氏企业有限公司董事长、曾任第八、第九届全国工商联执委、第九、第十、第十一届湖南省政协委员

◎曾佑桥家庭合影

论我们小时候在乡村集市上摆摊兜售香烛纸钱，到矿山推销竹篓、竹拖，还是长大后到外地批发眼镜，或投资办厂，每次我们计划要前进一大步时，父亲总忘不了对我们进行一番语重心长的教诲，教导我们经商必须取之有道。

从骨子里讲，父亲是位乡土意识极强的人。在他的心目中，世界上最美的地方，莫过于生他养他的邵东流泽这片土地、这方山水。然而，为了让我们在企业发展上有所突破，他一次次鼓励我们："好男儿志在四方"，"走出邵东，到外地去发展和壮大企业"。

1987 年，中央决定在广东进行全面的综合改革开放试验，湖南震动很大。1988 年 5 月 12 日国务院正式批复成立湘南改革开放过渡试验区。当时很多人都在观望，父亲召集我们召开家庭会议，决定去永州市冷水滩区投资办厂。

事实证明，我们的企业抓住了湘南开发的机遇，原本仅有的邵东几家规模并不大的家庭式加工作坊，在此寻找到了更加宽广的发展平台，并打造出曾氏集团的雏形，从此曾氏企业也越走越远。

2000 年年初，乘着国家支持西部大开发的政策春风，我们把西部铝厂投资选在了贵州。自此以后，贵州的投资项目一个接着一个，就这样，我们在贵州开辟出了一片新天地。如今的曾氏企业，遍布湖南、贵州、湖北、上海、新疆等多地，这离不开父亲最初对我们的鼓励与期许。

在我们看来，父亲不仅是一个有格局和视野的企业家，也是一位深谙教子道理的严父。他有一颗仁慈的心，笃信好人有好报、恶人终遭惩处的"因果循环"这一理念,过去了的就让它过去,有"长空不碍白云飞"的慈悲胸怀。他不停地将自己为人处世的哲理,"好人一生平安"的期望,如甘露一样浇灌进儿孙们的心中。

我们小时候做错了什么事时,父亲虽不打骂我们,但总是用威严的目光注视着我们,并向我们阐明错事可能会带来怎样严重的后果。我们每次出差或到外地创业经商时,父亲总要对我们嘱咐一番。孙儿们读大学或出国留学时,离开邵东流泽的前一夜,父亲没有一次不是与孙子长谈到夜深。

父亲育人教子所取得的成效,令乡邻们无不钦羡不已。自父亲而下,我们这一支曾家人,四代人、六十多位曾家子孙,人丁兴旺,均有所成,这是父亲的骄傲。然而,更让父亲慰藉的是,曾家虽儿孙成群,四世同堂,却从没有一人违法乱纪,甚至也没有被治安处罚过的。拥有如此一个遵纪守法的大家庭,的确让作为一家之长的父亲脸面生辉。

三

曾有人好奇地询问父亲,流泽这地方没有什么大的河流和桥,你的几个儿子为什么都取名为"桥"?确实,我家大哥曾小山的原名叫曾小桥,我叫佑桥,大弟叫左桥,二弟叫铁桥。

父亲说:"取名是门学问。我的儿子们都叫桥,寓意可深着呢。人生多难。佛教讲'普度众生',但'不度无缘之人'。不论有缘与无缘,有了桥,就可以度己度人。"

父亲为了祈愿我们平平安安地度过人生中的一道道险滩,就将他对儿子们的美好企盼寄寓于名字之中。他说"佑"有"人"字旁,就是说无论在什么环境中,都要做堂堂正正的好人。铁桥名字里的"铁"字,寄托了父亲期望我们做人要稳稳当当,且会经商赚钱。父亲就这样把他为我们四兄弟取名的真正意思,解释得透彻明白。父亲不仅将他对儿子们的希望融会在儿女们的名字中,而且用父爱时刻呵护和关心着儿子们及其所办的企业。他是个细心人,2000 年 8 月,父亲在长沙看病的 18 天时间里,他一有时间就散步式地走进我们的企业车间,找工人们问长问短。

他是不是担心我们没有向他讲述企业的实情而隐瞒了什么?我曾细问过父

亲，他则哈哈大笑起来，告诉我："许多工人的心里话，又怎么能轻易向你们这些总经理说呢。我一个老头子，就能听到真话实情，不仅是企业里的事，就是工人家里的事我也能掌握到。"

打虎亲兄弟，上阵父子兵，父亲深深懂得"人心齐，泰山移"的道理。

他在经营上，不仅拥有自己的经营理念，更重要的是，他担心着我们四兄弟拥有各自的企业后，会逐渐淡漠兄弟亲情。他用亲情这根无形的红线将我们紧紧维系、捆扎成团，凝聚家族的智慧与力量。

我们四兄弟之间，哪家企业遇到了资金、材料或技术上的困难时，父亲会从中协调，甚至统一调拨资金。正因有了父亲对所有企业的统筹安排，曾氏企业才由小到大、由弱到强，逐渐成长。2000 年 11 月至 12 月，父亲病危。也许，他知道上苍留给他的时间不多了，而他牵挂的事又太多了，在病危期间，他不止一次地向大哥交代着："小山，你是老大，应多从实处关心你的三个弟弟，大家一定要一同发展。弟弟们的事业，不仅是他们的，也是你的……"

大哥小山紧握着父亲的手，不停地点头，连连说着"您老人家放心"。

但父亲对我们三兄弟反复交代："你们的大哥小山，从小就比你们苦吃得多，磨难也多，他是一个敢于开拓、办事果断、有实践经验的人。你们要好好团结在你们大哥的周围，你们应该很好地为他出谋划策、分挑重担，不要给他另外增加负担，给晚辈们造成什么不好的影响……"

父亲将辉煌闪烁的 88 个春秋活成了一盏灯，始终指引我们前行的路……

◆本文原载于【文史博览·力量湖南】微信公众号 2019 年 4 月 4 日

·扫码收听·

他常常对我说："现在家里好点了，但是乡里还有不少人生活得很苦，你能不能也为他们做点什么呢？毕竟你是从那片穷苦的地方走出来的人。"

周奇志：父亲是我一生的坚强后盾

口述｜周奇志　文｜田　园

　　一想到父亲，我脑海里总是浮现出这样的场景：炎炎烈日下，父亲在农田里卖力地拉牛犁田，瘦弱的身躯弯成了弓形，破旧的衣裳被汗水浸透，干不完的活儿，苦日子似乎没有尽头……

　　20世纪70年代初，我出生于浏阳北乡的一个闭塞山村，那时农村生产力还很落后，母亲经常东家西家去借米，吃了上顿没下顿，冬天衣物也不够，我们手脚总是长冻疮。但父亲是村里的生产队长，实在无暇顾家，农忙时节总是去别人家的田里帮忙做事。村民们非常信服他，生活生产方面有矛盾总是让他出面调解，父亲也因此连任了好几届生产队队长。

　　北乡有句俗语，"当崽不要当大崽，当了大崽当牛撒"。爷爷奶奶共养育了9个孩子，而父亲偏偏是家中的长子，因为贫穷，他不得不打好几份工来养家糊口。父亲是个聪明人，读书时成绩很好，写得一手好字，打得一手好算盘。

　　可惜的是，因为贫穷，父亲初中就辍学了。他虽然读书少，但是非常重视对我们的教育，他宁愿自己多受苦，也要供我们上学。在我的印象里，父亲就如"牛"一般勤勤恳恳地"犁田"，每天总是很早就去村里务工。他从不抱怨、不妥协，永远葆有一颗乐观的心，还经常教育我们"要抱着感恩之心，以后挣钱了，要想着回报社会。"父亲骨子里的乐观、无私和坚韧深深地影响了我。

我5岁那年，父亲遇到了一场生命中的"劫难"。那一天，父亲在砖窑打工，其他人都去吃饭休息了，发现父亲一直没有出现，于是大家分头去找，最后在砖窑的一个小角落里找到了父亲。父亲因煤气中毒，倒在地上不省人事。母亲听到消息后，带着当时还打着赤脚的我，匆匆赶去医院。当时家里拿不出医药费，我母亲跪着苦苦哀求医生救救我父亲。那一刻我的内心受到了极大的冲击，默默地在心底发誓，一定要努力读书，帮助家人摆脱贫穷，改变一家人的命运。

大学毕业后，我放弃了稳定的工作岗位，选择了没有底薪的业务员，因为我想通过优异的业绩赚取更多的钱，让爸爸、妈妈、弟弟过上好日子。跑业务非常辛苦，无数次地被驱赶、被拒绝、被人瞧不起，但是只要一想到父亲在田间、在砖窑厂劳作的场景，就好像一下有了力量，为了家人的幸福，再大的委屈我都能承受。

后来，我的业务越来越红火，1999年我创办了自己的广告公司，家里的条件慢慢地改善了，我把家人都接到了城里，过上了衣食无忧的小康生活。在传统的观念里，一个女孩子通过创业让家人都过上好日子，就已经相当不错了，但是父亲一直以来都在鼓励、督促我要做得更好，经常带着我回家乡看望贫困老人。

他常常对我说："现在家里好点了，但是乡里还有不少人生活得很苦，你能不能也为他们做点什么呢？毕竟你是从那片穷苦的地方走出来的人。"父亲的这番话让我很受触动。后来我回浏阳创业一部分是源于对家乡的感情，另一

——— 人物名片 ———

周奇志： 湖南省政协委员、湖南奇异生物科技有限公司董事长、湖南湘纯农业科技有限公司董事长

◎周奇志与父亲

部分也是受到了父亲的引导和启发。

2009年，我回到浏阳，一次性流转2万亩荒山荒坡，建立示范基地，带领乡亲们种植经济作物达十余万亩，参与的农户年增收2万元以上。看到乡亲们脸上的喜悦，我非常开心。而这其中也有父亲的功劳，在项目一开始，曾有一些乡亲不了解情况，误解公司要占用他们的林地，挖路堵车甚至阻工，我感到有些受挫，但父亲告诉我，要学会理解体恤村民。

父亲用最接地气的方式和村民沟通："俗话说'前人栽树，后人乘凉'，荒山不改造，穷根就拔不了，这可是造福子子孙后代的事情，现在你们舍不得这几亩荒地，就等于是放弃了以后增收致富的好机会啊。"通过父亲与村民的协商，加上我们多次解释，建立共同致富的利益联结机制，最终赢得了大家的支持。如今，我成了两家企业的董事长，工作很忙，而父亲也一直很支持我的工作，很少夸人的他偶尔也会说几句表扬的话，但是他总不忘叮嘱我："企业家一定要心怀天下，能容纳不同的声音，去爱护身边的人。"我深切地感受到，我的老父亲虽然很平凡，但是心中有大爱。

父亲是我一生的坚强后盾，他骨子里的坚韧不拔、乐观无私和宽广的心胸让我敬仰。

◆本文原载于【文史博览·力量湖南】微信公众号2018年6月17日

·扫码收听·

66 坚持再坚持!" 在我这句简单口头禅中,蕴含着太多冷暖自知的人生体验和对父亲母亲的无限敬畏与感激。

胡国安:走出大山

文|**胡国安**

湖南省安化县冷市镇小九溪村,那是父亲母亲生我养我的地方。

千百年来,小九溪村的人们日出而作,日落而息,靠着天,靠着山,靠着那条唯一的小溪,子子孙孙,繁衍生息。直到我的父亲母亲,直到我和弟弟们出生。在我们依山而建的老房子里,每一天,走到门外,看到的除了山还是山,除了泥土还是泥土。

一

小时候,像我一样待在偏僻小九溪村的孩子们,晚上没有电视,没有收音机,几乎没有所谓的娱乐生活。即使看电影,也是一件无比奢侈的事情。除此之外,山村孩子的另一个期待便是听我的父亲讲故事。

我的父亲,算是村里比较有知识的人,他自然也成为我们童年、少年时代心目中最权威的"故事高手"。

炎热的夏天,每天晚饭后,我便和村里其他伙伴们早早地拿着小板凳来到屋前的禾坪里,围坐成一个小圈,等着父亲给我们讲故事。父亲的知识丰富,他讲的故事好像是从他下巴的胡子里飘出来的，源源不断，数也数不清。

而我，最喜欢听的是父亲讲的历史上英雄人物的故事。父亲讲的这些英雄人物、伟大人物的故事在我幼小的心灵里燃起了对历史伟人的无限崇敬之情。现在回想起来，正是父亲的那些故事，让我在潜移默化中形成了两个意识：一是人在社会上一定要干一番大事；二是相信山里的"伢子"也能够有出息。

随着年龄的增长，走出去，走出大山，成了当时我心底的一种强烈渴望。

在走出大山的历程中，我的父亲母亲是当之无愧的推动者。我的父亲是四代单传，母亲家里则有五个姊妹，因此两人的性格有显著的差异。父亲比较沉稳，母亲却很外向，做事特别有魄力，而且手脚麻利，十分勤快。他们两个要抚育我们兄弟四人，因此比别人家的父母更勤劳、更辛苦。为了使我们四兄弟都能够正常上学读书，父亲母亲可以说是起早贪黑，想方设法挣钱。

二

现在我还清楚地记得这一件事，甚至我这一辈子也不能忘记这一经历。有一次，刚刚下过一场大雨，母亲到学校来看我，我送她一起回家。出了校门，路上到处是水汪汪的一片。这时刚好有一辆小汽车驶来，看样子是往我们家的方向开，我和母亲就站在那儿挥手，看能否搭便车回家，因为从学校到家里有将近二十公里啊。谁知，那辆车不但没有停下来，反而加快速度在我们面前一冲而过，车轮卷起马路上的泥水，全部洒到了我和母亲的身上。

看着扬长而去的小汽车的背影，看着母亲衣服上的泥水，我感到特别气愤。

//人物名片//

胡国安：湖南省政协委员、绿之韵集团董事长

我赶忙把自己的上衣脱下来，一边用力替母亲擦身上的泥水，一边大声地对母亲说："我一定努力，我一定会变得有出息，将来一定专门给您买一辆车！"母亲噙着泪花深情地点头："好的，国安，妈妈相信你一定会有出息。你一定记得，遇见困难时，坚持再坚持，挺过去就是一片海阔天空！"

"夙兴夜寐，无一日之懈。"从那天我和母亲被溅到一身泥水后，那个情景经常在我脑海里出现，我对母亲的承诺也时常在耳边响起，于是，我一边上课读书，一边想方设法地攒钱，积蓄创业的资金。通过不懈的努力，我一个在校读书的高中生，成了当地小有名气的"万元户"。当我骑着摩托车回到小九溪村的时候，乡亲们都对我投来了羡慕和赞许的目光。那个时候，我刚刚接近20岁的年龄，父亲母亲也十分自豪，认为我终于能够立业了。

尝到了做生意的甜头，我就一门心思往经商方向发展了，我知道，按照这种思路走下去，我一定能够改变命运，走出大山，去更大的天地发展。因此，高中还没有毕业，我就辍学专门做生意了，后来在我们镇上开了第一家打字社，再后来，又到了长沙，在下河街做生意；接下来，又远赴广东，在那里做更大的生意，同时，在广州接触了直销事业，并把直销生意带回到了长沙，创立了绿之韵集团。

时至今日，很多人问我为什么会成功，成功的秘诀是什么？我总会毫无犹豫地脱口而出："坚持再坚持！"在我的这句简单口头禅中，蕴含着太多的冷暖自知的人生体验和对父亲母亲的无限敬畏与感激。

◆本文原载于【文史博览·力量湖南】微信公众号 2017 年 8 月 12 日

2002 年，父亲去世，他的临终遗言就是"要感恩帮过你的人，记住别人的好"。转眼父亲过世已经 16 年，我也一直在身体力行地做公益，努力完成父亲的遗愿。

钟高明：父母教我永葆感恩之心

口述｜钟高明　文｜仇　婷

我出生于张家界桑植县，一个国家级贫困县。我两岁时，父亲就卧病在床，说起来，我家曾是贫困户里的贫困户。

父亲出生于 1949 年，年轻时是个铁路工人，常年日晒雨淋让他身体受寒严重，不到 35 岁就得了类风湿性关节炎，从此卧病在床，几乎没出过家门。于是，家里、田里、地里的重担都压在了母亲一个人身上。

有一年春种，家里没有牛可以用来犁田，母亲怕人笑话，于是趁着月色，带着我们姐弟俩去田里干活。母亲扶着犁把，姐姐在前面拉，我在后面推，花了一个晚上犁完了整块田。那一年我不过 9 岁，姐姐 13 岁，那是我记忆里最苦涩的一个夜晚，至今想起来都忍不住红眼。

父亲虽然很早就卧病在床，但也算是半个知识分子，在当地被称为"秀才"。父亲无法劳作，只能依靠给别人写写信、写写诉状，或在报纸上投稿来赚取点油盐钱。想起来，父亲卧病的这些年过得也很艰辛。那时候家里穷，轮椅之类的听都不曾听过，父亲只能撑着一把凳子勉强移动；手没力气吃饭，母亲就在勺子上绑一块长长的铁皮，父亲就用这把"特制"的勺子吃饭。每到一年秋收，别人家都热火朝天地收割粮食，而我家的稻子却躺在田里无人收割。这个时候，母亲也有过抱怨，每到这时父亲总会好言好语安慰。

小时候，父亲会教我背《增广贤文》，"万般皆下品，惟有读书高""少壮不努力，老大徒伤悲"，这些话我从小熟记于心。父亲在我心目中一直是个能人，木匠、篾匠都会做。虽然他的手不方便动，但凭着父亲的口传，我从小跟着父亲学会了做桌子、锅盖等一些小东西。记得有一回，父亲教我做个农具模型，他口述，我用手画线条，我做到一半发现自己做不好，一气之下扔到一旁，父亲用力抢起拐杖打了我一下，"性急的人能成什么大事！"记忆中，那是父亲唯一一次打我，我在社会上打拼的这些年也遭遇过挫折与不顺，父亲的这句话一直陪伴着我，让我在逆境中也能保持平和的心态。

我的母亲读书少，几乎不识字，但她的勤劳肯干却对我影响很深。如今母亲已经 66 岁，家中早已不愁吃穿，但她还在老家种了 20 亩地，把山窝窝里无人耕种的荒地都一起种了。前段时间姐姐发了张照片给我，是母亲在山里背玉米的照片，我看了之后五味杂陈，生怕年迈的母亲摔了碰了，真想回去陪她老人家一起背。

我每次回家都会给母亲一笔钱，但母亲舍不得花，她一个人在家几乎不开灯，剩饭剩菜也不浪费，算下来她一年所有的花销不会超过 800 元。从村里去镇上赶集来回要走 20 多里路，但母亲不喜欢坐车，她舍不得花这点钱。母亲对自己节俭至极，却时常慷慨帮扶邻里乡亲。我们家乡地处偏远，时常发生山体滑坡、泥石流，遇到哪户人家房子被冲塌了，母亲几百几百捐钱捐物从不犹豫。

我从小生活在贫困家庭，一直接受当地政府和社会爱心人士的帮助。读小学时，老师会把她孩子穿小了的衣服拿来给我穿，那对我来说已经是很好的衣

▮▮人物名片▮▮

钟高明：湖南省政协委员、湖南优冠实业有限公司董事长

126

◎钟高明的母亲

服了。有时候，老师们还会接济我们家一点粮油，其实那时候大家都穷，老师家条件也好不到哪里去。那时候家里没有劳动力能下地，到了耕种季节，由乡政府出劳务费请人来帮我家犁田。我从来不以家庭贫穷为耻，面对他人馈赠我也能坦然接受，因为我知道有朝一日定会有能力回报社会。

滴水之恩，当涌泉相报。2002年，父亲去世，他的临终遗言就是："要感恩帮过你的人，记住别人的好"。转眼父亲过世已经16年，我也一直在身体力行地做公益，努力完成父亲的遗愿。父亲，相信儿子不会让您失望的。

◆本文原载于【文史博览·力量湖南】微信公众号 2018年5月3日

·扫码收听·

成功面前，人容易狂妄，忘记曾经所珍视的东西，但是过去的艰苦生活刻骨铭心地印刻在父亲的心里，坚韧不拔的父亲习惯于稳打稳战，坚持当初选择的路。

姜东兵：生命如此交错生长

口述｜**姜东兵**　文｜**沐方婷**

128

我是看着我们家一步一步变得更好的。

我的父母出身不好，曾经都是地主家庭，母亲从小吃捡来的菜叶子长大，父亲小时候还要到十几里外的地方挑煤，光脚，穷得没有鞋子穿。

母亲身体一直不好，但是以前家里条件不好的时候，为了补贴家用，她和父亲一样始终坚持上班，从来没有放弃过。小时候，我们家还烤酒，他们上班路上挑一担酒去卖，下班回来就挑一担米，干起活来，不分白天黑夜，每天早上我一起床，他们就不见了，他们一直很努力工作，争取填饱肚子，甚至有一点存款，就已经非常开心了。

父母也把这种工作风格传承给了我，现在我时常在娄底和长沙两地奔波，一天甚至要来回跑上好几趟，但是我没有抱怨过。

母亲现在的身体特别差，患有体位性低血压，全国各地的医生几乎看了个遍，仍旧治不好，只能整天躺在床上。母亲的健康如此糟糕和年轻时候的操劳与节省不无关系。如今，我哪怕挣再多的钱，又有什么用？只能眼睁睁的看着她的并发症越来越多。

我的父母不喜欢讲太多大道理，他们只是言传身教地做给我看。

我的母亲是一个新中国的同龄人，今年70岁了，她的一辈子也是几经坎坷，养成了她刚烈、严厉的性格。小时候我调皮，母亲会打我，家里有一种棕树叶做的扫灰掸子，如果用有叶子的那一面，是轻轻地打，像扫灰一样，或许连灰都扫不掉，但是我的母亲不是这样的，她用有柄的那一头狠狠地打，因为柄打不断。

直到现在我才开始慢慢理解我的母亲。

母亲做得最好的就是培养了我们兄妹的自立能力，从来不让我们乱花钱：只要不是学校组织的活动，请写借据，即使是十块钱你都要写借据。2006年的时候，创业步入正轨的我还了家里几寸厚的借据，我的自立能力是母亲教育的功劳。

年少时候的我也不理解，为此一度心情"压抑"，为什么？从小身边人戏称我是"二少爷"，自我感觉也不错，但家里对我的管教实在是"苛刻"，那时候坐公交车只有五毛钱，我身上真连五毛钱也没有。但除此之外，我们家对我的教育是相当自由的，只要你别做坏事，其他的你都可以去尝试。

我从过去那个"二少爷"到后来走南闯北独自创业、组建自己的家庭，经历了一些事情之后，过去的种种意义才真正显露出来，人变了、想法也逐渐改变，我就是这样走过来的，我想这就是生活。

小时候奶奶说，我们家曾经是当地的大地主。父亲是从好日子走进苦日子的人，一路走来并不容易，养成了一种谨慎、内敛、刚烈的性格，对待生活和工作始终兢兢业业，一步一个脚印的走。

20世纪80年代，随着市场经济的进一步发展，得益于得天独厚的资源，

129

—————— //人物名片// ——————

姜东兵：湖南省政协委员、东灏集团董事长

◎冷水江风貌

冷水江的工业一度创造辉煌，工业化发展程度在全省领先，在我们家一穷二白的景况下，父亲颇有远见，在瞅准时代机遇的情况下，做了一个大胆的决定——辞掉工作，下海经商。

到我上学的时候，我们家的家境就已经不错了。但是我知道家中所有的一切都是父母一点点挣来的，外人看起来或许光鲜亮丽，但是其中的辛苦和煎熬唯独只有自己知道。

父亲这个人一言九鼎，在我的记忆里，他就没有讲过假话。在工厂初建时，资金非常紧张。他和别人借了钱，承诺说某天还给人家。但是因为资金没有及时到位，可是为了兑现当初的诺言，记得当时已经到了晚上，去冷水江的公交车已经没有了，但是父亲足足走了14公里，到冷水江的舅舅家借钱，还给别人。那天晚上，其实人家没有来讨钱，但是对于父亲而言，这是他最为珍视的信誉。

正是因为父亲恪守信誉的"老派作风"，他说过的话，别人都愿意相信他。曾经和父亲一道创业的还有好几个人，但是他们后来都一个个"折戟沉沙"，为什么？成功面前，人容易狂妄，忘记曾经所珍视的东西，但是过去的艰苦生活刻骨铭心地印刻在父亲的心里，坚韧不拔的父亲习惯于稳打稳战，坚持当初选择的路。

面对资江旅游度假区的建设，当时有很多人不理解，觉得冷水江一无丰富的自然资源，二无深厚的历史文化资源，搞旅游开发，简直就是天马行空、不切实际，因而绝大多数人都抱着一种看热闹，甚至看笑话的态度在观望。

然而经过这些年的努力，项目已经被越来越多的人所知晓，其中遇到过不少困难，但是每当想起父母在那些艰难岁月里的坚韧与担当，就会突然有莫名的力量，然后继续咬着牙关走下去。

在建设资江旅游度假区之前，我清晰地记得父亲和我说过的一段话：做一件事情前，首先考虑自己有没有能力把这个事情做好，如果决定做，不能做成半拉子工程，要做就要坚持到底，要做就要做好。

跌跌撞撞一路走来，关于父母的记忆如同海水，在时间的普照下，析出一粒粒透明的晶体，我看着他们逐渐从壮年步入老年，他们看着我逐渐从孩童成长为中年，生命如此交错生长，所谓理解或许就是彼此生命交叉的那个地方。

◆本文原载于【文史博览·力量湖南】微信公众号 2018 年 7 月 3 日

131

·扫码收听·

母亲的言传身教让我发自肺腑地觉得，成就他人其实也就是成就自己。

刘海宁：
母亲告诉我"成就他人也是成就自己"

口述 | 刘海宁　文 | 唐静婷

132

父母一辈子传递给我的精神财富，是育人于无形、树人于点滴的，影响着我在生活和工作中的待人处事和思考方式。

我的父亲教给我一种执着、向上的精神。父亲在 20 世纪 50 年代初到部队当兵，成为新中国第一批海军，他入伍时没什么文化，但知道不停地学习，听父亲讲他晚上也有打着手电筒看书的故事，凭着这股子吃苦、向上的精神，父亲最后还当上了团政委。

父亲的这种毅力对我影响很大，如果说毅力比较"普遍"，那么我的母亲则教给我要懂得替人着想、成全别人的习惯，这对我的事业和生活有着潜移默化的影响。

母亲是个很平凡的女子，但她时刻为别人着想，更多地背负一种责任，对她来说自己吃点亏不要紧，被人家蒙了也好、骗了也好，自己多干点也好，都是默默的，不出声的。

记忆中，母亲每天早上为我们做完饭以后还要跑着步去上班，她对儿女的爱不算是一种很广义的爱，但是对待他人，母亲也一样奉献。母亲给我们吃的东西，她也给邻居的孩子吃，邻居吵架不讲道理她就让着忍着，也不吵。她只是个普通工人，从不迟到早退，对工作极为负责。别人干不了活，她帮别人干，或者人家已经不能完成了，她不仅把自己的活干完，而且把别人的活也一起干完，所以在单位上，她年年都被评为"先进工作者"。她不太会说话，没什么口才，但是她用行动默默地感染着她周边的人。

其实，我并不觉得自己作为企业管理者就一定有很高超的本领，能够将企业持续运转做大做强，我认为是母亲做人的风格影响了我，与母亲教给我的要为别人着想有很大的关系。作为企业管理者，如果只想着自己获利赚钱，员工又凭什么为你拼命工作呢？所以我也习惯将荣誉、收入都尽可能地多交给有贡献的人。

有些企业管理者会给员工"画饼"，我是"反的"。我从来不会给自己的员工许诺，甚至开始可能讲得"很难听"，但实际上最后会超出员工的预期，我从来不说大话，就是默默地做。别人欠我的我也许不会记得，但是我欠人家的我一定会马上还。我这个性格也是和母亲从来只"默默地做"有关系。

所以，当我觉得一个员工非常优秀的时候，我就要为他着想，给他平台、通道、股份和更高的收入，这是我应该做的事情。用现在比较时尚的话来说，我就是一个导演，员工作为一个演员，他需要灯光我就给他灯光，他需要音响我就给他音响，导演就要成全演员。

母亲的言传身教让我发自肺腑地觉得，成就他人其实也就是成就自己，这也是我微信上的签名。尤其是作为一名企业经营者，我一直都认为事业做小可以靠小聪明，但是要做大事业一定要靠"德"。

实际上，有时候我也会和身边人开玩笑说，我母亲身上的品质值得很多女

—————————// 人物名片 //—————————

刘海宁：湖南省政协委员、深圳市居众装饰设计工程有限公司董事长

◎刘海宁和家人在一起

性学习，她"培养"了两个男人，一个是她的老公，后来当了银行行长；还有一个是她的儿子，现在当董事长。作为女人，能把老公"培养"成行长，把儿子培养成董事长，这是非常了不起的伟大的。

母亲如今和我一起住在深圳。她依然从来不和我们讲受过的苦，还是能做的事情就尽量做。年纪大了，总会有点病痛，但她也不说自己哪里不舒服，生怕给子女添麻烦。母亲的善良、为他人着想，是我们家庭宝贵的财富，这也是我对家风的理解。

◆本文原载于【文史博览·力量湖南】微信公众号 2018 年 5 月 13 日

我们知道，母亲对儿孙、亲人无限眷恋，不忍舍弃离去，但母亲走时，走得平静安详，没有痛苦，也许是母亲最后一次践行不给人添麻烦的理念，少增后人的痛苦。

李新良：母亲走了，此后的日子，再也没有了妈妈

文 | 李新良

2017 年 8 月，母亲走了，此后的日子，再也没有了妈妈。

母亲 5 岁就没有父亲，靠其母亲、兄长拉扯大。母亲兄弟姐妹四人，也许是从小就没有父亲的缘故，其兄弟姐妹之间的感情特别深厚，是一种不体现在言语上的深深依恋和牵挂。大舅、小舅、姨娘及母亲，年龄由大到小，其四人的离世顺序也如此，还巧合的是，母亲七月初三子时离世，这正是我大舅出生的日子和时辰。

母亲 16 岁嫁给我父亲，19 岁时生下我大哥，一共生育了 7 个小孩，其中我上头的一个哥哥，约 3 岁时，因生病去公社卫生院打针死亡。据我父亲后来介绍的情况，应当是用药错误造成。但在 20 世纪 70 年代初的农村，一个农民家庭没有任何力量去追究医院的责任。这件事对我母亲的精神刺激很大，记忆力减退不少，此后几十年里，母亲每到晚上就感到害怕，一个人不敢待在家里。

母亲劳作一生，带养小孩、烧茶煮饭、打扫卫生、浆洗衣服、打理菜地、养猪喂鸡、纺纱织布、纳鞋、做针线活，一天到晚做不停。尤其在缺衣少食的年代，白天在外劳作，晚上纺纱、做针线活，经常是孩子们准备睡觉的时候，母亲就坐在一个大大的纺纱机前开始纺纱。劳作的概念，在母亲的脑中已是根

深蒂固。母亲到了 80 多岁，记忆力严重衰退，不认识亲人和回家的路，人要依靠轮椅推着走。有一次母亲坐在轮椅上，我想帮她把指甲剪短，但母亲不给剪，说是没有了指甲，怎么掐菜。

母亲是个忍耐力很强的人，无论是做事，还是立世做人，母亲都坚持这一点。母亲常说，做人要相得让，吃点亏不要紧，一个人要肚量大，要装得下东西，不要到这家讲那家，到那家又讲这家。我家是 20 世纪 50 年代搬到现在的生产队居住的，作为外来户，多少会受到一些排挤，但母亲与周边邻居相处得好，在我记忆中，母亲没有与周边的人吵过架。村子里的人，都尊敬我母亲，母亲在腿能走但已不认识回家路的那几年，邻居们见到我母亲稍微走得远些，就会主动把我母亲牵送回家。

在 20 世纪 60 年代，家里人自己粮食不够，但母亲对自己更困难的邻居，尽量给予一些接济。母亲一生有个习惯，即使遇上饥荒年，自己家里没米只能吃红薯，但家里的米缸必须留有一小碗米，以防上门讨饭的人落空，母亲认为在外讨饭的人太可怜。在大炼钢铁、大办集体的那几年，母亲被安排去厨房做饭，一个人要为 300 多人蒸饭、做菜、洗碗筷。由于劳动量巨大，每天必须天没亮起床做早饭，晚上要为出夜工的做吃的，一天 10 多个小时，没有任何休息。母亲撑了两年后，骨瘦如柴，终被累倒，大家都以为母亲会死去。当时，父亲已为母亲准备好了棺材。

母亲对子女管教严格，要求子女要勤快，做事情不能偷懒，做人不能任性。如果我们兄弟姐妹做事稍有偷懒、敢耍性子，肯定要挨打。记得我小时候，一个冬天的晚上，天很冷，我非要用冷水洗脚，母亲劝了几句后，我仍不听话，

/// 人物名片 ///

李新良：湖南宁乡人、广东湖南商会副会长、广东新媒体产业园董事长

母亲抓着竹条就把我揍了一顿。

哥姐有了小孩后，母亲经常叮嘱哥嫂、姐姐，小孩子有点聪明的表现，不要动不动就表扬，适当肯定就好了，小孩犯了错，做父母的一定要严肃一些。

母亲自己没念过书，但母亲省吃省穿，尽最大努力送子女多念书。母亲除送子女多读书，还要求子女多到外面见识，敢到外面闯，母亲认为"人不出门身不贵"。我16岁就离家到外县去念书，此后又到广东工作，父亲有时难免会唠叨我，这时母亲就会制止父亲，说是父母唠叨多了，子女在外会不安心。

从父母辈繁衍下来，有40多人。作为一个大家庭，相处非常和睦，这得益于母亲的治家理念。在我们家，儿子与儿媳妇吵架，不管谁有道理，挨批挨骂的肯定是儿子。子女长大成家后，母亲常对父亲说，手心手背都是肉，对待子女要一碗水端平。

母亲一生最怕给人添麻烦，能自己做的事情一定不会让人帮忙，在子女面前也是一样。父亲走后，我们兄弟一直想请一个人照顾她，但母亲一直不同意，直到生活不能自理后才同意请人。

母亲遇事，一定是先反省自己。父亲走时，接近80岁高龄，当时母亲已经是74岁的老人，但母亲仍担心是不是自己把我父亲克走的。

我们知道，母亲对儿孙、亲人无限眷恋，不忍舍弃离去，但母亲走时，走得平静安详，没有痛苦，也许是母亲最后一次践行不给人添麻烦的理念，少增后人的痛苦。

人家说，妈在家就在。我二哥说，妈不在了，饭没法吃。妈生活不能自理后，与我二哥住在一起，妈走后，吃饭时二哥仍给妈备好了碗筷，坐下来后，才突然意识到妈不能再坐在一起吃饭了。

我二哥说，梦见母亲已转世为一美少女。中国人讲生死轮回，但愿这是真的，母亲的今生太苦太累，希望母亲的来生可以活得轻松些。母亲与父亲的夫妻情缘58年，感情笃深，父亲走后，深深感受到母亲内心无比的不舍和孤独。

2017年七夕，为母亲办完了西去的全部法事，当晚，三哥问卦，母亲与父亲见上面了。

母亲，您就放下一切，安心与父亲好好再续情缘！

137

·扫码收听·

自 从母亲嫁来后，父亲便一直照顾着她，直到她去世。母亲是在我 16 岁时去世的，每年，我们都会祭拜母亲三次，分别是大年初一、清明和七月。

卢玉恩：父亲常说，我们不要忘本

口述｜卢玉恩　文｜李悦涵

138

小时候我们家住在湘江边，就是现在昭山西面，属于九华。过去那个苦，怎么形容呢？有一句话，叫"天晴一把刀，下雨一团糟"。

那时候的路都是泥泞的，泥土被挤得变形了，晒得就跟刀口一样。我们家门口有一个池塘，房子旁有一个渠，中间隔着一条马路，家后面是山。我出生之前，如果街上看到有人来讨米，就知道一定是从我们那个地方来的。

20 世纪 90 年代，我们那里的人很勤劳，做小生意的特别多。虽然隔着湘江河，但到长沙株洲还是很近。我小时候就骑过自行车送小菜到长沙来卖。现在我们原来住的地方，房屋已经全部被拆了，变成了高楼林立。

我是 1993 年出去务工，2006 年在长沙安家，三年后返乡创业的。从 1993 年到现在，家乡发生了巨变。现在到我们老家去，在路上开车，如果没有红绿灯的话，那比高速公路还跑得快。

小时候印象最深的事情是玩龙灯，从正月十一玩到正月十五。村子里每到这个时候，舞龙舞狮队的穿戴整齐后，带着锣鼓，敲敲打打、挨家挨户地去表演，每家主事的长辈都会给他们发红包。但我们小孩子会专门做"稻草龙"去要，跟着他们屁股后面抢红包。因为稻草编织的龙，寓意着粮食，是最大的，所以他们必须给红包。抢到舞龙队的红包后，我们"稻草龙"才会给他们让路，让他们去下一户人家。

我的父母亲是通过乡亲做媒认识后订婚成亲的。订婚后，母亲秋收去挑稻谷，把脚崴了，从此就没站起来过。我外婆真是很好的人，母亲脚崴了后，她很不好意思，就劝我父亲把婚退了。但我父亲说：既然已经定了，那就是上天安排的。就这样，父亲便照顾了母亲一辈了。

我母亲虽然是残疾人，但她确是非常能干，而且贤良淑德。没崴脚的时候，她一个女孩子就能挑一担稻谷。崴脚后，她便用手工做了很多竹制品，不仅如此，那时方圆几十公里用的蚊香都是她手工做的。她要是在现在的社会中，肯定是残疾妇女的楷模。

1993年的时候，我在河南。那个年代没有电话，通消息还要发电报。一天我收到消息，说母亲病危了。当赶回去的时候，已经有一两百人围在家里了，一进去后我就叫妈，我抓着她的手冰凉的，脚也是凉的，我抱着她，眼泪就刷刷地流下来了。乡亲们说，你母亲已经等了三天了，这口气没咽下去，就是等着看看儿子。那时候我真的觉得母亲是在等我。那时候我才16岁，哥哥才20岁。

母亲走的时候，父亲正当年，只有56岁，但父亲为了我们不学坏，他一直没有再找伴儿。

就这样，我父亲靠他一个人的劳动力来养活这一家。我只记得，每天晚上我们要入睡了，父亲还在外务工。

父亲对我们非常慈爱。有一次，我和哥哥去放牛，在田里放了一会儿就跑去玩了，结果把牛丢了。回来后眼看着就要挨打了，我就开跑，跑了之后，我

———————// 人物名片 //———————

卢玉恩： 湖南省政协委员、湖南应德恩农业科技发展有限公司负责人

◎卢玉恩 81 岁的父亲还能进社区抖出对联。父亲说他别无所求，只望家人平安、和顺

父亲会说，这家伙聪明，其实我知道他是舍不得打。父亲从来不打女孩子，姐姐从来没挨过打。哥哥性子直，他不计较地让父亲打，所以被打的最多的是我哥哥。父亲有一个绝活儿，他可以两只手同时打算盘，你用计算器也算不过他。这边报数据，他两个手一打，计算器还没来得及输入数字，他那边结果就出来了。

父亲经常说，三姊妹中我的命最好，5 岁的时候国家就分田到户，大家直接就有饭吃了。我也的确没有像其他兄弟姐妹那样挨过饿。不过，小时候家里还是太穷，所以每次我都特别希望舅舅过来，他来了，家里就有肉吃了。舅舅也因为我母亲的关系，一直特别感念我父亲。

后来，不管我们在外面的事业做得怎么好，在征收以前，父亲就要求家里面的地不能荒。所以我们不管跑多远，家里面的田从来没有荒过。父亲常说，我们不要忘本，要常常想想过去。

现在我们做人的一些观念，都跟我父亲的教育有很大关系。年轻时，我们在外面打工，怎么样都受人欢迎，就是父亲说了一句话，年轻人力气花不完，今天累了，晚上睡一觉就好，别人在那里休息，你可以多做一些，多做一些别人不愿意做的事情。

◆本文原载于【文史博览·力量湖南】微信公众号 2019 年 2 月 16 日

·扫码收听·

芳 萱之惠，不仅让我铭感于心，更是萌及后代，是受用不尽的福祉。有母亲这样无私而温情的照料，坚韧而顽强的守候，我一生感恩。

郭京良：
我做的一切，都是对母亲的纪念

口述｜**郭京良**　文｜黄　璐

在巴西生活和工作20余年，我的一口京腔普通话依旧未变。在北京出生、成长的我，被问起与湖南有何渊源时，我会自豪地说：我的母亲是湖南人。

2019年7月28日，我成为省政协湖南发展海外顾问，获颁聘书。此时，我遥遥思念远方的母亲，写下一句话：妈妈！儿子肩上的担子重了，多为家乡做事来报答……

一

我出生在一个军人家庭，在这样崇尚铁骨、坚守砥砺的环境中，母亲温和而坚韧的性格与爱，对我的一生影响至深。

我的母亲是湖南安化人，她的一生可谓经历颇丰，她有着如同大海一样的心胸。

1948年，母亲十几岁，听说长沙有解放军驻扎，便怀揣着参军的心愿，独自一人去往长沙。当时两地之间交通不便，没有通车，母亲一路为人打工挣钱，以图果腹。历经辛苦，她在1949年的衡宝战役中于长沙入伍，并在之后遇到了我的父亲。

父亲是 1937 年参军的老八路。从父辈开始，我的一家，就与军队结下了不解之缘——我的四位亲兄弟及兄嫂都是军人，家族成员遍及陆、海、空三军及武警。

我在 14 岁就去当兵了。当时没有电话，我和家里联系只有靠写信，一个月两封，这是我在当兵的艰苦中能感受到的难得的温情。

为了锻炼我，母亲将我送到东北最艰苦的地方。在最苦的冬春相交之时，我们只能吃高粱米配盐水。再苦一些的时候，我们吃豆腐渣。等到茄子一成熟，我们早晨蒸茄子，中午煮茄子，晚上还是茄子，没有一点油星；等土豆成熟了，一日三餐便是土豆……

条件艰苦，但父母教育我：当兵就一定学会吃苦。所以，当时的我也会有意识地磨砺自身——别人不愿意干的事情我都抢着去干，任何训练都十分认真。

也许是自己性格也比较好强，哪怕当时年龄小，也稳着力、提着气扛枪，把背挺得笔直。尽管当时也有父亲的原部下在部队，但我记得母亲的提醒：不跟他们有任何联系，不能接受任何的帮助。

我所有的任务都自己独立完成。也因为表现优异，18 岁时，我在部队加入了中国共产党。

二

我的父母都参与了抗美援朝战争，直至 1958 年随杨勇司令员最后一批撤

142

人物名片

郭京良： 湖南省政协湖南发展海外顾问、巴西 PEILIANG 实业集团有限公司董事长、巴西中国经济文化发展协会会长、巴西华人协会荣誉会长

◎郭京良的母亲

离，其所率部队（支队、团）整建制并入铁道兵第十师，投入到鹰厦、京原、青海省黄陲及成昆铁路建设。

父亲担任第十师后勤部部长，母亲在总字五三二部队任军需助理员。由于铁道兵部队机关前移，家属基地留守，所以母亲则留下来照顾家庭。我在北京良乡出生，于是就有了现在的名字：郭京良。

可以说，我们家一直在全国各地辗转。印象很深的是，当时的全部家当就装在两个大箱子里，还有一台比较值钱的缝纫机，因为经常搬家，最后它的架子都不灵便了。

在部队大院里，母亲自觉地担任起一个"大家长"的职责——不仅要照顾五个孩子，还会主动照顾院子中的其他人家。

这完全是源于母亲发自本心的善良和热忱。每每谁家有困难、有纠纷了，都会来找我的母亲，或是唠唠苦衷，或是请求帮助，母亲从不拒绝，常在工作之余挤出时间来真诚无私地帮助他人。

因母亲是安化人，每每益阳老乡来北京时都会来找母亲。母亲可谓是安化驻北京"民办"办事处副主任——是没有任何职务、也没有经过任命、但大家都认可的人。

同乡到北京，母亲都会亲自去接，或安排他们住招待所，或直接到家里住下，床铺不够就打地铺，尽全力安排好乡亲们的食宿行。印象中的母亲总是这

143

◎郭京良全家福

样尽心、无私地去照顾人家：锅炉房工人的女儿当兵，老乡在北京找工作……她都能细心地去留意并热心地帮忙。

无私地散发善意和正能量，已是她生命中最习以为常的一部分了。

母亲对别人无私，对自己却相当节省。其实我们家的条件也还不错，按照当时的标准算是高干家庭。但在这样的环境下，母亲对我们的教育是要保证不浪费、不奢靡。

144

就如我从小一直都穿着"地震服"——衣服上下全是补丁。我们家的衣服，从来是弟弟捡哥哥穿剩的——我前面有4个哥哥，他们去当兵了，旧衣服就顺延留给我穿。

记忆中，唯有到过年，我才难得穿上一件新衣裳。

三

1984年3月，我的父亲过世。1984年5月，我上了战场前线，母亲并不知情。

当母亲刚从失去我父亲的悲伤中走出来的时候，1985年，她又受到了一个打击：我在前线负伤了。

北京市政府将消息告诉母亲后，母亲二话不说，即刻奔赴昆明来看我。

当时的我已经转到了总医院，其实也是在情况稳定后才将病情通知家里。当母亲看到我的那一刻，她把悲痛深深隐藏在心底，坚强地宽慰我、照顾我。

得知我的右耳因被炸伤而失聪，母亲坚定地同我说："耳朵听不见了，没关系，咱们还是可以找对象的嘛，该做什么还是可以做的！"当得知我的面部神经有所损伤，母亲开玩笑宽慰我说："嘴巴也没事儿，挺好的，谈恋爱还可以拿本书、拿束花，装文静点……"

当时，很少人敢去我们医院——草地上放着的全是假肢，气氛实在有些压抑。

可母亲不但不在意，还四处看望我的战友，鼓励这些晚辈。她的乐观豁达，成为我走出人生阴影的最大力量，也鼓励了我的很多战友，给了他们面对生活的信心和勇气。

四

记得母亲对我们五兄弟的教育是相当严格的。生活中做错事了，我们得挨打；在学习、工作上，母亲不一定要求我们拿第一名，但要求我们做任何事一定要努力。

母亲对我们的教育，也延续到了我的下一代。

我的三个孩子出生在巴西，但到4岁上幼儿园的时候，母亲要求都送到北京来，接受中国文化的熏陶，直到小学四年级才回到巴西。她要求我的孩子们一定要学中文，以至于现在他们可以用标准的中文交流，能听、能说、能读、能写，唐诗宋词也会背。

母亲这样重视孙辈的教育，或许也是因为"文革"时，我们这一代都没有好好上过学。母亲对孙辈的学习寄予厚望，经常和他们讲我们小时候怎么受苦、读书条件多难，让他们懂得珍惜教育的可贵。

孩子们也很争气。三个人都考进了巴西圣保罗大学理工学院——在巴西参加全国高考，需要全市100名以内才能进这所学校，每年每学科只招60人。

记得有一次，我带着大儿子去参加一个比赛，当时巴西一所学校的校长上台讲话，由于只会讲葡语，没人给他当翻译，这时我儿子就自觉地跑上讲台，担任中文翻译，他的表现也得到了校长的肯定。

这一点令我很是骄傲。乐于助人、学以致用，这些优点都是孩子们从奶奶那里学到的。

145

五.

也是因为母亲，我更多懂得换位思考，更多替他人考虑。

在部队带兵时，不管谁犯了什么错误，我不会马上批评或者反击，而是首先思考对方为什么这么做，是不是有什么苦衷。多容忍一步、退一步思考，便愈发懂得母亲待人温和、处事包容的心态，许多矛盾也可迎刃而解。

在巴西经营企业、管理公司时，我也将母亲的智慧运用在管理上。对很多人来说，巴西工人难管，但在我的企业中，员工们工作尽心尽力、毫不懈怠。他们所有人都叫我"爸爸"，而不是称呼老板，彼此间的关系就像亲人一样。

像母亲一样，我用心对待身边的每一个人，公司也成为所有员工共同奋斗的一个大家庭。

这些年来，作为发起人之一，我组织成立巴西北京侨民总会、巴西和平统一促进会等组织。作为一个在外打拼多年的华侨，能助力真正的中国制造走向世界，所有的付出都是值得的。

我在巴西成立了"湖南之家"，作为巴西地区首个专门展示展销湖南产品的大型国际性展贸平台，可以直接有效地将湖南产品推向巴西。

被问到做这件事的初衷是什么，我想，一方面这也许是久居海外发自内心的爱国情结！而另一方面，我将深深的思念放在心底：我所做的这一切，为纪念我的母亲！我的母亲是湖南人，她来过巴西，也很喜欢这个国家……

芳萱之惠，不仅让我铭感于心，更是荫及后代，是受用不尽的福祉。有母亲这样无私而温情的照料、坚韧而顽强的守候，我一生感恩。

我永远怀念我的母亲。我做的一切，是对她的纪念。

◆本文原载于【文史博览·力量湖南】微信公众号 2019 年 8 月 14 日

·扫码收听·

我始终谨记母亲的教诲：勤为本，孝当先，只要做到孝顺和勤劳这两点，就会拥有成功的人生。

彭锦路：勤为本，孝当先

口述｜**彭锦路**　文｜**夏丽杰**

1987 年，我从湖南大学毕业后到荷兰发展，如今已经三十多年，我从一个毛头小伙子变成了一个丈夫、一个父亲。回溯记忆，父母教给我的美好品质，已经牢牢刻在我心里，无论我走得多远，无论我成长到几岁，都与我如影随形。这些美好品质，我也一步一步传给我的子女，便成了我们家的家风。

一

印象中，母亲有无边的温柔和爱，无论是对我，还是对外婆，甚至是素不相识的陌生人，都是如此。她总是很有爱心，以善意待人，看到可怜的人，就一心想着要怎样帮助人家。这种善良深深留在了我的脑海中。

实际上，现在回想起来，母亲对我是很"厉害"的爱——在我成长过程中，她从未批评过我一句，从未打骂过我一次。这在父母教导子女的过程中是难能可贵的，恐怕没有多少父母能做到，而我的母亲却做到了，所以我觉得她很"厉害"。在我眼里，她是温柔、慈祥的母亲，对我总是关爱的，在生活上非常关心我，她的爱像四月雨一样温润。

　　母亲对外婆的孝敬让我印象尤其深刻。因为家中兄弟姊妹多，生活压力大，母亲年纪轻轻时，就懂得为父母分担家庭的责任。十七八岁时，母亲就开始出去做事，赚的钱全部交给外公外婆，用来补贴家用。虽然辛苦，母亲却从无半句怨言。现在，有些与母亲相识多年的人总说，我母亲家中八个姊妹，她最孝顺，所以她的儿子最有出息。我想，这大概就是善有善报吧。

　　父亲很早就过世了，母亲现在身体不是很好。我现在大部分生意都在中国，基本上每三个月回来两次，每次回国，我都要陪母亲，相当于回中国公司就是回来看母亲。回国时，晚餐可能需要在外做一些应酬接待，但是午餐我从来不在外面吃，一定要和母亲吃饭。

　　在我看来，这是要尽的责任，是应该要做的事情。对家人的关怀，一定高于我的工作。这次"推进湘南湘西承接产业转移示范区，对接粤港澳大湾区产业融合发展"高峰论坛系列活动，因为母亲摔伤，我请假没有去。虽然这是很重要的活动，但是因为母亲在医院里，我还是要陪母亲，因此也取消了很多工作活动和接待。

　　母亲对我的教育除了孝顺，对我影响很大的就是教育我们要勤劳，勤劳致富，所以我们几个子女都不懒，什么事都做。这是最好的家风。

　　我母亲对我的学习成绩从来没有要求，从来不会让我一定要做到如何有出息，要做到多么成功的事业，她对我的要求是朴实简单的：你自己能够养活你自己，养活你的家庭家人，就已经很好。在这样没有压力、充满关爱的环境里长大，我反而获得了小小的成功。现在，我对我自己的孩子也是这样要求的：你们将来想做什么职业都可以，只要能够养活自己、家人，就已经足够。

// 人物名片 //

彭锦路：湖南省政协湖南发展海外顾问团成员、荷兰莱茵集团董事长、Station 9 啤酒厂董事长、荷兰湖南商会会长

二

我们中国有 5000 多年历史，文化底蕴深厚，国外的现代文明可能在某些方面比我们要完善，但要说文化底蕴，中国的地位之高是无可置疑的。我想，中国文化的教育传承绝对不能丢，我们家庭教育最主要的内容，就是将中国文化好好地教给下一代，希望我们的下一代能够把中国文化传播出去。

所以，虽然我的两个孩子在荷兰长大，但是他们能够说一口流利的长沙话和普通话，还能够写汉字、看懂中文报纸。我要求他们，在家里只能讲中国话、讲家乡话。

我非常重视孝道文化的传承。我特别教育我的小孩子，一定要把对家人的关爱放在最重要的位置。在跟我夫人回中国之前，我严肃地和女儿讲：你上面有外公外婆，下面有弟弟，我和你妈妈不在的时候，你就要负责照顾家庭，要照顾好老人和小孩。她果然做得很好。

在女儿 12 岁时，我把家里的阿姨辞退了，叫两个孩子自己来做家务。他们自己洗菜、做饭、扫院子、洗碗，什么家务活都干。我还培养我儿子去卖报纸，一个小时大概能够挣五块钱，虽然并不差钱，但是我要他去做，让他养成靠自己双手挣钱的习惯。我觉得，一定要让孩子们认识到，劳动所得才是最实在的。现在，他们也养成了勤劳、肯吃苦的性格，很乐意去做家务、打工挣钱。

和孩子们聊天时，我常说，家有金山银山，不如薄技伴身；家有良田万顷，不如薄艺在身。一定要学门技术，一定要靠自己的双手去劳动，一定要勤劳，才会获得知识，才会有智慧而能够养家糊口，这应该是我们的家风。

我始终谨记母亲的教诲：勤为本，孝当先，只要做到孝顺和勤劳这两点，就会拥有成功的人生。

149

◆本文原载于【文史博览·力量湖南】微信公众号 2019 年 8 月 10 日

·扫码收听·

我 始终感谢父母看似散漫的教育方式，因为这反倒促进了我养成自觉的意识和良好的自制力。我和我的孩子，都在这种"放养"中，走向独立的人生。

熊立新：在"放养"中走向独立

口述 | 熊立新　文 | 夏丽杰

从小到大，父母对我的教育始终是一种"放养"的方式，任由我的个性自由发展。

一

小时候，老师会把考试成绩单密封起来，让我们带回家让父母打开，父母看过之后签了字，我们要再把成绩单带回学校交给老师。每当这时候，都是同学们最担忧和忐忑的时候：要是考得不好，免不了挨一顿毒打！

但我从未有过这种烦恼。父母早早就对我讲："你的成绩单你自己先看看，你觉得满意，可以给父母亲看，你就给父母看；如果你不给父母亲看，也没有关系。我们不会强求一定要看到你的成绩单。"

父母对我有充分的信任，不管是我自己的什么事情，都让我自己做主，让我自己心中有数。有些父母会担心，这么"放养"孩子，会导致孩子堕落、不思进取，所以给孩子制定许多规定，想用条条框框规训子女，使他们养成好习惯。

但是，无论规矩如何制定，最终按照规矩做事的过程，都还是要靠孩子自己自觉去执行的，父母的眼睛不可能 24 小时盯着。事实上，父母给予了孩子极高的信任的时候，做孩子的能够感受到这种信任，会受到鼓舞，也断不会让父母失望。当父母告诉我可以自由选择是否让他们看成绩单时，我暗暗想：我要做好，要做得更加好！让爸妈高兴！

我始终感谢父母看似散漫的教育方式，因为这反倒促进了我养成自觉的意识和良好的自制力。

初高中时，天气很冷的冬天，家里的大人们都会去烤火。大家围着暖烘烘的火炉聊着天，是很舒服惬意的。别人都去享受了，谁又愿意吃苦呢？这样一来，原本还坐得住的姐妹也没有心思学习了，纷纷被吸引过去，也烤起火、聊起天来。

舒服的代价是，大段时间花费在聊天上，学习就耽误了。

这时候，父母对我一贯"放养"的教育方式所达到的效果就显现出来：我很自觉，在大家都去烤火聊天的时候，我能抵制住诱惑，把自己关在一间小房间里独自学习。我清晰地记得，那时候寒气刺骨，我在一间冰冷的屋子里学习，没有任何取暖设施。学习时，一直坐着不动，时不时脚就冻僵了。我就在这种环境里坚持着，一道道数学难题的解答，一篇篇经典文章的领悟，都让我更有学习的劲头，内心一点都不觉得冷！中学期间，虽然父母从没有要求过我，但每一个冬天我都是这样度过的。后来，我如愿以偿考上了心仪的大学。

在长期的"放养"中，我形成的良好自制力，已经到了不为外界所动的地步。对于没有接受过这种教育方式的人来说，这种自制力在充满诱惑和所谓"人情"的场合中是很难保持的。

151

╱╱ 人物名片 ╱╱

熊立新：湖南省政协湖南发展海外顾问团成员、加拿大盛德资源集团董事长、加拿大湖南商会联合总会创会会长

◎熊立新和子女

二

父母不用语言约束我的同时，身体力行为我做出榜样。我父亲以前是一个运输司机，母亲是一个裁缝。他们不仅勤劳，而且是赚钱能力比较强的人，所以我们家是相对富裕的家庭，那时候没有怎么吃过苦。

在我的印象中，他们对待自己的工作很负责，对家庭也有很高的责任感。虽然他们只要一个人赚钱就足够我们家的日常开销，但是他们都很辛苦努力地工作，都不会对彼此说：你来赚钱，我需要休息；而是都说：我们要不但能够养活自己，还要好好地养活这个家庭。

我曾经看到过父亲的一个本子，上面密密麻麻记录着他借给别人的钱，无论是谁来借钱，他都来者不拒。这个亲戚借五块，那个朋友借两块，哪个邻居又借三块……那个时候，五块十块都是比较大的钱了，父亲借钱给别人的时候却丝毫没有迟疑，他就是这样慷慨善良的人。

父亲对我并不严格，一直比较平和，但并不是毫无原则。有时候我做了错事，他会责备自己，而不是责备我。

我永远忘不了十岁时发生的一件事。

那一次，父亲带我一起去运送医院要用的药品。途中，父亲下车办事，把我一人留在车上。

十岁，正是最好动的年纪。我坐在副驾驶位上，这看看，那看看，这摸摸，那碰碰，好奇得不得了。我忽然发现，也许是父亲太着急，忘记取走车钥匙，车虽然熄了火，但是钥匙并没有拔下来。

平时，我也常常看父亲开车，每一次他一拧这把钥匙，车子就会震动起来，自己往前跑。现在，这把钥匙就在我眼前，我手里痒痒的，很想试试。冷静抵不住好奇，我学着父亲开车时的样子，一拧钥匙，"隆隆隆——"车子果然动了起来！紧接着，就开始往前驶去。我兴奋极了！

我在车里神采飞扬，完全不明白情况有多危险。父亲的一个徒弟正在路边，一抬眼看到这副情景，吓得魂飞魄散，立马飞奔过来，着急地想要停车。然而我还坐在车上，他害怕伤害到我，不敢贸然做出什么举动，没有找到好的办法，他只能透过驾驶室窗户，在车外用力把方向盘打向路的侧面。

结果，车翻倒在了路边的小水沟了，我人没事，车上载着的药品却一下子倾撒下去，大都压碎了，药水流了一地。

20世纪80年代，各种物资都比较短缺，药品更是珍贵的物品，一整车的药品基本报废了，损失是巨大的。我意识到自己犯了大错，忐忑不安地等着父亲回来。我悲哀地想，这次一顿打是逃不过了。

父亲回来以后，看到一地狼藉，听徒弟说了事情经过。出乎我的意料，徒弟说完之后，他对我没有任何惩罚，没有任何打骂，甚至，从始至终，他对我只是沉默，连指责都没有半句。

153

回去的路上，父亲沉默了一路，但是我能清楚地感觉到，他非常责备自己。发生了这样的事，完全是我的错，但是父亲却自责，觉得是他自己的过失。我造成的后果，承担的人却是父亲——他因此受到了严厉的批评和处罚，但他始终沉默着，没有告诉我。

这让我的内心感受到巨大的冲击，我永远都无法忘怀，它始终提醒着我，做事要谨慎。我觉得我亏欠了我父亲太多，恐怕我这辈子都无法还清这笔债。

三

当我成为父亲之后，我对我的孩子们也是"放养"策略。女儿在加拿大长大，很小的时候就开始安排自己的事情。她自己有主见，上小学，上中学，都是她自己安排的。她小学毕业的时候，因为成绩优秀，被选为学生代表，受到了魁北克省省长的接见。她要读中学的时候，我没有要求她一定要读什么中学。

她选好想去的学校之后对我说，她想读什么初中，我说完全可以，按照你的想法来。

现在我的女儿20岁，才在加拿大最好的大学读完大二，但是已经在加拿大最大的银行里找到全职的工作了。我觉得对她的教育是比较成功的，她完全是自由的，会自己给自己定位，只是偶尔来征求我的意见，她是一个很有主见的孩子。

我的小儿子在9岁之前一直在加拿大，中文基础基本为零。在他9岁回长沙读书时，我没有给他很大压力，只是告诉他：现在中文对他来说最重要，希望他好好学习中文。他学习非常努力，到第二个学期中考时，居然从最初的零分考到94分——这已经差不多是班里语文最好的同学的水平了。这一年，在他的生日会上，班主任老师居然给他敬了一个礼！老师说，这么做是因为儿子的言行给班上的同学带来了很多正能量。我听了很欣慰：他不但学会了自律，还会在团队中做出表率。

我觉得家庭教育是一个良性的过程，父母给孩子较多的信任和自由，孩子大都不会辜负父母的期待，能够形成很完善的人格。在这种"放养"的状态下，反而自己会很有主见，很努力。我和我的孩子，都在这种"放养"中，走向独立的人生。

◆本文原载于【文史博览·力量湖南】微信公众号 2019 年 8 月 17 日

当 我用毕生所学的护理专业，陪伴父亲安详地谢幕人生的那一刻，我觉得是一种幸福。

李霞：我的性格，满是父母亲的影子

口述｜李　霞　文｜彭叮咛

我时常羡慕我的妹妹，因为她未曾离开过父母身边半步。

我是一个非常恋家恋父母的人，父母的言传身教对我人生观的形成起了极大影响。然而，命运却让我离家最远最长，在德国生活 20 年多年，这份思家的牵挂就像一坛老酒，愈发浓烈。

一

年轻时的父亲英俊潇洒，尤其是骑着那匹枣红马奔驰而来的那一瞬间，令我记忆犹新。忙碌严肃的父亲，对待工作和生活一丝不苟，受他的影响，我对待工作的态度像极了他。

在父亲 18 岁时，爷爷突然去世。父亲是家中长子，不得不中断私塾的学习，担起了养家糊口的担子。那一年，他子承父业，开始做起了往返草原的买卖，赶巧遇上内蒙古建设直属的现代化牧场，大量支边青年纷纷来到闪电河畔元上都的闪电郭勒牧场，父亲也不例外，投身到轰轰烈烈的新中国建设大潮之中。

父亲做过点心学徒，厂里过年过节的点心都是父亲负责。冬天，高高大大的父亲总是穿着厚实的棉大衣，早出晚归，入夜他一回家，睡梦中的我们就能闻着衣服上的点心味道，馋得不行，当时不理解为何父亲不带几块给我们尝尝，长大了才知道这是父亲的公私分明。有一次，厂里为缺面粉样品柜子犯了愁，父亲二话不说，从家里将母亲随嫁的那个三节大红柜搬了去。母亲也不细问，她觉得只要是父亲的决定，都是有道理的。

后来，极富经商才华、兢兢业业的父亲很快受到场部的提拔，成了副厂长。身为领导，但他从不搞特殊，打草、打井都和职工们一起，草原起火他永远冲在前面。父亲性格活跃，还记得有次春节，父亲身着长袍手拿蒲扇，表演了一段自编自演的相声段子，将闪电郭勒牧场的好人好事统统加进相声，牧场邻里都很感动。我敬佩着他，父亲的担当潜移默化地影响着我。

二

我的母亲生性温良，是一个典型的中国传统女人。

父亲在多伦庙会上对母亲一见钟情，便四处找人说媒，后来才发现自己和姥爷竟有过"不愉快"。姥爷是当时商行少有的专业牛羊评估技术员，那双犀利的眼睛看牛羊入骨三分，说这羊能出 30 斤肉，绝不止 29 斤，说这皮毛是一等品，绝不会是二等货。当时父亲初来乍到，质疑了姥爷，还发生过争执。

姥爷实在会看人，他对媒人说，"那个小伙子，是一个买卖行家，培养一下是个人才，把闺女许给他没问题。"就这样，父母亲婚后生活在了草原，我便在牧区出生。

———————— ∥ 人物名片 ∥ ————————

李霞：湖南省政协湖南发展海外顾问团成员、汉堡华人妇女联合理事会理事、德中护理协会会员、专家顾问、德国威尔芬学院特聘护理专家、汉堡 Schon 医学院健康－疾病护理师

在母亲为人处世的智慧中，我渐渐学会了包容和理解。

母亲非常聪明，虽然没有上过学，但她的心算、珠算都难有敌手，她心灵手巧，自学裁缝，各式各样的裙子、中山装、风衣都会做。母亲很简单，在她的世界里，家人为重，自身为轻，印证了那句古话"嫁鸡随鸡，嫁狗随狗"。

任劳任怨的母亲和父亲一起撑起一个家，姑父病了母亲带着乌鸡去看望，婶子坐两次月子，做饭洗衣护理婴儿，都是母亲去照料。她没有过一句怨言，也从不觉得这是难事。

父母亲结婚后，把奶奶也接到了草原生活，母亲就一直照顾着奶奶，朝夕相处从来没有红过脸。在那个物资匮乏的时期，作为一个传统的中国女性，母亲鉴于奶奶身体不好，又担心给娘家带来负担，她结婚后18年都没有回过娘家。

受母亲家庭观念的影响，我也成了一个非常重家庭的人。在国内时，我和公公婆婆生活在一起16年，相夫教子孝敬公婆，后来公公脑中风瘫痪，我和先生一起护理了5年，以至于我们出国了，婆婆独自黯然泪下。

三

1998年，我前往德国工作，一向开明的父母亲像往常一样地支持我，这让我在他乡多了几分从容。上了岁数的父亲开始从严厉变得柔和，尤其是我到了德国以后，更是默默地关注着我，只要一看到新闻里有关于德国的事情，就会忍不住记录下来，就像看到了他的女儿一样。那时候几年才能回去一次，机票、国际电话都很贵，甚至寄一次信就要好几马克，纸短情长，信纸的正反面写得密密麻麻，时常超重，而回信一般是由妹妹来写。

父母亲一生历经波折，为了记录下来，母亲80岁时我为她写了一本书，图文并茂地将她的一生娓娓道来，母亲很是喜欢，现在都用崭新的毛巾包裹着搁在枕头底下，仿佛这就是她的一生。后来父亲看了，他说"写得真好"，其实我知道他还有后半句话没说。我就和父亲说，"等你85岁生日我也给你写，不过你的书就不是这么薄了。"父亲很高兴，一直等着。

此后，我一有时间就采访父亲还有他的至交，洋洋洒洒写了一部分，但是因为身处德国加上工作繁忙，这件事情被搁置了，所以心里一直带着遗憾。

父亲88岁那年，母亲做了一场手术，或许是受到惊吓，父亲突然卧床不起，

◎李霞一家人

听说我不能立马到家，医院也不愿意去，更是不吃不喝。我归心似箭，但是现实牵绊，我知道父亲爱体面爱讲究，便在德国给他置办了7套好衣裳。一到家，已经不会说话的父亲看到我，眼神突然变得明亮。之后的日子，我用我在德国学到的高级护理技能，贴身照料父亲，买他最爱吃的水果，给他天天穿上不同的新衣裳，帮他擦拭按摩，我能感受到他内心深处的欢喜。

到第14天，我总感觉父亲的眼光在期盼着什么，职业敏感让我明白父亲的时间不多了，我一下意识到他心里肯定一直惦记着那本书。我马上将写完的书稿翻出来，细细地读给他听，后面没写到的部分也讲给他听，从头至尾一字不漏，他眼睛发光，说到恋爱时他就哈哈地笑，说到苦难时他很激动，最后说到当下，他就安静地躺着休息，我便没再打扰。

那一晚，凌晨3点，父亲安详地走了，双手枕在头下，就像度假一般。我一个人静静地将当天的日历撕下来，写上父亲离开的时间，我用专业知识为父亲做最后的护理。

在父亲离世后的第二天，我整理他的遗物发现他没有寄出的信。信里写满了德国的经济、政治形势和国际局势，以及他给我的一些小建议，那些都是不善言辞的父亲对我的关怀和牵挂，我既感动又愧疚。

现在想来，也不能称之为遗憾。当我用毕生所学的护理专业，陪伴父亲安详地谢幕人生的那一刻，我觉得是一种幸福。

◆本文原载于【文史博览·力量湖南】微信公众号 2018 年 8 月 24 日

辑
三

守望初心
听政协委员
讲家风的故事

·扫码收听·

隔着几十年的人生路往回看，洪江对于我而言，是最美好的一段回忆。

黄洁夫：父辈的烙印，难忘洪江情

口述｜黄洁夫　文｜唐静婷

几十年过去了，回想起那段生活在湖南怀化洪江古商城的时光，很多事情已经和这个时代不接轨了。隔着几十年的人生路往回看，洪江对于我而言，是最美好的一段回忆。

一

我的籍贯一栏里，填写的是江西吉安，但是我出生在位居湖南湘西一隅的怀化市洪江古商城育婴巷5号。这种不一致源自父辈带来的烙印。

我的父亲是江西人，原本在江西当会计学徒，而后来到长沙。抗战期间，长沙沦陷，父亲辗转来到怀化，在洪江古商城里安家。

洪江历史上以集散洪油、木材、鸦片、白蜡而闻名于世，凭借便利的水运条件造就了独特的商业文化氛围，发展成西南商业都会。当时，全国18个省，24个州、府，80多个县在此设立了商业会馆，素有"小南京"之称。在我的印象里，洪江人来人往格外热闹。在洪江，父亲可以两只手同时打算盘，堪称洪江打算盘最快的人。

我印象中的父亲，一直以来从没有因为地域的狭小而遮掩自己的才能，这对我影响很大。我回想自己兴趣广泛，在网球比赛中获冠军、合唱团里担任男高音、擅长书法，这些悟性才干其实都继承自父亲。父亲性格忠厚，在临终前曾对我说："少和钱打交道，不要受制于人。"因此，我在担任中山医科大学"一把手"期间，专门设立常务"管钱"，自己从不插手与经费有关的事情。而父亲让我好好学医的遗言，某种程度上其实也让我规避了风险，实现了人生价值。

而母亲由于是幼儿园老师，待人极为和善，我自小就受母亲品性影响，所以我从医以后一直认为，作为一名医生，最重要的就是要将心比心、为患者着想，人文精神有时候比医术重要，医生首先要有菩萨心肠。

回想在洪江生活的学生时代，有不少难忘的事情。1958年是新中国历史上的"大跃进"之年，全民掀起大炼钢铁热潮。我也和同学们一起担矿石、砸铁矿、拿去炼钢铁，那时候年纪小，砸铁矿砸着砸着就睡着了。当时还要上山砍柴，有很多劳动要做。那时的学生生活和现在截然不同。1961年，我迈入高中，由于思维敏捷，理工科成绩优异，颇受当时的物理化学老师喜爱。那批毕业于高等院校被分配到洪江中学的年轻老师们，其实和学生年龄相差不大，亦师亦友，所以他们教的课我现在都还记得。

其实，当年和我一起读高中的有一百多人，但由于饥荒贫困，最终只剩下近80人坚持学业，我们那一届毕业时，考上大学尤其是重点大学的人数创造了洪江中学前所未有的历史。而我从洪江走出来，后来历任了卫生部副部长、中央保健委员会副主任，也是当初未曾料到的。

━━━━━━━━━ **人物名片** ━━━━━━━━━

黄洁夫： 1946年出生，中国肝胆外科专家，十二届全国政协常委、教科文卫体委员会副主任，原卫生部副部长，原中央保健委副主任（正部级）

◎黄洁夫儿时

二

1961年，父亲因肝病去世，我们兄弟姐妹六人由担任幼儿园老师的母亲一人拉扯大。自1963年赴中山医科大学读书后，直到1967年我才得以跟着姐夫装载木头的车子回了一趟洪江，那时候家里经济困难，来回一次要花费一笔不小的开销。1969年，我大学毕业后被分配至云南昆明工作，1979年考取中山医科大学研究生，毕业后留在了广州，而母亲也随我一同前往广州生活。当时觉得毕业以后能够回到怀化当一名医生就很满足了，哪里会想到还能走出大山，行至广州和北京直到现在。2013年，阔别洪江已经46年，我因母校洪江中学50周年校庆回到洪江，于是写下这首《回乡感赋》：

杏林励志五十春，魂牵梦绕思乡情。

明珠久黯牵愁绪，故友多情促壮吟。

迟暮欣逢同学会，寸草难报三春恩。

返京遥祝家山旺，期盼东风报好音。

46年的别离，看到了老同学两鬓的白发、繁华古商城的萧条，激动欣喜后情不自禁地感伤，因为和梦中挂念的家乡不一样了，小时候看自己生活的古商城，觉得很大，现在像是变小了。古商城还在，生活的地方也还在，但人不同了，时代也变了，和记忆接不上轨了。

·扫码收听·

家风是一个人精神成长的开端，它像一面镜子照映出人的品格，影响人一生的走向。

潘碧灵：人生在勤，不索何获

口述｜**潘碧灵** 文｜**吴双江**

习近平总书记指出，"家庭是人生的第一个课堂""家风是一个家庭的精神内核"。家风是一个人精神成长的开端，它像一面镜子照映出人的品格，影响人一生的走向。

一

我成长于有"老少山边"之称的湖南常德石门，石门属武陵山脉，崇山峻岭，有"湖南屋脊"之称，曾是湘鄂川黔革命根据地的一部分。据《石门县红军将士谱》记载，我的曾外公吴协仲，也就是我外婆的父亲，1897年2月11日，出生于白云桥乡一个贫苦农民家庭。但他从小酷爱读书，1917年考入长沙明德中学，后转入湖南统计学校，受"五四"运动影响，接受了马克思主义，开展农工运动。1925年11月加入中国共产党，1926年回石门组建中共石门特别支部，负责农运；1928年3月，跟随贺龙回桑植组军，任副营长；1930年2月，任红二军警卫团政委，后在湘鄂川黔等地开展革命斗争；1935年11月跟随红军长征，1936年1月在贵州毕节战斗中英勇牺牲，时年才39岁。小时听外婆说，从她出生起，她的父亲就四处闹革命，常常是聚少离多，有几次听说父亲回到了石门，但也是过家门而不入，未能见上面，自从红二军团长征离开石门后，就与父亲失去了联系。

1949年，革命胜利，新中国成立了，曾外公依旧音信全无。外婆鼓起勇气给贺龙元帅去了一封信，询问自己父亲的消息。一段时间后，外婆收到贺龙元帅的亲笔回信，信中说曾外公已为革命光荣牺牲，望节哀承志，继为革命事业奋斗。贺龙非常关心烈士后代的成长，要留外婆的弟弟——我的舅外公在北京工作，后由于种种原因，舅外公被安排在石门县邮电系统工作，兢兢业业一直干到退休。外婆就一直在城郊的蔬菜农场务农，所以我们家也可以说是"红军烈士的后代"，对于这一点我深为自豪。"烈士军属"的匾牌一直悬挂在我舅外公家的大门上，我心中很是羡慕，每次春节在舅外公家团聚的时候，我都要多看匾牌几眼。

外婆后来长期担任蔬菜农场的党支部书记，还兼任了县妇联的领导。她对工作非常认真负责，称得上她们那个年代的"工作狂"，大部分时间都是张罗农场的事情，每天早出晚归，家里的事过问很少。而我外公的身体一直不太好，在我们很小的时候，外公50多岁就因为肺病去世了。家里的孩子怎么办呢？听母亲说，她们四姊妹都是自己奶奶带大的，也就是我的外曾祖母。外曾祖母是个小脚女人，她的丈夫也去世早，年轻时就撑起了整个家，解放前靠给石门中学寄宿的学生洗衣为生，解放后外婆在外勤奋努力地工作，孙子孙女抚养的重任和大量的家务活只能由外曾祖母承担。外曾祖母特别勤劳能干，后来还带了重孙子、重孙女，平常都是粗茶淡饭，但身体一直很硬朗，一年到头很少生

//人物名片//

潘碧灵： 全国政协常委、民进中央常委、民进湖南省委主委、湖南省生态环境厅副厅长

◎贺龙回信

病，一直活到 93 岁才去世。

小时候，最开心的就是在外婆家度过的那些日子。外婆会从农场里给我们带来新鲜的蔬果，外曾祖母则会为我们做拿手的酱油炒饭，还有开水泡的爆米花，那可口的滋味至今难忘。记得外婆家旁边就是一条流经县城汇入澧水的无名小溪，平时不涨水的时候，溪水清澈见底，随时可以看见很多小鱼小虾。每逢周末，我们到外婆家玩，就会拿着撮箕去溪里捕鱼虾，随便一撮，就有不少蹦蹦跳跳的新鲜鱼虾。

165

二

我的父亲出生于石门县盘石乡一个贫苦农民的家庭，父亲成长的孩童年代，家国飘零，动乱不堪，家里存活下来的只有四姊妹，父亲排行老二。父亲青年时为了躲国民党抓壮丁，从家里逃跑了。1949 年 7 月，石门解放，父亲回村当了农会会长。虽然只读过初小，文化程度不高，但他学习起来十分认真刻苦，很快就适应了工作，后来又成为了国家干部。

父亲 20 世纪五、六十年代曾任石门县原四区的区委主要领导，在担任区委主要领导期间，父亲对工作勤勤恳恳、尽职尽责，许多工作都得到了县里的表彰。印象最深的是父亲参加洞庭湖的治理，冬天到西洞庭去"担河堤"，后受到省政府的表彰，每每看到父亲佩戴着省政府颁发的奖章的英俊照片，崇敬之情油然而生。可是"文化大革命"轰轰烈烈开始后，他蒙冤受屈，被作为"当

◎父亲佩戴奖章的照片

166

权派"批斗，被撤职，直到现在我还记得自己和姐姐躲在一张小竹床下面，看着红卫兵押解着"走资派"游街批斗的场景。

在那段疯狂的岁月里，我家遭批斗的还有外婆，贺龙的亲笔信成了造反派批斗外婆的理由，外婆向来心高气傲，哪受得了这种人格上的侮辱折磨，一度曾有轻生的念头。父亲常常白天自己受批斗，晚上偷偷跑到外婆家悉心地开解外婆，这种"同苦相连"的相互理解和扶持，让外婆和父亲终于走过了那段黑暗的岁月。

"文革"中期，组织为父亲恢复了名誉和工作，父亲却不愿意再在之前的工作岗位上干了。经过组织上做工作，最终，父亲放弃了更有政治前途的区委主要领导职位，接受了到皂市镇担任供销社主任的职务。父亲很快把他的勤奋和认真带到了新的工作岗位上，经常夜间我们从睡梦中醒来，父亲还在单位开会未回。

半年多后，父亲又调到了县城河对面的二都乡供销社任主任。那时横在乡上和县里的澧水河上还没有架上桥，河两岸的人们要过河，只能在新街口过轮渡。轮渡分为货运和客运，客运晚上10点后就停运了，货运轮渡则工作至深夜。父亲在二都供销社主任岗位上的一次重大工伤，就发生在深夜的乘货运渡轮后上岸的时候。

父亲为何会出现在货运渡轮上呢？原来是因为他有一次在县里参加关于棉花收购的工作布置会，散会后已经很晚了，客运轮渡已经停运。父亲本可以在县里留宿一晚，第二天再回乡里传达会议精神，可是他觉得这个事情越早传达越主动，就想到乘坐晚点的货运轮渡早点赶回去。和父亲同在那趟轮渡上的，还有几辆装满煤矿的运煤车，由于晚上视野模糊，外加货车司机没太注意货轮上下来的人，不小心将下了货轮推着自行车上岸的父亲撞了，致使他肩锁骨、胸骨多处骨折。

父亲骨折后可没少遭罪，因为第一次锁骨接骨的时候被没有经验的医生给接反了，拖了很久都没有愈合，于是骨折的地方又被打碎重接，结果骨头还是有些错位。因为这次重创，父亲的身体一直没有恢复，手不能抬起，一到阴雨天，骨折处就会阵阵做痛，这种后遗症的痛楚几乎跟随了父亲的后半生。在家治疗和休养的过程中，父亲开始在家自学中医，上学回家后我们常常听到父亲在哼唱背诵中医的"汤头歌"，他还专门拜访民间的中医为师。俗话说，"久病成良医"，不久，父亲成了远近闻名的治跌打损伤和疑难杂症的"名医"，经常为周边的老百姓免费提供治疗服务。记得有一次我姐姐长了疔疮，父亲就从野外采来草药，拌上红糖捣碎，敷在疔疮处，几天时间就给治好了。

父亲受伤以后就再也没有出来工作，但他在家也闲不住，经常在住房周边找一块地去挖，然后种上菜。刚开始我们也极力反对，但拧不过父亲的坚持，他把它作为一种身体锻炼和生活方式，父亲一生保持着劳动人民节俭、勤劳、质朴的优秀品质。

三

父亲受伤不久，母亲就担任了二都乡食品站站长。母亲是外婆的长女，由于家庭困难，到了12岁才开始上一年级，但她读书也很勤奋，最终考上了湖南建设学院。湖南建设学院是在刘少奇倡导下创办的，专门培养干部，相当于今天的党校，母亲入校不久就碰上了"文革"，只上了一年学，学院就停办了。

母亲从建设学院毕业后就回到了石门，不久就与父亲结婚了，先后在白洋湖、望仙树商业部门工作。后又到县肉食水产公司工作，父亲调到二都供销社工作后，她也来到了二都食品站工作，刚开始母亲只是一名普通职工，领导看她工作原则性、责任心强，就把二都食品站站长的担子压给了她。母亲最初并没有接受，认为自己没有多少领导经验。但领导说，经验是可以通过实践锻炼出来的，母亲只得服从组织安排。上任不久，母亲就把外婆那种巾帼不让须眉的认真和韧劲继承得淋漓尽致，加之多年在父亲身边的熏陶，很快就打开了工作的局面。

食品站的工作主要就是负责乡里正常的猪肉供应，那时母亲总是凌晨三四点就起床，从筒子楼的这头走到那头，去叫那些屠夫们起床杀猪。

生猪收购是件劳心劳力的事，刚开始都是一些叔伯们去收购，母亲看到大家的辛苦，她就主动要求一起去下乡收购。但叔伯们刚开始不同意，认为我妈一个女同志很难做好这样的事情。

生猪收购程序是这样的：先把生猪赶到笼子里称它的"毛重"，然后叔伯们用手去掐猪的肚子，估量肚子里有多少残余物，用"毛重"减去估量残余物的重量，就得出生猪的净重量。老百姓一般都会在卖猪之前让猪饱吃一顿，如果残余物的重量估少了，那么老百姓就赚了，食品站收购的这头猪就有可能出现亏损。

刚开始母亲下乡时，先是跟在叔伯们后面观察，然后向他们取经，到后来母亲就可以自己准确地估出生猪的净重量，就像北京王府井百货大楼的劳动模范张秉贵卖糖果"一手抓"的绝活一样。

再后来，每到生猪收购的时候，母亲要来回走上十几公里路，独自到乡下去收猪。那时母亲很胖，也不会骑车，所以只能走着去，常常早出晚归，但她从没有一声怨言。

母亲任食品站站长期间，我们家就住在食品站那一长溜的筒子楼里。一到吃饭时间，噼里啪啦的炝锅声此起彼伏，油烟混合着菜香弥漫整个楼内；邻居间家长里短、夹杂着嬉笑怒骂，这样的场景和生活方式成了我们那一代人永远的记忆。

四

外婆和父母这两辈人对工作极端认真负责的态度和勤奋敬业精神一直深深的感染和影响着我。

◎潘碧灵的外婆

　　我是恢复高考制度后，石门县第一个考上北京大学的学生。当时县里为了鼓励教育事业的发展，还让我和父母一起戴着大红花，在小县城游了一圈，家人、亲戚和老师当时别提有多自豪和高兴了。

　　考上北大以后，我就走出了大山，走出了小县城，走到了外面更大更远的世界。

169

　　1985年的秋天总是让我难以忘怀。那一年我从北大毕业，正值改革开放如火如荼之时，摆在我面前的工作机会有留京、去特区，但最后还是家乡湖南留住了我。

　　回到湖南后，我先后在省建委、省国土局等单位工作十年，一直在自己的岗位上兢兢业业，并参与了多项国土规划的编制，不少成果都居国内先进水平。但我始终觉得自己还是应该到基层去经历更多的历练。1995年，郴州面向全省公开招考市旅游局局长，我当时毫不犹豫就报名了，最后以笔试、面试都是第一名的成绩获任。

　　在郴州工作期间，以前的同事们曾私下里称我"拼命三郎"，因为我就是这种"要么不做，要做就做最好"的性子，工作起来很投入。在担任市旅游局局长期间，因为要接待春节旅游团，我曾经连续三年春节没有回老家过年；担任郴州市副市长时，我分管招商引资工作，常年奔波在外，这也是我"工作狂"名号的来源。谁不想过年时和家人一起吃顿热乎乎的团圆饭呢？但是没办法，工作实在抽不开身，况且当时正是郴州旅游爬坡向上的关键时期。

我庆幸自己是一个能够坚持的人，拥有"十年磨一剑"的耐心和决心，我在郴州期间牵头组织了 10 次生态旅游节，把郴州旅游业从开始入职时的名不见经传，打造成我离开时位居全省前列；也像我对生态环保事业的坚持，2008年至今，我担任全国政协委员、全国政协常委、省生态环境厅副厅长（原省环境保护厅），持续为生态环保建言，共提出了 100 多件提案建议，被全国政协和媒体称为"绿色提案大户""明星委员"，不少提案得到中央领导批示和有关部门采纳。

我本人也先后被人事部、国家旅游局授予"全国旅游系统先进工作者"，被中央统战部、民进中央授予"各民主党派、工商联为全面建设小康社会作贡献先进个人"，多次在全国政协全会、常委会、双周协商会上发言，获得过全国政协、民进中央优秀提案表彰，中国文史出版社还专门为我出版了《政协委员履职风采》《爱在郴州》两本专著。2019 年全国两会，我在人民大会堂走上了首场"委员通道"，向大家介绍了长江经济带，特别是三湘四水"共抓大保护"取得的成绩，获得了国内外媒体的高度关注。

我一直认为，人生在勤，不索何获。前年的全国两会期间，我写了 2 万多字的"两会手记"，去年我写了 8 篇发言材料和感悟，今年写了 16 篇感悟，刚开始写时还感觉有一些吃力，现在是越写越顺，有时还有一种想写的冲动。除此之外，平日里的重要调研，我也会写相关的感悟与思考，比如去年我跟随全国政协调研组先后去了云南、四川等地开展脱贫攻坚、污染防治专题调研，今年跟随全国政协调研组赴海南、江西生态文明建设试验区的调研，每次都撰写了上万字的专题调研手记，驻湘全国政协委员赴青海考察，我撰写了 10 篇手记。通过这些方式，敦促自己不断学习和思考。

如今，曾外公、外曾祖母、外婆和我的父母都已经离我们而去了，但我时常想起他们，尤其是他们身上勤劳、善良、质朴的品质，勤奋学习、对党忠诚、对事业极端认真负责的态度和精神，早已在潜移默化中融入到了我的身体和血液中，这也将成为我们家一直传承不息的家风。

◆ 本文原载于【文史博览·力量湖南】微信公众号 2019 年 9 月 28 日

·扫码收听·

如果说父母亲还教会了我们什么？那就是不能忘本。不能忘记自己是一个农村孩子，不能忘记自己曾经是一个穷苦百姓。

刘昌刚：忆双亲，隔世牵挂念连连

口述 | **刘昌刚** 文 | **仇　婷**

老寨村，位于湘西州花垣县域中部，距离县城 20 公里，坐落在尖岩山，也叫文笔峰脚下的一个纯苗族小山村，这是我的家乡，我的父母就长眠在尖岩山旁的这片土地上。

每年春节前夕，我都会回老家，按照当地风俗，先到家先牌位进献，然后到父母坟上祭扫，烧一些阴币、钱纸等，风俗就是让他们在春节前的腊月二十六，最后一场有点钱，去赶集买点年货，也寄托我们的思念。

父亲离开我们已经 19 年，母亲离开我们也有 18 年了，十几年来，我们无时无刻不在思念勤劳、忠厚、善良、宽容的父母。

父亲是一个典型的农民，没有什么文化，斗大的字也不认识一个，一辈子去得最远的地方是吉首，但是他最勤劳和忠厚。他兄弟姐妹五人，大姑，二姑，大伯，三叔，他在兄弟中排老二。大姑二姑早嫁，大伯和三叔当兵吃粮，家中劳动活都归他做，因此数他最苦。大伯在解放前夕，因为义气，连被抓壮丁的伙伴也要去看，结果自送虎口，连他也一起带走，到底是死在沅陵还是死在台湾，父亲都没有搞清楚；三叔虽然排行最小，但他长得高大健壮，解放前给人家做乡丁；大姑嫁同乡沙科寨，早年病死；二姑嫁雅桥排扎寨，活到八十多岁，现在已经不在人世。听父亲说，大姑死得较早，留下三个小孩是他和三叔抚养长大，至今还生活在老寨村。

骨肉分离的痛苦，是从失去父亲开始的。当年和父亲生离死别的痛苦情景，至今仍然历历在目。

父亲生于1921年2月8日，殁于1999年4月8日，享年79岁。父亲去世之前，因肺心病一共住院11次。记得1996年秋，也就是他去世前三年，那次病得很严重，当时，父亲认为自己肯定要走了，不想死在外面，我们只好遵从意愿让他从医院回家。离开之前，医生给了我两支强心针剂，告诉我可以在最后的时候用上。当父亲进入弥留之际，村里乡亲、亲戚朋友都来了，棺材也准备好了，兄弟姐妹哭成一片，子孙们跪了一地。按照农村习俗是要放三联九炮，通报家先和寨子乡亲。当时管事的叔叔已经放了三炮，我感觉到是到最后的时刻了，我按照医生的嘱咐，给父亲打了两针强心针，结果是我把他救回来了，又活了三年，而且活得好好的，连他自己的坟地也是他选好的。当时我觉得好像是上天给了父亲三年的寿命，说来也是半个奇迹。

母亲也是慈祥、善良的农家妇女。她从保靖县水田河镇的排捧村远嫁而来，一共养育我们兄弟姐妹七个，五女二男，大姐二姐、大妹二妹满妹、我和小弟，生活艰苦但也有甘甜，毕竟我们都长大成人，自立生活，而且能够为社会做点贡献。在那改革开放以前的年代，生活物资极端贫乏，生产队缺粮缺钱的日子，我是亲身经历的，一个红薯充饥一天的日子也是经常的，除了上学还要去守牛放羊、打柴担水。可惜的是母亲把儿女养大，没有享到清福，因为肺心病早早就去世了。生于1933年6月5日的她，不满67岁，殁于2000年2月28日，

—— ∥ 人物名片 ∥ ——

刘昌刚：湖南省政协委员，湘西土家族苗族自治州政协党组书记、主席

追随父亲而去，给儿女们留下的是无尽的悲痛。

记得那年过了元宵节，我从长沙到武汉，再从武汉开车到江西南昌，第二天凌晨，家里就来了电话说，母亲突感身体不适，没有来得及到医院抢救，人就不行了。我深感意外，出差前一晚上去看望她，还在唱苗歌，精神状态很好，哪想到说走就走了。离父亲去世还不到一年，母亲又走了。带着沉痛的心情，我和老婆驱车回家，到了半夜两点多钟，才赶回老寨家中。

尤其感到对不起母亲的是，因为父亲有病多年，曾经到医院住院十多次，他去世我们都有思想准备，而母亲在世时，我们就要她一同住院，都是因为她考虑兄弟姐妹们经济拮据，执意坚持不住院花钱，白白错过了好的治疗时机，我们都有一种沉沉的负疚感。

母亲常住在大妹家里。由于工作繁忙，我陪伴母亲的时间实在是太少，隔一两个星期去看望她一次，也只是坐一两个小时，聊几句，拿点钱，然后事情一忙就走人了。我大妹曾经劝我："你不要认为送了几百块钱，就好像尽孝了，她需要的是陪伴。"但是，母亲往往对我说，你有事就可以走了。她体谅我的工作。的确，年轻的时候意识不到，年纪大了都会后悔，陪伴的时间太少了。哎，有时也只能自我安慰，父母和子女不可能相伴很长时间，总是要分开的。

2018 年 5 月 13 日母亲节，我写了一首古诗《阿娘汝》，献给我那善良、宽容的母亲：

阿奶蒙汝没，得纳想几到。

夏热已多时，春衣可捶捣。

记得夜唱歌，那知晨哭绕。

如得再生魂，足有十八了。

2018 年 6 月 17 日的父亲节，我又禁不住思念，写了一首古诗《阿爹汝》，献给我那勤劳、忠厚的父亲：

阿爹蒙尼几，德黛想汝蒙。

父爱如青山，全家乐融融。

圣洁比冰雪，温暖胜火笼。

宽广过江海，慈严相济同。

与党同年生，堪称伟光荣。

在每个人心里，父母亲的爱都是最伟大的，因为他们给了你生命，教会你

173

忠厚和善良，给了你最无私的爱。但自古忠孝不能两全，唯愿这些古诗，寄托儿女的心声，能让天上的父母亲感受到儿女深深的内疚与怀念。

父母亲对于我们，除了养育之恩，尤其难能可贵的是，在家庭极端困难的条件下供养我们上学读书。而母亲是第一个坚持让我们读书的，宁可哀求千家，也要借资盘郎。生活的艰辛同样可以磨砺人的意志，如果要问从父母亲身上继承了什么？我的回答一定是勤劳、忠厚、善良和宽容，当然还有真诚和感恩，要永远记住人家的恩情。

小学和中学，我是在麻栗场中小学度过的，从小学、初中、高中，从1968年启蒙到1978年高中毕业，一读就是十年。十年间，始终是走读生，五里路程，早出晚归。自幼家中贫寒，却也深知知识改变命运。中学时，我尤其喜爱读书，通常是借同学家里的书，一两个晚上看完，马上还给人家。70年代，像《西游记》《水浒传》《烈火金刚》，当时被认为是封资修的东西，但是都给我留下了深刻的印象。

《金光大道》《艳阳天》《春潮急》《李自成》《钢铁是怎么炼成的》这些小说我最爱读。1978年恢复高考后，我考上了大学，录取进校是湘潭大学湘西分校，大约一个学期就转为吉首大学农林系，所以是吉首大学的校友，至今为止还是麻栗场中学出来的唯一一个大学生（因为20世纪80年代高中不办了）。现在，我还是看到书就买，家里面的书有几万册，阅读已经变成一个爱好，学习已经变成一种自觉。

如果说父母亲还教会了我们什么？那就是不能忘本。不能忘记自己是一个农村孩子，不能忘记自己曾经是一个穷苦百姓。这些年，虽然我当官了，进城了，但官僚的习气，我自觉身上没有。对那些弱势群体，那些穷人，我越是真诚地同情，因为我想到了父母亲和自己的过去。我始终认为，要保持农民的本色、穷人的骨气、学者的睿智、君子的正气。几十年来我在十几个岗位上工作过，我自认为是做到了干一行、爱一行、学一行，能从一个放牛娃成长为一名正厅级的领导干部，主要是感谢组织上的关心培养，但是绝对不能忘记父母亲的恩情。

我自己有几句人生格言：从放牛娃出生，吃救济粮长大，靠助学金读书，保穷苦人本色，为老百姓做事，跟共产党到底。这些已经内化为一种精神信念，也变为一种人格力量。

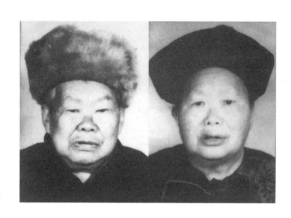

◎刘昌刚的父亲和母亲

　　家风，到底是什么？父母亲需要我继承什么？我经常默默地思考。和父母亲分别，是痛苦的。在父母亲走后的五六年时间，每回都有一种催我回家的心情，回到生我的老家，一个人静静地坐几个小时，看看自己出生的地方，想想父母亲的故事，好像在和父母进行心灵的对话，然后边想边流眼泪。通过这种思念过程，我慢慢调整了情绪，觉得生活必须继续，还有许多的工作，又信心百倍地回到工作岗位。

　　黄永玉大师说过，"到外面本事用完了，回到家乡再来捡一点"，这是他对故乡的情结，这情结中可能就包含着对父母深深的怀念。人心相通，也许这就是黄永玉大师的"回家乡捡本事"。

　　老家的一山一水、一草一木、一人一事，对于我都是弥足珍贵的。我爱家乡的山水，因为那是我祖国神圣的部分；我爱父母亲，因为他们是人民群众当中忠厚善良的个体。每年的清明时节，我带着老婆和儿子，在祖父母、父母亲的坟前多烧几张钱纸、多磕几个响头，以慰老人家的在天之灵，祈求老人家保佑后代子孙幸福安康，保佑家乡五谷丰登，盛世太平。

175

◆本文原载于【文史博览·力量湖南】微信公众号 2018 年 7 月 5 日

·扫码收听·

现在的我看不得别人不好，看到别人有问题有困难，我没有办法做到视而不见，可能这一切的源头就是从母亲的善良开始的。

卢妹香：无善不心安

口述 | 卢妹香　文 | 沐方婷

176

　　母亲对我说过一句话，我一辈子都记得，"吃得亏、受得气就有好日子过"，她用一辈子诠释着这句话的真谛。

　　我的母亲是一个"嫂娘"，所谓"嫂娘"就是既当嫂子也当娘。当年，爷爷病重，按照农村里流行的"冲喜"习俗，母亲18岁时与父亲结婚，婚后第三天，爷爷就去世了。随后，奶奶改嫁他乡，留下家中三个还未成年的叔叔，后来家中又陆续添了我的五个哥哥姐姐，我是家中最小的孩子，这么多口人几乎都是母亲带大的。赤裸裸的生活教会了母亲容忍谦让的美好品质。

　　我始终忘不了1984年我高考结束后的一件事，那一次我把母亲弄哭了。那时，我们家住在长沙县的农村里，当时农村做衣服都是请外面的裁缝上门，记得那天我家好不容易请了一个裁缝上门做了七八条新裤子，但是当我从外面回来后，却没有看到一条。

　　原来，裤子做完后，一个邻居到我家串门，连连称赞这裤子做得极好，母亲看出她对新裤子的喜爱与渴望，就表示可以送给她，没想到她一口气把七八条裤子全部拿了回家。顾念到这家人日子过得清苦，没有钱做新裤子，母亲什么也没说，看着她欢天喜地地带着裤子出了门。

那段时间，我正处于等待高考成绩公布的焦虑中，知道这件事情后，忍不住和母亲吵了一架。"一条不剩地拿走，你是不是太大方了！""怎么会有这么不通情理的邻居！"言语里，我刺激着母亲，发泄我的不满与郁闷。面对女儿的不解、生活的困顿与内心深处的善良与软弱，母亲在我的吵闹声中哭了，眼泪顺着她上了皱纹的眼角流下来，大颗大颗地落在她手头上正在做的绣花上，染湿了好大一片。我呆了一下，然后屋子里就安静下来了，只有墙上的时钟滴答滴答地走。

自此，母亲的善良和忍耐深深烙在了我的心头。

20 世纪 50 年代，长沙发大水，很多农田、房屋都受了灾，我家也未能幸免于难，看着家中这么多嗷嗷待哺的嘴巴，当时只有二十多岁的母亲叹了一口气，捧着一只碗，加入了前往长沙城区的讨饭队伍，来到了长沙市以前的轮渡码头，如今这里往北走一点就是万达广场。

母亲是个聪明智慧的女人，她没有像其他乞讨者一样，只是跪下来低头看着眼前的破碗，等待着别人的施舍。母亲注意到码头上来往卸货的船只，有的船上卸下来的是一筐一筐的新鲜鱼，她看见了就帮着别人把鱼筐背到岸上。或许别人可以便宜一点将鱼卖给她？或许是作为报酬直接送给她？母亲没想太多，她像男人一样，将装鱼的竹筐的麻绳深深勒进肩头。最后，别人给了母亲两条鱼，母亲甭提有多高兴。

母亲家曾经是一个盛极一时的大地主家庭，出生于 1932 年的母亲读过私塾，相当于现在的小学毕业，在那个时代可以算是一个读书人，但是在严酷的生活下，为了这个大家庭，母亲甘愿放下一切，想尽一切办法，任劳任怨，将

◎长沙轮渡老码头

几个叔叔和儿女们相继抚养长大。

后来，我们家开始种辣椒、西瓜等各式各样的经济作物，在父母的智慧、勤勉和打拼下，家境渐渐有了起色，成为了八十年代少有的万元户，建起了新房子，开了一个杂货店。

在当时的农村里有这样一群人，因为生病没有及时治疗，导致神经失常而成为人们眼里的"疯子""精神病"，但是母亲对这一群人却很好。"男疯子"来杂货店，母亲就给他几根烟，"女疯子"来了就给她一杯茶或者一个饼子，有的时候店里丢了一个花瓶什么的，母亲也不计较，拿去了就拿去了吧。久而久之，这群"疯子"甚至养成了定期来我们家杂货店的习惯。

母亲非但不嫌弃他们，有的时候"疯子"们很久不来了，母亲甚至会有点想念他们。母亲的善良是发自内心、自然而然的。

现在的我看不得别人不好，看到别人有问题有困难，我没有办法做到视而不见，可能这一切的源头就是从母亲的善良开始的。

最开始的"善"可能就是分享，吃到了什么好吃的，看到了什么好看的，我就想要告诉熟悉的人，让他们也能够体会和感受那份美好。后来是偶尔行动，去福利院看望孩子和老人，或者去贫困家庭给需要帮助的家庭以帮助。再到后来加入妇联、加入政协，有资源、机会、平台和大家一起去做，"善"似乎就慢慢地成为了一种习惯。从关注留守儿童全面快乐成长到关注贫困妇女家庭教育、就业，再到关注家庭妇女重要健康周期……这些年来，妇联始终尽己所能地关注着这个社会上需要帮助的人群，而我也有幸参与其中。

最为关键的还是行动，善不是语言，善是行动，母亲的慷慨给予、承担与付出、那些发自内心深处的纯真善意都是行动而非语言，没有行动的"善"是更为可怕的"伪善"，如此理念催逼着我对每一个善念负责。当我分管妇联的基金会时，我的目标很简单，让更多有善念的人加入其中，让溪流汇成海洋，在大家共同的努力下，原本基金会一年只有 100 多万的善款物资，2018 年达到 5000 多万，更多需要帮助的人因此受益。

曾经有人问过我，有些事，你不做，没有人会说你，但是即使你做了，别人也不一定认可你，那你为什么还要去做呢？我想，可能就是心安吧，只有看到问题解决了，我的心才会安定下来。

有人说，善是一种天性，但是我认为善不仅是一种天性，更需要后天的激发和培养,母亲的善遗传给了我吗？但是我确乎是亲眼看见母亲的种种善行了，后来我在妇联的工作又让我有机会接触到很多需要帮助的妇女和儿童，见到了母亲之外更多散发"善"的能量的人，正是他们的善行善举感动着我一路前行。

◆本文原载于【文史博览·力量湖南】微信公众号 2019 年 8 月 3 日

2010 年，母亲永远离开了我们。虽说我与母亲真正朝夕相处的时间只有短短 5 年，但母亲的坚强、隐忍、乐观影响了我一生。这些年我谨记母亲的教诲——努力做个对社会、对国家有用的人，我想我没有令母亲失望。

·扫码收听·

杨伟军：我与母亲只在一起生活了 5 年，她却影响我一生

口述｜**杨伟军**　文｜**仇　婷**

　　算起来，我真正与母亲生活在一起的时间只有 5 年。我出生后 1 岁不到，就被父母送到奶奶家，奶奶当时住在益阳市，而父母都在沅江县。小学毕业后，我回到沅江读书，初中、高中 4 年才算是真正与父母生活在一起。

　　我的母亲出生于 20 世纪 30 年代，20 岁出头就在岳阳市湘阴县参军，由于文化程度很高，1952 年左右母亲就当上了沅江县商务局副局长，后来因为历史原因又在"文革"中被打倒，直到 1979 年才被平反，之后便退休。对于年少得志的母亲来说，原本应该在事业上有更好的发展，但这些苦难史母亲从来缄口不言，更不曾有过任何抱怨。

　　对于母亲的过往，我了解得并不多。印象比较深刻的是，母亲当年接受社会主义教育的时候住在一户渔民家里，后来很多年，这户渔民经常送点鱼到家里来。其实母亲当时已没有职务在身，而基层老百姓却对她不计回报地好，由此可以推想母亲的为人。

　　我在母亲身边的时日不长，但有几件事直到今天依旧历历在目。我小时候身体虚弱，母亲又不在身边照顾，她便把工资省下来，买了牛奶、鱼肝油送给班主任老师，托老师多照顾我。那时候的工资水平都不高，牛奶、鱼肝油都是稀罕品，但母亲尽力弥补她不在我身边的缺憾。还有一回，我一个人从益阳回沅江，母亲工作繁忙，抽不出空来接我。当时我只有七八岁，半年才回一次家，早就不记得路了。下车后，我从县城的一头走到另一头，都没找到家，哥哥找到我时，我差点委屈地掉眼泪。后来哥哥告诉我，母亲是想锻炼我独立自主的能力，找不到路可以问路，社会是充满善意的。

回想起来，当时家里最值钱的就是满屋的书籍，1977 年恢复高考后，母亲立马给我买了自学丛书，鼓励我参加高考，为国家出力。1979 年，我以沅江县第一名的成绩考入湖南大学。其实以我当时的高考成绩，全国随便一所学校都能进，但我还是填了湖南大学，一方面是想离父母近点，另一方面也是担心由于父母成分问题政审不能过关，好在最终是圆了母亲的心愿。

母亲一生育有三个子女，我在家中排行老二，上有哥哥下有妹妹。由于种种原因，哥哥和妹妹曾经很长一段时间都没能在母亲身边，只有我陪伴母亲的时间最多。可我还是做得不够好——多年来由于工作繁忙，母亲又没有与我们一同生活，一年中能真正陪在母亲身边的时间太少。

2010 年，母亲永远离开了我们。虽说我与母亲真正朝夕相处的时间只有短短 5 年，但母亲的坚强、隐忍、乐观影响了我一生。这些年我谨记母亲的教诲——努力做个对社会、对国家有用的人，我想我没有令母亲失望。

如果母亲还在世，我最想陪她做什么？陪她多聊聊天吧，这辈子陪伴她老人家的时间，太少了。

◆ 本文原载于【文史博览·力量湖南】微信公众号 2018 年 3 月 15 日

━━━━━━━━━━ ∥ 人物名片 ∥ ━━━━━━━━━━

杨伟军：全国政协委员、长沙理工大学副校长

·扫码收听·

父亲在世没有留下自己的"口号"，但留下了一个忘不掉的身影。

李云才：父亲给我的无法用语言表达

文 | 李云才

"旅馆寒灯独不眠，客心何事转凄然。故乡今夜思千里，霜鬓明朝又一年。"春潮脚步声声近，清明不日又凄然。今夜又浮现出清明思亲的幅幅画面。

父亲离开我们已有三纪，但那往事在脑海的场景却从未离去。

父亲的勤劳让我震撼一生。

当时说不清自己究竟几岁，我已下地干活，是父亲带着下地捣鼓的：春夏插禾，月夜种菜，深夜抗旱。

那时的明月格外亮彻，月夜抗旱四人一个人力水车，不停作业，轮歇时常常看月亮，看星星。那时我还未上学，不晓月亮上有嫦娥，星星会说话，鹊桥能相会，年复一年，"月落乌啼霜满天，江枫渔火对愁眠"。

父亲用的是大水车，我们小孩一般是小水车，与他们的劳动时间和劳动强度自然不能比。为了队里的生计，父亲作为天下第一小的"官"——大队小组长，要带领大家拼命去干，才能果腹度日。

在父亲的带领下，大家常常没分清是晨光还是月亮，干了二三泡气后，整理出了原计划要花一两个时辰才能整好的地。

把地挖好，整平，挖凼，放底肥，播完种，天还未亮，无钟无表无手机，问天时，天还未亮，无奈是月亮。

春去冬来，四季农时，准"刀耕火种"，岂有闲哉？儿时在农田里的记忆，真是那种"秦时明月汉时关，万里长征人未还"。

还记得每逢干旱，在冬季，我们要把所有山塘全部整理一次，掏空淤泥，一锹一锹用竹箕挑出来，男女老少齐上阵，各尽所能；到了春夏雷雨季节，把山水围到水塘里——说起来似乎好玩，实则惊险异常。在一次惊雷洗天中，我情不自禁地呼唤了"爸"，声音再大，大不过雷声，但"不待雷暴声，幼小已觉痛"。

父亲的勤劳，对我的影响和性格的塑造，也许是根本的，也是其他方式也无法替代的，也造就了我学"勤"之本。

记得有一次，我赶夜去县城办事，那时我还很小，要赶夜途经三十多里的崎岖小道，山谷小径。哪来的勇气？我一路担惊受怕：动物凭着黑夜的优势，是否会出没？又是否会有传说中的"夜人"？我握紧左拳，唯一让自己壮胆的方法就是精神之神。

而每每经过乡村的"三尺巷"，守家的狗吠声更是让我的心都提到嗓子眼上。紧张的我，唯一的"武器"就是两手攥紧石头，随时应对不测。

如今回想，那画面依旧历历在目。作为幼小孩童的我有如此之举，如果不是父亲勤劳的垂范熏陶，锤炼出吃苦的精神，真是不敢想象的。

父亲的朴实使我终身难忘。

在那个"短缺"的年代，父亲是用"土"办法去渡过难关。

父亲以"缓"充饥。有一次，父亲去株洲出差，带回来了一个水果。我们

183

—— 人物名片 ——

李云才： 全国政协委员，九三学社中央委员、湖南省委副主委，湖南省供销合作总社巡视员

都没见过，不知是啥玩意，父亲把它切成若干片，大伙儿一人一小片，很脆。吃了后，他才告诉我们是苹果。

由于生活的艰难，省吃俭用是靠点滴体会来的。记得有一次吃饭时，父亲对家人说，吃七八成饱就可以了。父亲没解释。后来回味起来，鼻子一阵阵发酸。也许是那个环境的压力，父亲很严肃，也不方便问他读了多少书，读了多少年的书，但知道他会写自己的名字，更多的是"无可饱腹饥不语，若是空肠咕噜声"。

父亲的忘我更是使我刻骨铭心。

父亲忘我下乡、忘我负伤、忘我救人，在我幼小心灵中刻下深刻印记。父亲不是天生的农民，他凭自己的勤奋已在城市扎根，有稳定的工作、稳定的收入，在那个"计划年代"，企业也属于体制内的。但他毅然放弃优裕的条件，连户口也从城市迁回农村，前提是国家鼓励回乡支农。

他选择了更要流汗流血的从农之路。水利先行，他没日没夜修水利，一次意外被重石压伤和骨折，他请骨伤中医治疗，多次抽出淤血——一摊摊血，深沉而暗红。

我不禁打了个寒颤。这不是一摊血，而是一颗忘我的心。

星辰辗转。在我大学毕业参加工作还不到一年，一次晚饭后，我突然接到一个电话："你父亲舍己救人牺牲了。"当时的我，根本不敢相信自己的耳朵，不敢相信父亲就这样离开了我们。

如今，阴阳两隔已无期，舍生忘死别泪巾。父亲在世没有留下自己的"口号"，但留下了一个忘不掉的身影。父亲虽然离开我们已经几十年了，但他的点点滴滴仿佛就在昨天，对那点点滴滴的回味，也在不断地启迪我们的明天。

◆本文原载于【文史博览·力量湖南】微信公众号 2018 年 3 月 11 日

老爷子行医七十多年，一生经历众多坎坷磨难，但始终抱守初志，劳怨不计，日行济生，夜省克己。

胡彬彬：恩公之记

口述｜**胡彬彬**　文｜**李子丹**

我成长的家庭颇为传统，祖上十代都是"先生"，家族里只有两类人，不是私塾先生，就是郎中先生。我的启蒙乃至生命之所以幸存至今，除父母之外，更得益于当医生的叔祖父。我的叔祖父尊姓胡，讳名天雄，别名恩公。老爷子对我来说，其恩不止在于命，更在于塑造我整个人生志向与人格。

我出生时，适逢三年自然灾害初期，不少同龄人因饥饿或病灾夭折。我的家中兄妹多，在那种环境下父母想要拉扯大我们兄妹六人非常不容易，每每在大食堂吃饭，只能拜托师傅在饭里多加水，让米饭看上去更加满钵。

我的叔祖父当时是一位很有名望的医生，他以"仁慈"为名，医术医德极好，湘中境内时有"湘中神壶"之称（旧时称医生"悬壶济世"，"壶"与"胡"谐音），又因老爷子姓"胡"，更被叫做"湘中胡天"。我的父母拥有世上最朴实的想法，他们觉得如果我跟着他，我就可以活下来。于是，在我蹒跚学步的时候，我被老爷子带走了，这让家里人着实松了一口气。

我跟随老爷子几年，在我印象中，他对我、对自己的病人都悉心关照，将人性、善良、仁慈体现得淋漓尽致。

和他在一起的日子有"四同"：同吃、同住、同睡、同读书。清晨，他去乡间问诊，为督促迷迷糊糊的我读书，他便找来一根绳子，他牵着绳子的头，我拽着绳子的尾，一路上教我背诵《汤头歌诀》。经年累月，我能背下数百个汤头药方，也识得许多汉字和数以百计的药草花木、水陆珍禽，这就是我接受的最早的启蒙教育，远远早于后来再去读的《三字经》和《千字文》等。

白天，他在乡间问诊看病，我嬉戏于左右，自然快活不已。赶路的时候我走累了，他就把自己身上背的药箱放下来，让我坐在上面休息，自己则在田间野地里随便坐下。那个时候还是人民公社大食堂，每家每户不能私藏粮食，所有的东西都讲究集体化。但乡里的百姓敬重、感激他，经常偷偷给他口袋里塞几块红薯干，或者是一颗鸡蛋。几块红薯干，一颗鸡蛋，在如今看来实在不是什么珍馐美馔，却是那个岁月中能救命的粮食。

夜晚，忙碌一天的老爷子也没有丝毫懈怠。他总是先把我哄上床，为我洗好衣服，再开始整理自己的诊断病例。多少次我半夜睁开双眼，还看到荧荧的火光下他认真誊抄病志的身影。我跟老爷子同睡一张床，镇里卫生所提供的床铺已经很有年头，棕垫的纤维被拉长，早已失去了弹性，整张小床呈窝斗状，老爷子睡在西头，我睡在东头。最开始那些年，我因营养不良体质虚弱，经常尿床，老爷子总是被这突如其来的温热和顷刻之后的冰凉惊醒，换衣换被后又许久才能入睡。但老爷子从未对我有任何苛责，反倒逐渐掐好我要小便的时间，连哄带夸地让我撒完尿，再哄我入睡。久而久之，他都要等到我子时撒完尿之后再入睡，子时就是夜里12点钟，白天已经够辛苦，晚上又不能睡个好觉，但他一次都没有因为这件事骂过我。他说：我是医生，孩子是因为营养不良才这样，已经够造孽了，我明知其因，怎能去怪罪他呢？

————————— // 人物名片 // —————————

胡彬彬：湖南省政协常委、中南大学中国村落文化研究中心主任

◎胡彬彬两岁时与叔祖父、父母合影，
名曰"幸福的三代"

老爷子行医七十多年，一生经历众多坎坷磨难，但始终抱守初志，劳怨不计，日行济生，夜省克己。他一生追求两点，第一便是追求真理，第二是兢兢业业。

中医讲究望闻问切，老爷子写的临床日志，堆积起来扎扎实实有一屋子。不像今天我们看病挂个号，十几二十分钟就解决了，他的望闻问切很少两个小时以下。他认为医生与患者的关系，首先是倾听与被倾听者的关系。老爷子说，"其心不亲者，其话不知所言"，意思是如果你的心不能靠近病人，病人讲不出病因，医生找不到医根，就不能对症下药。他非常害怕做"十味郎中"，很多医生开处方，上面写满十几味、二十味药，但老爷子过去开的药方七味为限，最多不超过九味。过去中医的配方叫"君臣"，有"君药"，有"臣药"，"君臣"配合很重要，要摆正关系，就能药到病除。

记得在三年自然灾害期间，当时双峰龙田一带有300多人得了很奇怪的病，人消瘦，没有力气，面色蜡黄，现在人知道其实就是饥饿引起的"水肿病"。当时老爷子被组织派到这里，他到了这里就说："你们是派我来看病，你们得听我的，否则病治不好。"他要求开粮仓给生病的人每天提供八两米，然后配上中药熬粥。在当时，要求开粮仓是"大不韪"的事情，但是他就坚持要求这样做。不到一周，病人全好了，这在当时是个很大的新闻。

◎正在整理病志的胡彬彬
的叔祖父

还有一个印象深刻的事，那一年我 9 岁，时值寒冬腊月，雨雪交加，马上就要小年了。当地熊氏家族有一位被诊断出肝癌晚期的病人疼痛难忍，他家里来人请老爷子一定要过去看一眼，我当时也随他一起过去。老爷子问过诊之后嘱咐好熊氏的家人，就连忙去隔壁的镇上找药方。漫漫四十里路，他一步都不敢停下来，到了隔壁的镇子，他就寻来当地捉捕甲鱼的人，问哪里可以寻到甲鱼。捕甲鱼的师傅说："数九寒天哪里还有人现在去捉捕甲鱼？有倒是有，不过要干坝。"老爷子毫不犹疑地就说："干坝就干坝！"当天傍晚，老爷子请来一队人马抽水干坝，等抽完水坝，已经是夜里一点钟了。老爷子一刻都不敢耽误，穿着棉袄棉裤就跳在泥浆里翻找甲鱼，所幸真的找到了四只。

等老爷子连夜赶到熊氏家里已东方渐白。甲鱼一被放在温暖的室内，每个都复苏活泛起来，在织网里翻爬挣扎，颇显力气。神奇的事情发生了，老爷子将其中一只抓起来放在患者的肝部，谁知甲鱼一动不动。不出半个小时，患者就没有了疼痛，等到下午两三点钟，甲鱼则全身发乌直接死掉，就是用这个方法，老爷子为病人带来了少有的轻松。

20 世纪，国内中医业界评选"百年百医"，从一百年间挑选一百个名医，我的叔祖父名列其序。他说，医生是做学问，行医和做自然科学、人文科学、尖端科学是一样的，都要讲究追求真理。中医讲究望、闻、问、切，"望"是第一步，接下来就是"问"，这两个要素至关重要，很多人就是因为这两要素不得要领，才"切"得水平不够，无法达到药到病除。而病人的很多症状，实则都是甲之症状，乙之根源，因此要善于发现主要矛盾，不仅仅能治标，更要标本兼治，做到追求真理、追求真相，以真为本、以病为论。

老爷子在世期间除了潜心中医，对诗词艺术也有独到的见解。他的《全唐绝句律诗分韵大典》正是其诗词造诣的集大成者，每句诗词的音律音韵都解释得条理清晰、一丝不苟，可见其诗词功底非同一般。学者们认为他填补了自康熙至今三百年以来关于声韵学的空白，因此评价他为"康熙以来中国诗词声韵学第一人"。

老爷子施行仁医仁术，问诊总是半夜喊，半夜去；天光喊，天亮去。他说，只要是医生，不管是西医还是中医都要敬业，要拥有生命之诚敬，守生命之业。只有在这颗崇敬之心下，才能够真正学以致用、与人为善。如若对生命没有崇敬感，又怎能当医生？

如今我手边还珍藏着一张照片，照片里的老爷子已经 75 岁，大年三十的他还穿着老棉袄，带着袖套，在书房整理病志。当时香港有医院花重金聘请他过去，但是他仍然很少过去。为什么？因为他觉得身边要做的事情太多，不可以去求远财而弃近命。所以他一辈子就凭他的治医理念、他的仁心仁术，活生民于水火，以儒雅化尘世，穷其一生而不懈。

我这辈子尚能敬业，受老爷子影响很大，如今我也年过半百，但我这个样子哪里像一个教授，反倒是像一个农民，我也喜欢别人说我是"村长教授"。我喜欢行走在乡村大地，这些年我走过了大江南北 5000 多个古村落，写了500 多万田野考察笔记，这里才是我灵魂安放的地方。每当我自己遇到难题，总能回想起老爷子尚可穿着棉衣棉裤为患者在严冬捕捉甲鱼，我又有什么好退缩的呢？《论语》里说，没有德行的老如贼。老爷子则有"老而勤亦是贼"之言，我如不勤奋，难道到老时还要成为个贼不成？所以得勤。

诗曰："葛生蒙棘，蔹蔓于域。予美亡此，谁与独息？"诗又曰："宛彼鸣鸠，翰飞戾天。我心忧伤，念昔先人。"是为祭，亦为记。

189

◆本文原载于【文史博览·力量湖南】微信公众号 2018 年 8 月 17 日

在早年食不果腹然而内心充实的求学岁月里，无数个清晨引我上学的那颗东天亮星，是启明星，无数个傍晚伴我回家的那颗西天亮星，是长庚星，而其实，二者原是同一颗星。

杨君武：昨夜星辰昨夜风

文 | **杨君武**

190

皓月当空，稀星璀璨，皎皎明月一如昔年，洒满天井底一方方青石板。蛩鸣悠长，空屋寂然，习习晚风过户穿窗，引发咯咯吱吱一阵阵轻叹。伫立良久，又徘徊数圈，离去时适逢云遮月断，天光陡然暗淡。仿佛看见，一手捏薄薄小册子一本，一手端小小煤油灯一盏，叔祖从其堂屋缓缓走出，摇摇颤颤。

一

在我书房里一壁书架的最上层，一匣灰黄线装书与众多精美印制书挤成一排。这匣书共有 15 部，皆是手抄本。我曾搬家多次，每搬一次，都要处理掉一些旧书，但这些手抄线装书一本也不忍抛弃。

那是 1975 年 8 月下旬的一个傍晚，卖完干柴后，我从 15 里外集市回家。路上，初秋热风不时吹来，渐渐吹干渗汗透湿的粗棉衬衫。西天有一颗星奇亮，频频眨眼，其水中倒影随我而行，似欲归家。

到家后，我灌下一大碗红薯拌米粥，抓起一张小板凳，走进多户人家共用的天井，发现四周已散坐不少人。其中有仰卧躺椅上呼呼哧哧大睡者；有利用月光嗡嗡喔喔纺纱者；有蹲在地上咕咕嘟嘟大口喝粥者；有你一口我一口轮换嘘嘘嘶嘶吸水烟者；有摇头晃脑呜呜咽咽拉二胡者；有挺胸抬足咿咿呀呀清唱花鼓者……

在小板凳上坐定后，我见叔祖从其堂屋走出来，一手端一盏小小煤油灯，一手捏一本薄薄小册子，走近我，问我是否攒够下期学费。我告诉他，卖柴赚得3块多钱，刚好够交下期学费。他轻轻抚摸我脑袋，说难得我这细伢子那样好学，他专门为我抄书一本。说完，他把那本小册子塞进我手里。

当时，我国高校尚未恢复正常招生，而实行工农兵学员推荐制。普通农家子弟因看不到希望，往往中途辍学，或不愿升入更高学段，能坚持读完高中者不足十一。与我同龄的小孩中，有多个读完初小就辍学，因"大人"们普遍持有如此观念：读书读到会写自己姓名、会算简单加减乘除即可，多读无益，还不如回生产队挣工分，协助父母养家糊口。像本地其他许多家庭一样，我家给我两个选项：要么辍学回家，每天挣"四分之一劳动力"工分，即每天3分；要么自己去赚学费，或砍柴割草卖，或挖草药采蘑菇卖，或抓青蛙捉泥鳅卖。我接受第二个选项，砍柴一个暑假，晒干后陆续挑到集市上出售，每斤干柴2厘钱，1500多斤卖得3元多钱，勉强够交小学阶段一期学费。我曾为自己这一选择感到惴惴不安，生怕家里"大人"们反对，因我若停学出工，12岁以前每天可挣3个工分（原本二分半，四舍五入为三分），一年可挣工分900个以上，年底决算时每个工分可领得数分钱——工价高低取决于生产队当年收成，一年下来可领得数十元钱，这对我家来说可是一笔大数目。好在家里"大人"们均不反对我的选择。

╱╱人物名片╱╱

杨君武：全国政协委员、民盟湖南省委副主委、湖南师范大学教授

◎杨君武书架一角

在昏黄煤油灯光照射下，只见那本小册子由一叠土黄色毛边纸用亚麻线装订而成，封面上3个鸡蛋般大小的隶书字苍劲有力，倏然跳入我眼中——《三字经》。叔祖翻开其中一页，但见满页蚕豆般大小的正楷字排列规整。他用食指一字一字指点，同时用带浓重方言腔的国语音朗声念道："子不学，非所宜。幼不学，老何为？玉不琢，不成器。人不学，不知义。"接下来他每读一句，便停一下，要我跟读。一苍老一稚嫩两道读书声响起时，其他在场者不禁在好奇中侧耳倾听。当我跟读完"犬守夜，鸡司晨。苟不学，曷为人？蚕吐丝，蜂酿蜜。人不学，不如物"时，一直趴在躺椅下不声不响睡大觉的老黄狗，听到天井外有脚步声走近，惊觉起来，审向出口。当晚，叔祖还特意再三领我诵读"披蒲编，削竹简。彼无书，且知勉。头悬梁，锥刺股。彼不教，自勤苦。如囊萤，如映雪。家虽贫，学不辍。如负薪，如挂角。身虽劳，犹苦卓"。夜渐深，天井中乘凉诸人先后回房睡觉，叔祖临睡前叮嘱我：至少每周读一遍《三字经》，务必在一学期内做到背诵如流。

此后3年里，叔祖先后为我抄写古籍5本：《百家姓》《千字文》《弟子规》《传家宝》《幼学琼林》。在每个寒暑假期里，只要他有空闲，就会领我诵读这些古籍，并为我释疑解惑。

二

1978年初秋，我即将上初中。一晚，在天井里乘凉时，叔祖送我一本手抄《增广贤文》。他嘱我经常诵读此书，说它对读书做人颇有教益。他翻开数张折页，手指从一列列黄豆般大小的行楷字旁滑过，同时大声念诵，但不再要我跟读。读到"欲昌和顺须为善，要振家声在读书""有田不耕仓廪虚，有书不读子孙愚"时，他频频颔首，似在应节合拍。读到"积钱积谷不如积德，买田买地不如买书""积金千两，不如明解经书"时，他环顾四周，见其儿子和儿媳不在场，便说自己早年做塾师时所余束脩，全都用于购买书籍和义房四宝。读到"好学者如禾如稻，不学者如蒿如草""贤乃国之宝，儒为席上珍"时，他拍拍我肩，又摸摸我头。读到"黑发不知勤学早，白首方悔读书迟""少壮不努力，老大徒伤悲"时，他凝目注视我，又扫视其他在场者。读到"书中自有千钟粟，书中自有颜如玉""十载寒窗无人问，一举成名天下知"时，他冲我微笑，满额皱纹舒展，但旋即敛笑，若有所思，良久无言，最后低声慨叹，人力尚需时运济。

初中期间，我还得到叔祖所抄《声律启蒙》和《训蒙骈句》。他嘱我多多诵读此二书，说它们对赋诗作文大有裨益。

我所就读初中离家约6里路，那时没有任何交通工具代步。每天，我上午7点以前赶到学校，下午6点以后从学校回到家。有时，清晨上学时天未亮，傍晚回家时天已黑，一个人踽踽独行在弯曲坎坷山道上，不免有点害怕，于是心中默诵古书文句，尽量不留意周边杳冥物影。好在夏秋时节里，清晨东天有一颗亮星照我上学，傍晚西天有一颗亮星伴我回家。

1981年初秋，我即将上高中。赴校前夕，同样是在天井里乘凉时，叔祖送我他所抄《中庸》和《大学》，并叮咛道：以后在学期里，因我寄宿于校，他将很少有机会见到我，故不能经常辅导我读那些古籍，望我自己平时有空多读、多背、多思。

翻开《中庸》和《大学》，发现叔祖在下述两段话中每个字旁划上醒目红圈，几与字体同大："君子尊德性而道问学，致广大而尽精微，极高明而道中庸。""物格而后知至，知至而后意诚，意诚而后心正，心正而后身修，身修而后家齐，家齐而后国治，国治而后天下平。"

高中期间，我又得到叔祖所抄《论语》和《老子》。他趁我寒假在家时送来这些书，并反复强调，多读它们可深思启智。

193

三

1983年9月上旬一晚,数十人聚集在我家门外天井里,话家常者、讲故事者、纳鞋底者、剥绿豆者、拉二胡者、吹竹笛者、通过收音机听广播者、就室内电灯光打纸牌者皆有之,热闹非常。除族人和非同族村民外,他们中还有特意赶来为我送行的外地亲戚。人群中唯独不见平日喜欢在天井中乘凉的叔祖。临近午夜时,众人皆有倦意,纷纷回房睡觉,却见叔祖从其堂屋匆匆走出,手捧厚厚一摞书本大小的白纸。他把那摞白纸郑重交给我,原来是两部四册自制线装书:《孟子》二册和《庄子》二册。他告诉我,抄写这两部书,花费他大半年农闲时间;因担心记忆有误,他专程到数十里外县城图书馆,颇费周折借来印制本,慢慢细细抄录,一笔也不敢疏忽。《庄子》一书未及抄完,仅有内七篇,他感到遗憾,并表示以后补抄。随手翻开一册手抄本,见一页页排满绿豆般大小的行楷字,笔画一丝不苟,架构老成精工,墨色深浅一致,行间字距几如矩尺量出。

次日凌晨,为赶数十里外县城火车,我早早出发。年逾花甲的叔祖执意要送我到县城。坐在手扶拖拉机的车斗里,仲秋凉风把化纤衬衫吹得鼓鼓囊囊,故乡在朦朦胧胧中渐渐远去。又见东天那颗晨星,似在送我远行,送我第一次远离故乡,去京城上大学。

在拖拉机上,叔祖告诉我,他早年曾藏有不少古籍,但经历三次"大劫"后,所藏古籍损耗殆尽。第一次"大劫"发生在1944年秋季中日豫湘桂战役接近尾声时,一队日本兵刺刀闪闪,窜过叔祖所办私塾门前大路,他率领20多个塾生,悄悄从后门溜走,惊惶逃命之际,自是顾不上携带书簏。第二次"大劫"发生在1950—1952年乡村私塾被改造成公办小学期间,叔祖所办私塾被改造为公学,他留任教员,因惯性难改,他在课余辅导学生阅读古籍,被革命教员斥责为向学生灌输封建思想,激烈争执中,他存放于办公室内的一批古籍被对方当众扔进垃圾堆。第三次"大劫"发生在1974年上半年"批林批孔运动"中,趁他在早稻田里清除杂草时,一群红小兵冲进他家,翻箱倒柜,把一切看似古籍的书本挑出来,付诸一炬。从此,他数百藏书仅余数卷,而这寥寥数卷得以保存下来,幸赖用党报包裹封面,并藏于阁楼粮柜中。问他为我所抄古籍的原本从何处得来,叔祖的回答令我惊异,他说大多凭记忆默写,少数从县图书馆

◎杨君武叔祖为其所抄
古籍中二页

或他人处借来。

在县城火车站候车室里，叔祖向我恳切提出，尽管大学图书馆藏书丰富，以后我可能不再需要他为我抄书，但若有需要，譬如欲藏书而又想省钱，仍可来信要他抄书。我表示感谢，但自知以后不会再劳烦他抄书，一是因他所抄古籍，现今在书店里皆可买到；二来因买印制书所费，已不比自制手抄本的有形成本更贵；三则因手抄古籍需要付出大量时间和精力，而叔祖年事已高，不能再让他太过费力费心。艰苦岁月里，叔祖为我抄录古籍，并指导我阅读，对此我感铭肺腑，将永志不忘。在温饱尚无保障的情形下，这些书为我带来无限精神慰藉。

四

上大学后，我仅在假期里见过叔祖数次。每次见面时，他都要问及我阅读那些手抄古籍情况。听到我说大多能背诵，他甚感高兴。不过，他希望我在此方面下更大功夫。他说他本人在私塾十年级时就能背诵他抄送给我的全部古籍，还能背诵《诗经》《楚辞》《唐诗三百首》《古文观止》以及当时刚成书不久的《宋词三百首》中许多篇章。

195

大学毕业那年暑假里，我陪祖父母和叔祖三位老人，登临故乡一座高山的峰顶，参观一所据传有上千年历史的古庙。站在山巅巨石上远眺，看到万千青瓦黄墙散布在高低起伏丘陵间，无数村民在田间地头忙忙碌碌，叔祖颇有感触。他说人生如登山，有人从谷底开始爬行，有人从山脚起步动身，有人从山腰向上攀登，还有人一出生就立足山顶。他本人时运不济，奔忙攀爬一辈子，仍停留在山脚；而我虽"身无彩凤双飞翼"，但还算"心有灵犀一点通"，加上时运不背，故堪堪从山谷爬到半山腰附近。

叔祖病逝时，因远在外地参加学术会议，我未能及时返乡奔丧，深感遗憾。待数月后我回到故乡时，其坟堆上已杂草丛生。在其墓前焚烧自撰祭文一篇，聊表哀思和谢忱。撰写祭文前，曾向族老打听叔祖生平。

少时，他在家乡一集镇上读私塾 10 年。他未进新学，是因其父亲曾为清末太学生（因 1904 年废除科举而无机会考取功名），偏爱旧学，不喜新学。青年时期，他在家乡一墟集附近开办私塾 12 年——期间一度因日军侵略而中止办学，同时为家族纺织作坊兼做会计工作。共和国初年，所办私塾被改造为公学后，他留任新式学堂国文教员 3 年，后因教学理念和方式不合，毅然辞职返村。人民公社存续期间绝大部分时间里，因不善务农，他常遭刁难戏辱。如因不会掌犁扶耙，他只得弯腰弓背在水田里拼命拉犁拽耙，稍不留神走慢半拍，就被犁刀耙刺割伤腿脚；因不会打稻脱粒，他只得在打谷机后忍受强烈刺激以铲谷推机，有时穗须钻眼，疼痒难当，目不能视，而打谷机已被拖出老远，他站在原处，手足无措，尴尬万分。"文革"结束后至本地农村实行土地家包制前，他受聘担任生产队会计，以记账精确和核算精准著称。1980 年代初以来，他率家人承包三亩多水田旱土，耕耘种养风雨无阻，积年累月不辞劳苦。

叔祖一生嗜书好酒，乐于以文助人。1980 年代中后期，在温饱无虞后，他曾奔走四里八乡，枲米卖豆换取线装古籍，共收集古籍数百册，论数量与其早年藏书相当，暮年常以此自慰。1980—1990 年代里，他经常应邀为远近乡亲，免费撰写春联、婚联、寿联、挽联、贺辞、祭文、书信、诉状等，有求必应，概拒润笔，但送酒或请酒例外——他只喝农家自酿低度烧酒，不喝酒厂瓶装高度白酒，究其主因，不在他酒量有限，不胜高度白酒，而在他不愿给请托人造成经济负担和心理压力，瓶装白酒毕竟远贵于自酿烧酒。他早年撰有诗文 40 余篇，一直珍藏原稿到其弥留之际。

在他辞世多年后，我从族谱中得知，叔祖族名世祉，又字长庚，后辈人一般不知他有此别名。

五

上次回老家是在 2013 年初秋。见到村里家家户户盖起三四层红砖房，参差排列在山麓。听说这一栋栋外墙装饰华丽的独立小洋楼，除春节期间外，平时大多无人居住，因其主人常年在城镇打工，而他们的未成年孩子，或在父母打工地借读，或寄宿于亲戚家。一二层土砖房尚未拆除，四户人家围成的天井仍在，然其中早已无人乘凉。当年乘凉人，或先后离世，或远嫁他乡，或在外打拼，或迁居城镇。

皓月当空，稀星璀璨，皎皎明月一如昔年，洒满天井底一方方青石板。蛩鸣悠长，空屋寂然，习习晚风过户穿窗，引发咯咯吱吱一阵阵轻叹。伫立良久，又徘徊数圈，离去时适逢云遮月断，天光陡然暗淡。仿佛看见，一手捏薄薄小册子一本，一手端小小煤油灯一盏，叔祖从其堂屋缓缓走出，摇摇颤颤。揉揉双眼，发觉原来却是远处路灯，透过废屋门窗，投入天井，慵慵懒懒。仰望西天，那颗熟似亲人的晚星，突显更近更亲、更亮更炫。

在早年食不果腹然而内心充实的求学岁月里，无数个清晨引我上学的那颗东天亮星，是启明星，无数个傍晚伴我回家的那颗西天亮星，是长庚星，而其实，二者原是同一颗星。

◆本文原载于【文史博览·力量湖南】微信公众号 2019 年 10 月 16 日

197

若 要说母亲给我留下了什么刻骨铭心、难以忘怀的事情，好像又没有，我们母女之间的相处一直是平平淡淡。但母亲就像是我生命里的一盏灯，始终用她那温暖的光陪伴着我、守护着我。母亲，您在天堂还好吗？

·扫码收听·

傅莉娟：母亲告诉我，女人要自立自强

口述 | 傅莉娟　文 | 仇　婷

198

　　我的母亲出生于 20 世纪 30 年代，湖南长沙人，抗日战争时期逃难到了平江县，由此与父亲结识、成婚。我 13 岁那年，父亲便早早过世，于我而言，母亲是这一生影响我最深的人。

　　母亲出生于知识分子门第，自小熟读古书，那时候在乡下，母亲经常帮乡里乡亲看信、写信。母亲口才也相当好，在我的记忆里，母亲经常扮演"乡村调解员"的角色，婆婆姥姥或者是妯娌之间打了架、扯了皮，都要请母亲去主事。母亲知书达理，而且为人肯帮忙、处事有魄力，因此在我们当地非常有名望。

　　父亲过世时，我的两个哥哥已经成婚分家，母亲带着我和二姐一起过。那时候家里穷，屋里没有电也没有灯，为了节省煤油，母亲经常带着我们姐妹俩坐在巷子口，借着巷口微弱的光看书。尽管出生在偏僻的农村，但母亲想方设法把能看的书都找来给我们看了，于是我小时候便读完四大名著等书籍，也正是在那个时候，我养成了喜爱读书的好习惯，并且一生受用。

　　读书的时候，我学习成绩很好，但高考成绩却不太理想：第一次没考上，第二次只考了个中专，第三次 1983 年才考上西南政法大学。那时候的农村，能够送女儿参加高考的家长已经不多了，连续考三次都不放弃的就更少了，我的母亲就是其中之一。她一直鼓励我要考上大学，要走出去，她说："女孩子一定要有一技之长，才能安身立命，才能做自己的保护伞。任何时候都要靠自己，独立了你才能自由。"

说起来，母亲的一生过得并不顺遂：年轻时遇上战乱东奔西躲，从省城逃到乡下，由此改变了一生的命运；一手拉扯大4个子女，二姐却又在18岁过世，令母亲悲痛不已。但母亲坚强、乐观、隐忍，从不言痛、不言苦，如果说这种品质能传承，那么我在某种程度上是得到了母亲的"真传"。

1987年，我从西南政法大学毕业后回到岳阳平江县工作，在当时的小县城里名牌大学生很少见，其中一个原因是我想要照顾母亲。最初是把我分配到县法院，但最终是去了县司法局，当时的律师事务所都是"官办"，我做起了律师，因为这与我的专业相关。工作后我也从来没有放松过学习，后来通过两次"公选"，我先后担任过平江县副县长、湖南省妇联副主席等职务，现在又回归法律本行业。

本来是说"照顾母亲"，其实后来的很多年一直是母亲在默默地照顾我，照顾我的家庭。我爱人当时在部队，我们两地分居，女儿还小，而我的工作非常繁忙，几乎无暇顾及家庭。母亲身体不好，但依然帮我接送女儿、做饭，最大力度地支持我的工作。记得有一回，母亲生病了，女儿也生病了，一老一小一个住内科一个住儿科，我只得跟医院申请把她们俩安排到一个病房，方便照顾。

回想起来，我也经历过许多重要的时刻，但母亲的乐观开朗影响着我，我也一步步脚踏实地地走过来了。如今我的女儿也已结婚生子，我时常提醒她要

// 人物名片 //

傅莉娟： 全国政协委员、湖南省政协副秘书长、省司法厅副厅长

独立自主，要与人为善，像她的外婆那样做个受人尊重的人。

1995年，母亲永远离开了我，一晃20余年了。回想我与母亲这一世的缘分，可能比别人家的母女要更加深厚，因为我们母女俩在一起生活了30年，相依为命。但若要说母亲给我留下了什么刻骨铭心、难以忘怀的事情，好像又没有，我们母女之间的相处一直是平平淡淡。但母亲就像是我生命里的一盏灯，始终用她那温暖的光陪伴着我、守护着我。母亲，您在天堂还好吗？

◆本文原载于【文史博览·力量湖南】微信公众号2018年3月8日

我的母亲虽然平凡，但上进、坚强、富有韧性，几十年来，她一直都是我们三姐弟直面生活的力量源泉。

汤浊：
母亲一直是我直面生活的力量源泉

口述│汤　浊　文│仇　婷

母亲是 2002 年 10 月去世的，走了有 16 年了。这 16 年里，我多次想为逝去的母亲写点东西，却一直未能落笔。想写的回忆实在太多了。

我的家乡位于张家界市大庸县，母亲是小县城的一名裁缝，学徒出身。因家中贫困，小学刚读到 2 年级，8 岁的母亲就被送去学裁缝。她学裁缝的地方是在我外公的一个堂兄家，我称之为"二外公"。那个年代当学徒除了要学习手艺，还要在师父家承担一定的家务，帮忙做做饭、打扫卫生。对她来说尤其困难的是每天要开门、关门——当时的铺门是木梭板门，木板一块一块的，又大又长又沉，清晨开门时要一块一块卸下来，晚上关门时又要一块一块装上去，这对年小体弱的母亲来说确实是个累人而且危险的力气活儿。

从 8 岁到 13 岁，母亲整整学了 5 年的手艺，随着学徒一批一批进来，母亲开始正式担负起裁缝的工作了，不用再干杂活，生活条件也慢慢开始变好。后来国家实施公私合营，大庸县建立了裁缝厂，属于集体单位，母亲就离开了师父，去了裁缝厂。其实当时公私合营是很新鲜的事儿，甚至是前途未卜的。

在缝纫厂虽是干着小裁缝的工作，但母亲舍得钻研。当时中山装口袋上的翻盖是一种"心"形的式样，那时候没有定装技术，翻盖是手工缝制的，尽管能用熨斗熨平，但容易往上翘，显得不够严肃。母亲琢磨了很久，如何让这个翻盖不上翘，后来她想到了一种方法——做两层翻盖，把两层盖子缝在一起，再将里面的那一层绷紧一点，产生的力度就使得整体的翻盖很服帖了。用现在的话来说，母亲是很有工匠精神的。正是如此，母亲算得上是她们缝纫厂缝纫技术的"第一把交椅"，20 世纪六七十年代，缝纫厂每年都派母亲到上海、长沙等地学习。那个时候，能被一个集体单位的裁缝厂选派出去学习，算是很了不起了。

也正是在裁缝厂，她遇到了我的父亲，两个人自由恋爱，组建了家庭，开启了一段新的人生。

我的父亲是货郎担出身，曾经摇着铃铛走街串巷，后来"漂"到大庸县才开始学习裁缝手艺。两个人虽然都是裁缝，但分工很明确：父亲负责裁，母亲负责缝。因为手艺好，在他们缝纫"最高峰"的时候，小县城里有头面的人一定点名要爸爸裁、妈妈做的衣服。记得那时候一到过年就是父母最忙的时候，镇上的人们都要穿漂亮衣服过年，我的父母就要不断加班加点赶工。正是这份勤劳上进，使得当年白手起家的父母在小县城买了自己的房子，虽是木板房，但我们有了真正意义上的自己的家。

那时候我和两个弟弟寒暑假都要给母亲帮忙，大弟弟卖冰棍，一根冰棍三分钱，我和小弟弟就跟着母亲在工厂里做小工，我们缝扣眼、钉扣子、剪线头挣学费。那时帆布挎包是成批量生产的，做好了之后会有很多线头，剪一个挎包的线头是两分钱，我们一个晚上可以剪五六百个挎包的线头。日子虽然清贫，但我们也有自己的"优势"，因为母亲很会做衣服，所以我跟班上女同学的关

───────────── ∥ 人物名片 ∥ ─────────────

汤浊： 湖南省政协常委、民盟湖南省委副主委

系都很要好，她们有什么想要的衣服样子，母亲就能帮她们做出来。而且正是由于母亲职业的缘故，在穿着款式方面我一直都有着家庭"优越感"，而我的闺蜜和同学经常要凑钱才能买一点布，做她们想要的款式的衣服。

从小，母亲教导我们说："要努力，要使劲读书，一定要做个有能耐的人。"母亲这句话印在我的脑海里。从小到大，无论是学习还是下地干活，我都是努力跑在前头的那一个。

从小学五六年级开始到初高中，都有支农老师带着我们背着背包去参加"双抢"，我们插秧、割稻子。那时候我是班干部，是要冲在第一线的，我插秧插得可快了，班上很多男同学的速度都比不过我。相比之下，插秧、割稻子还算是一种享受，最苦的是拿着稻子放到打谷机里面去打的这个过程。那时候的打谷机要一边打一边踩，我们小女生个子小，也没有力气，稍有不小心就可能连人带稻子一起滚进去，所以我们就负责把稻子一捆捆送到强劳力手边，让他们来打。这可苦了我们了！他们打谷子的速度很快，我们也要很快地将稻子递上去，割完稻子后的稻桩很是尖锐，我们光着脚在田里跑，稍不小心脚就会被稻茬割破。特别是到了下午两三点钟，太阳一晒，水热得发烫，再加上水里的石灰一浸泡，双脚火辣辣的，疼得要命。所以每次"双抢"结束，我的腿上都是像生了溃疡一般，血糊糊的。

学习上，我也继承了母亲的勤奋与上进。高中时，我就读于张家界一中，当时我们那一届有 6 个平行班，只有我一个人当上校团委委员，和我的班主任是学校入党积极分子培训班的同学。1976 年，我高中毕业后当了一年多的知青，随后，1977 年恢复高考，我考上了吉首大学，而当时 6 个平行班里考上吉首大学的也就两三个。

母亲做了一辈子裁缝，一直到她退休了，很多做手艺的师傅，包括一些以前的老顾客都与她有往来。

60 岁那年母亲被检查出乳腺癌中晚期，当时我很是着急，我的小弟弟当时在德国，我只有一个愿望——希望弟弟回来的时候，我们的家还是完整的。但是母亲对自己的病情一直很坦然，做完手术后，母亲好了 5 年的时间。在那 5 年里，我的闺蜜在《大众电影》上看见某个电影明星画片上的衣服样式，拿过来让母亲做，母亲都会尽力满足她们的要求。到了后来，病情日渐严重，母亲身形憔悴、饱受折磨。在最后的日子里，当我的闺蜜们提出要来看望她时，

203

◎汤浊一家人合影

她却拒绝了。母亲说："我想在最后给她们留下汤姨一个美好的形象。"

我的母亲一生没有受过很好的教育，但她是一个有智慧的女人。曾有人说，"我的一切荣光与骄傲，都源自母亲。"的确，我的母亲虽然平凡，但上进、坚强、富有韧性，几十年来，她一直都是我们三姐弟直面生活的力量源泉。也正是母亲含辛茹苦的养育与教诲，我们三姐弟才能一步步踏踏实实走到今天，有了今天的一切。这份恩情，无以为报。

母亲走后的16年里，无数个夜晚，我都会静静地想念她、想起从前的岁月，回忆母亲细绵的爱意。母亲，今夜您会来我的梦里吗?

◆本文原载于【文史博览·力量湖南】微信公众号 2018 年 12 月 19 日

·扫码收听·

我的父亲是千千万万普通农民中的个体，扎根于农村，奉献于农村，终日劳作、默默无闻。他的一生平凡，不善言辞，没有惊天动地，也没有轰轰烈烈，但于我而言，父亲是我心中的大山。

刘春生：从父亲的棍棒底下走出大山

口述|**刘春生** 文|**仇 婷**

我的家乡位于湖南省株洲市攸县皇图岭镇的一个小村庄，罗霄山脉中段，群山环绕，自然资源贫瘠，人均不到半亩耕地。我的父亲就出生在这样一个贫苦的山村。

爷爷28岁时因病离世，奶奶随后改嫁，留下四个孩子。那一年父亲不到10岁，两个妹妹、一个弟弟都给人家抱走了，留下父亲一人孤苦无依。自那之后，父亲只能依靠放牛、在地主家打长工混口饭吃并长大成人。

父亲一生艰苦，也没什么文化，但深知棍棒底下教出的孩子才能勤劳、本分，因此对我这个长子的教育分外严格。我8岁时继承了父亲的"衣钵"，成为一名放牛娃，专门给生产队放牛，一放就是7年。偏我生得调皮、活泼，牛吃了人家的庄稼是常有之事，于是因为放牛挨过的打不计其数。

记得有一年夏天，缝纫师傅挑着缝纫机上门来做工，母亲给我做了条短裤。在那个缺衣少食的年代，能做一条新短裤是很奢侈的。第二天我就迫不及待穿上新短裤，跟小伙伴们一起去山上放牛。孩子一多，馊主意就都来了。不知是谁提议，几个孩子一起从山顶一个沙石头坡上滑下来，大家欣然同意。1、2、3……滑下坡后，我的新短裤里也露出了两个屁股……回到家里，父亲抡起扫帚狠狠地打了我一顿。

还有一年大年三十，天亮一起床就穿上新衣服，一家人兴高采烈地过大年。但我承担着放牛的"使命"，必须清早就把牛拉出去，让它吃饱以后再回来。那天把牛牵出门后，我径直把它带到一条水沟旁，老黄牛低头吃着鲜美的水草，我就踩在牛背上开始唱起京剧《智取威虎山》，"穿林海、跨雪原、气冲霄汉，抒豪情，寄壮志，面对群山……"正陶醉在主角杨子荣的威武霸气里，突然老黄牛身体一抖，我一不留神"噗通"掉进了水沟里，泥巴浸满一身。一年才可能做一件的新衣服还没穿热，就这样没了。

耷拉着脑袋回到家中，父亲见到我这副德行气不打一处来，大老远的就拿着根棍子追过来。自然，又免不了一顿打。

回想起来，我的童年与牛的故事是最多的。从8岁开始，每天早出晚归，早晨牵出去让它吃饱回来，下午放学后又牵出去，借着牛吃草的空隙我还要打满一篓子猪草或打一担柴草带回家。不论刮风下雨、天晴还是下雪，当别的孩子玩的时候，我一年365天每天都要起草贪黑地承担着放好牛的责任，一直放到15岁。那7年，确实需要依靠毅力来坚持。

高中毕业后我没考上大学，于是在农村当了一年"专业"的农民。养猪、放牛、犁田、插秧……那一年，我与父母一同日出而作、日落而息，对父母、对农民的艰辛深有体会。20世纪80年代的农村还是集体经济，农民辛勤劳作但依然生活贫苦，而我才17岁，对于农村未来的发展、对于我个人未来的发展，都迷茫而不知所终。

一天，一位邻居来家里给我说媒，他跟我父亲说了很久，意思大致是：春

———— // 人物名片 // ————

刘春生：湖南省政协委员、民革湖南省委副主委、株洲市人大常委会副主任

◎刘春生的父亲 82 岁生日家人合影

生个头瘦小、身材又单薄（农村营养跟不上，那时候体重才 90 斤），现在回家务农，除非给配个生产力好点的老婆，否则怕是在农村过不下去……正当父亲听了这席话低头锁眉之际，邻居开始兴冲冲地介绍起旁村山沟沟里的一个女孩，"一米七几的个头，150 多斤，能犁田能挑粪，里里外外一把好手，她如果能配你儿子，那你就不用操心儿子了，你看行不行？"听到这里，站在一旁的我一股无名火怒烧起来——难道我这辈子就这样完蛋了吗？实不甘心。

1979 年，恢复高考的第三年，我提出要复读。父亲不同意，我上有姐姐，下有一个弟弟一个妹妹，养活家里 4 个孩子都困难。于是我开始闹脾气，并搬来奶奶和外婆做思想工作，最终父亲同意借钱让我去攸县二中复读。

以前我是读的高中理科，复读后我从头开始学文科。好不容易争取到的也许是唯一的一次机会，我必须背水一战。初进班级，我是倒数第五名，到预考前我已经是班级前五名，当时班主任把我作为重点大学培养对象。预考结束后，当我兴冲冲地去学校揭榜时，榜上却没有我的名字。当时的高考制度是，预考不过就不能继续参加高考，等于是预考要刷下一批人。这个结果让我觉得天昏地暗，几乎对人生彻底失去了信心……但想起父母亲苍老的面容，我还是强忍着内心的痛楚走回家，病了一个礼拜，不吃不喝。

在我人生最灰暗的时刻，转机却来了。

当时通过了预考的同学要继续参加高考复习，老师就把预考的试卷发给大家总结分析。一位姓谭的同学分到了我的试卷，他发现有一科分数不对，一算，少计了 10 分，然后又把其他几科全部重算了一遍，发现总分一共少了 41 分，

207

而加上这 41 分我已经将预考分数线远远抛在了身后。

事情发生后，我的班主任老师和校长立马上报了县教育局，再层层申报到省里，最终特批了全省唯一一个新增的参加高考的名额。

通过高考，我考上了湖南省粮食学校。父亲看着通知书上的"粮食"两字特别高兴，连说了三个"好"。我问他"哪里好？"他说"至少不怕过六零年那样的日子，有饭吃。"1960 年前后，三年自然灾害时期，父亲经历过那样的日子，因此对"粮食"特别有感情。再加上那时候考上中专就是干部身份，还包分配，也算是没有辜负父亲。

考上中专之后，父亲对我就不再是棍棒教育了。身为家中长子，从某种意义上来说，我成了年迈父亲的臂膀，接力父亲支撑着整个家庭。我参加工作很多年后，我的父母和其他姊妹还都生活在农村，农忙的时候我会请假回去帮他们下地干活。父母时不时会进城来看看我，住几天，顺带给我送点自己种的蔬菜，十几年来一直如此。

回想起来，我的父亲是千千万万普通农民中的个体，扎根于农村，奉献于农村，终日劳作、默默无闻。他一生平凡，不善言辞，没有惊天动地，也没有轰轰烈烈，但于我而言，父亲是我心中的大山。在我们尚未长大之时，一家六口人的生计全系在父亲身上，父亲是全家人的靠山；在全家吃饭都成问题的时候，他虽然为难，却还是一咬牙把我送进学校复读，这个决定改变了我的一生；当我走上领导岗位后，尽管家里兄弟姊妹都在农村，但父亲从不要求我为他们找关系安排工作，反而无数次叮嘱我一定要诚实、忠诚、本分，要珍惜当下。他只盼着自己的儿子工作能更好、更出色。

对父亲，唯有爱，和深深的敬重。

◆本文原载于【文史博览·力量湖南】微信公众号 2019 年 4 月 3 日

阴阳两隔，我再也没有机会告诉父亲"原来是我们误解你了"，也没有办法再对父亲说一声，"对不起"。

易露茜：
我再也没机会对父亲说声"对不起"

口述｜**易露茜**　文｜黄　璐

可以说，我们家是一个挺特别的家庭。

在大多数家庭里，大年三十是阖家团圆吃年夜饭的时刻，气氛是欢乐、轻松的。但在我们家，有一项铁定的家规——要开一个颇为"紧张"的家庭会议。

"今年你为党和人民做了哪些事情？今后还有哪些事情要注意？怎样防范腐败的风险？明年有怎样的工作设想……"我的父母和我先生的父母都是"老革命"，四位老人就像四位"纪检书记"，时时"盯着"我们，教诲并督促我们规范自身言行，培养家国情怀。这是每年大年三十的必修课。其中，不得不提我的父亲。在很长一段时间里，我和父亲之间有着未解开的"心结"。

我父亲是从血雨腥风的战争年代走过来的。他是解放前参加革命的老同志，是一名曾经参与抗美援朝的军医。曾听他说起过战争中的故事，没有牙刷牙膏，他们就拿点雪放到口中咀嚼，这便是漱口；没有烟抽，他们就捡点树叶，点着熏一下。以他的经历而言，很多苦难都只是"small case（小意思）"。但从我们这一代人来看，他对我的严格要求，严到难以忍受甚至有点"不近人情"。

对于父亲，我一直有两个"误解"。

一是认为他抠。从小到大，要从父亲口袋里找出5分钱来是很难的，他手

209

头只要有点钱就存银行。有一次，他的鞋子破了要修，可是修完后，手头拿不出买单的 5 毛钱，只好对修鞋的师傅说：明天我去银行取钱来给你——这一故事曾经被当地人当段子广为传播。我从小到大都是穿我妈妈的旧衣服，直到上大学。作为爱美的女孩子，谁都想打扮得漂漂亮亮，但是这在我们家里几乎不可能。事实上，当时我们家经济条件挺好，父母都是国家干部，是所谓的吃"国家粮"的，但是只要一发工资，连我妈妈的工资也都被我父亲拿走——留出基本的生活成本后都存到了银行。但是钱到哪里去了？很长一段时间里，我们都很纳闷，不理解，他也从来没跟我们说过。

对父亲的第二个印象就是严。小时候在我们家墙壁上有一面"流动红旗"，从礼拜一到礼拜六（那时候还没有双休日），每天晚上，我和哥哥的表现都要被父亲评估以决定谁能被授予这面红旗。标准自然是由父亲来定，诸如今天背了几个英语单词、在学校里做了什么助人为乐的好事、干了些什么家务活、考试是否名列前茅……

有一次，流动红旗在我那边墙上挂了一个月。

那时，我们班有一名来自农村的同学，由于家庭条件十分艰苦同时又遭遇了一次变故，我把好不容易攒下来的 5 块钱零花钱匿名捐给了他。后来学校查出来了，就告诉我父母说："你女儿在学校里做了一件大好事。"

因为这件事，流动红旗牢牢地挂在我的那边墙上，整整一个月。

父亲对我们在学习和生活上的要求都是相当严格的。有一次我感冒发烧，实在爬不起来，就对父亲说，我走不动了，今天不想去上学了。但父亲说：你走不动我背你去——结果他硬是把我背到了学校。

//人物名片//

易露茜：全国政协委员，农工党中央委员、湖南省委副主委，湖南省卫生健康委员会副主任

◎易露茜的父母

父亲的"抠门"和"严格"，让我一度对他难以亲近，误解也越来越深。更多时候见到他，只是基于一种孝顺和礼貌的寒暄，而内心却十分排斥。

2015年8月15日，我正授派在西藏看望援藏医疗队，突然接到父亲意外去世的消息。当时对我的打击非常大，也成为我一生永远的遗憾——因为我觉得跟父亲之间还有心结没有解开，原以为在他的有生之年还有机会。回到家中，参加父亲的遗体告别仪式。父亲在留下的遗书中，明确要求不允许开任何形式的追悼会，不允许有任何违反中央"八项规定"的行为，要求子女一定要以身作则。

而当他的一个生前好友讲述其生平事迹时，我们才知道，原来那么些年里，父亲用积攒的钱，资助了很多失学儿童，也帮助了很多没有钱救治的病人。那时那刻，我特别的自责、懊恼、伤心，嚎啕大哭——因为阴阳两隔，我再也没有机会告诉父亲"原来是我们误解你了"，也没有办法再对父亲说一声，"对不起"。

直到今天，在我的人生经历中，无论是身为专家学者还是人民公仆，无论是在医院高校还是在政府部门，我都严于律己，不计个人得失但求悬壶济世、为人师表和执政为民。这固然有自身的努力，但也源于良好的家风。有父亲这些长辈的言传身教，我没有任何理由不克己奉公，尽心尽力做一个于社会、于人民有益的人。

◆本文原载于【文史博览·力量湖南】微信公众号2018年3月6日

如何做医生？长辈用行动告诉了我：要真正关心病人。

徐自强：行医，是我们家四代人的坚守

口述｜徐自强　文｜黄　璐

我爷爷出生于清朝末年，是一名中医师，建国之初，他在耒阳中医研究所工作。20世纪50年代，全国经济困难时期，物资相当匮乏，许多百姓由于饥饿少粮，患了"水肿病"，用现在的说法就是"低蛋白血症"。而有一个很简单、直接的治疗办法，就是吃黄豆，补充蛋白。

在现在看来，黄豆是很普遍的食材。但是在当时极其困难的时期，连能不能吃得上饭都是问题，有限的黄豆更是被当成一种药来治病，因为黄豆富含蛋白质。

在我小的时候，奶奶经常给我讲爷爷的一个故事。

爷爷作为医生，在当时有一种特权——处方权，开黄豆。在1958年，有人就曾利用这种特权谋私利。有一天，耒阳县卫生局一名领导乔装打扮成一位农民到医院暗访。他提着五斤茶油，对我爷爷说：徐先生（50年代称医生仍叫作先生），这点茶油给你，你就给我开一斤黄豆吧，我家里有一个水肿病人需要黄豆治病。

在当时，五斤茶油已经相当贵重。我爷爷告诉他：你带我到你家里去看，如果确实是水肿病，我就按病情给你开，但是茶油绝对不要。暗访的领导见状，立刻返回卫生局汇报，后来我爷爷受到通报表扬。

我后来上大学了，奶奶还是常常提起这件事，告诉我爷爷是怎么做医生的：做医生要有良心，不能滥用自己的权力。

我的父亲也是一名医生，由于历史的原因被清退回了老家务农，但还是有很多病人跑到我家里来看病。我的父母很善良，经常会把那些远道而来的病人当作客人，提供中餐——来看病还包吃饭，这对于条件并不宽裕的我们家来说，每次都是倾其所有。

记得有一次，有一位病人到家里看病，我妈妈炒了几个小菜与患者一起吃。出于礼貌，我在一边劝人家吃菜："您吃菜啊，多吃点菜。"我妈妈听到后很尴尬，把我叫到一边，责备我说："桌子上都是些萝卜、青菜，算不上菜。"原来在我们农村荤菜才算"菜"，叫客人吃菜实际上就是叫客人吃肉。现在桌子上只有白菜、萝卜，哪来的肉？

现在回想起来，我妈妈的训责让我更为感慨。善良的父母因为觉得没有招待好病人，甚至有点自责。

如何做医生？长辈用行动告诉了我：要真正关心病人。

如今，作为医生的我，当病人来找我看病时，已经不需要在我家里吃饭了，但是，我谨记在心的是，一定要尽最大能力为病人减轻疾苦，要善待病人，让他们把血汗钱用在治疗的刀刃上。

2015年，我们急诊科室收到一个"特殊"的病人，他是一名刚从西非务工回国的民工。那时，埃博拉病毒正在西非蔓延，整个社会舆论环境十分恐慌，而这位病人的临床表现酷似当时的埃博拉流行性出血热。

213

// 人物名片 //

徐自强：全国政协委员、湖南省郴州市第一人民医院急诊科主任

◎救治病人

　　在发现了这一病例后，我们当地卫计委组织当地的专家会诊，初步的诊断考虑：埃博拉流行性出血热疑似病例。

　　病人是在我们急诊科的 ICU 抢救的，我是抢救病人的医生之一。按照卫计委的指示，当天在急诊 ICU 值班的医护人员就地隔离，并负责抢救这个病人。

　　对于当时的病情，大家的情绪是相当紧张的，甚至是恐惧的。我对我的同事说：你们往后退，让我来接触病人，护理上的事也由我来做。我年纪最大，即使要有牺牲，按排队也是我排在最前面。

　　于是，我为病人插胃管喂药、留置导尿管，观察病情。幸运的是，第二天，病人的病情明显好转，诊断也出来了——患的是恶性疟疾。

　　应该如何做医生？以病人为重，这是我的职责。

　　也总有人问我，如何能够在急诊科 22 年，一直坚持？尽管急诊科室往往意味着风险大、环境差、工资待遇也不高，但我告诉他们，"当病人躺着进来，经过我们的治疗能让病人站着回去，这就让我很有成就感。"

　　我的儿子，现在也是一名医生，也成了我们家里的第四代医生。我很欣慰。我不要求他一定要成为一个大医生，但我告诉他，一定要成为一个好医生，一个让病人称赞的、满意的医生。

◆本文原载于【文史博览·力量湖南】微信公众号 2018 年 3 月 14 日

214

·扫码收听·

我始终谨记，作为一名儿童医生，要以人为本，医生承担了病人和家人的希望与寄托。在从医的道路上，父母对我的影响也始终陪伴我、督促我、激励我。

钟燕：从医路上，从来不忘父母爱

口述|钟 燕 文|黄 璐 夏丽杰

在很长一段时间里，父亲对我细致的爱，是我直到离家读书之后，才开始慢慢意识和体会到的。

1980 年，我第一次离开长沙，去外地读大学。正值夏天，天气十分炎热，宿舍里蚊子飞舞，室友们纷纷商量着出去买蚊帐。我打开行李箱，发现装有蚊帐，挂蚊帐的四个角的小绳子都用小口袋扎好，准备得齐齐妥妥。这一刻，我想起为我准备行李的父亲，在为女儿准备行囊时是怎样的心情。行李箱里的蚊帐绳沉默地提醒着我，一直被我忽略、未被我发觉的父亲深沉与细腻的爱。

这种融进日常生活的关爱，是我离家独自在另一个城市时才开始察觉的。比如，从前在家时，我一直觉得父亲沉默寡言，对我们也十分严厉。然而，当我到外地读大学时，每个月都会收到一封接着一封父亲给我写的信，信中他常常叮嘱我要照顾好身体、好好学习，字里行间是他和母亲两人无时无刻的牵挂。

人们常说，女孩子总和父亲更亲近些，我那时候也是，心里话总是很愿意同父亲说，其实那时我一年也不能见父亲几次，却也不知道为什么，有什么事都更愿意同他讲。也许是因为他知识面广，不管聊什么，他好像都知道，也总能给我出主意，我们总能找到共同话题。

215

对我来说，大学学医的过程并不轻松。学医的课程很多，在其他专业的同学可以去结伴看电影、出去玩的时候，我们医学生还要做功课、做实验。医学生的使命感和责任感也在无形中给了自己更多压力。就如父亲在写给我的信里说的："当医生是人命关天的事，你要好好学习，当一名合格的医生。"

大学毕业之后，我被分配到省儿童医院，医院离家很远，需要每天早出晚归，也要轮流值晚班。但那时候，我并没觉得女孩子干这份工作很辛苦，父亲也没有这样和我讲过。在父亲看来，这种辛苦是理所当然的，做医生这份工作就应该这样，要认真把事情做好，要为病人减轻痛苦。

在我的从医路上，父亲的严格和细心也对我影响很大。

他是一名老知识分子，在中南大学矿冶学院从事冶金研究，后来是一名技术人员，做事相当严谨。这一点影响着我，做事要提前计划、做好准备，严格守时。做医生一定要有很强的时间观念，做好计划的同时还要留出紧急事件的时间，绝不能耽误病人的紧急救治。

第二是细心，任何事都要考虑周到，绝不能马虎，人命关天。医生这一职业责任重大，有时候，这根紧箍在心上的弦，甚至让我达到一种职业强迫症的地步：开药总要检查一遍又一遍，任何环节都需要实打实的严谨和细致。

父亲也一直用他的行动教我宽容。父亲不喜和人计较，口头禅总是"算了算了"。记得我刚参加工作的时候，面临医患关系紧张的情况，有患者家长对我态度不太好，我会觉得心里不舒服，但后来想想父母宽以待人的作风，尝试与病人家属换位思考后，一切也就不再计较。我也常和同事们讲，一定要把负面情绪淡化，要把矛盾化解，服务好病人是最关键、最重要的。

———— ∥ 人物名片 ∥ ————

钟燕： 湖南省政协委员、省儿童医院保健所所长

◎钟燕的父亲和母亲

我性格中的认真和细心来自父亲，温和与耐心则来自母亲。

儿科被我们俗称为哑科，因为孩子不能把病状说清楚，只能靠家长描述，作为医生则一定要细心才能观察到。孩子哭闹是常见状况，需要医生有耐心；小孩子也总会害怕医生，这时需要医生有爱心安抚孩子。

1999年，我下乡扶贫回来，临时接到通知去儿保门诊顶班，一顶就顶到现在。从那时条件简陋的儿童保健科变成如今全国有名的儿保所，从2名医生、2名护士发展到12名医生、12名护士，门诊量去年达到了13万人，挂号预约号源一放出来，就被预约满了——这见证着大众对于传统保健观念的变化。

我们现在做的儿童保健工作，和医生的临床诊治有很大差别。治病需要对症下药，针对病因解决疾病问题，而保健则是把人的身体当作一个完整系统来调理的过程，涉及身体的各个方面，而不是治好病了就走，需要温和的态度和充足的耐心。

"治于未发之前"好于"治病于初起之时"，更好于"治病于危急之中"，这就是"良医治未病"。我始终谨记，作为一名儿童医生，要以人为本，医生承担了病人和家人的希望与寄托。在从医的道路上，父母对我的影响也始终陪伴我、督促我、激励我。

◆本文原载于【文史博览·力量湖南】微信公众号 2018 年 10 月 20 日

217

·扫码收听·

我喜欢挑战，把研究当成一种无上的乐趣，夜以继日埋头苦干也不会觉得累。遇到困难时，想起父亲教育我的那些话，无形中又有了前行的力量。

饶育蕾：父母的距离

口述|**饶育蕾**　文|**仇　婷**

　　坐在父亲单车后座上，搂着父亲的腰，让自己的裙角飞扬起来。父亲当时还是军人，穿着整洁的军装。20世纪70年代，军人是人人都羡慕的职业。这是我少女时期的甜蜜记忆，当时我就是世界上最幸福的小公主。

　　都说女儿是父亲上辈子的情人，当时穿着军装的父亲就是我的偶像，只是这个偶像有点"遥不可及"。因为父母工作繁忙，家里3个小孩，除了大姐一直在父母身边，我断奶后就被送到浙江诸暨的外婆家，而小妹则被放在奶妈家里寄养。一年到头，见到父母的次数屈指可数，感觉离父母距离很远。

　　一

　　应该说我的童年记忆全部跟外婆有关，在读完初中回长沙前一直生活在她身边。和天下所有慈祥的外婆一样，外婆给了我太多太多的关爱，这让我并没有因为父母不在身边而缺少爱。相比于同龄孩子，因为父母都是国家干部，我算是衣食无忧，外婆还总会往我口袋里放零花钱，小女孩可以买自己喜欢的零食。

　　我也成了外婆的精神支柱，当时外婆瘫痪在家，每天我放学回家，她就一刻也不能看不到我。我也会很乖巧地坐在她身边写作业。有时候，我们两个静静地坐在家里，彼此什么话也不说，现在想起那个画面都很温馨。

我们一家人只有过年时才能团聚一次，可以看到父母，可以跟姐姐妹妹一起玩，那是我孩提时最开心的时光。而过完年，父母和姐妹们相继离开，热热闹闹的屋子又重回空荡，有时我和外婆坐着很久很久都不说一句话，仿佛心里被掏空了。

小孩子终究是离不开父母的，父母来是我小时候最美好的期盼。记得有一回，听说母亲那天要来，我兴奋地跑到母亲过来的必经之路等，等到天黑，没能等来母亲，回到家觉得很难过。然后忽然发现母亲真的来了，那真是"大悲大喜"，现在都记忆犹新。

那时候身边人都叫我小名"湖南图"，其实这是他们对我的昵称，但也一定程度上"暗示"着小女孩敏感的心，觉得我不属于这里，我将来要回湖南。这时候其实我性格中的"犟"已经显现出来，记得我读小学时学习成绩很好，因为我不想被别人小看。

或许是因为我不是本地人，父母不在身边，我曾一度被班里同学欺负、孤立。有一次一同学故意欺负我，我明明打不过她，但我却奋力回击。

上帝对人是公平的，让你欠缺什么一定会在另外一方面给予补偿。小时候父母不在身边，但这正培养了我们的自强自立精神，这是我们日后生活工作中最宝贵的财富。我们也曾碰到很多困难和挫折，但是我们都觉得"没什么"，可以承受，想办法去解决。

其实我的父亲也是这么成长起来的，不到 14 岁他就离开家乡四川去东北

————————————《人物名片》————————————

饶育蕾： 湖南省政协委员、中南大学金融创新研究中心主任

◎饶育蕾和父母

求学。14岁的少年远离父母被"丢"在一个与家乡风土人情完全不一样的地方，我其实很理解少年时的父亲，也理解了他为什么舍得将我跟妹妹不放在身边，也理解他日后的坚韧和敬业。

父亲后来参加革命入伍，先后参加过解放战争、朝鲜战争，再随部队南下，来到湖南，从部队转业后一直在湖南省委办公厅工作，最后在"省委副秘书长"的岗位上离休。

220

二

初中毕业后回到长沙，在父母身边没有几年，没想到父母再一次将我"送走"。

刚回到长沙的我人生地不熟，语言不通，饮食也不习惯，学习成绩更是跟不上趟。让我没想到的是父母坚持将我转学到岳阳市平江县一中读高中。平江是革命老区，这里是有名的"将军县"，但这里也是贫穷落后的地区。当时我有些同学连米饭都吃不上，每天就是吃红薯米。

后来才知道，父亲事先来这里"考察"过，平江一中在山区里，安静，是个读书的好地方。我在平江读书时，父亲还"偷偷"地来看过我，但是怕我分心并没有告诉我。

父亲曾谈过为什么将我送到平江一中，因为"现在孩子生活太优越了，我们都是在苦难中长大的，知道吃苦对一个人一生的影响，所以我狠下心把两个女儿都送到了农村（妹妹被送到益阳县一中读高中）"。

也许是从小就没在父母身边，什么都很独立，我其实觉得"并没什么"。我记得当时爸爸同事的女儿也被送到平江一中读书，就很受不了平江一中的艰苦条件，譬如洗澡很不方便，农村的茅厕更是城市孩子们"接受不了"的。她待了不到半年就又回到长沙。

记得那时候，父亲每年的寒暑假都会召开家庭会议，给我们三姐妹讲他的革命经历、以前的艰苦岁月。"吃得苦中苦，方为人上人。"父亲这句话一直在我心里。这"人上人"不是跟别人比，而是指要不断去超越自己。

在平江一中，我的学习成绩突飞猛进，我沉浸在知识的海洋里悠然自得。1981 年，我以优异的成绩考上重庆大学，后又一路念完硕士、博士，进入高校从事金融领域的研究。妹妹也考上当时的华中工学院（现为华中科技大学），现在法国定居。

我喜欢挑战，把研究当成一种无上的乐趣，夜以继日埋头苦干也不会觉得累。遇到困难时，想起父亲教育我的那些话，无形中又有了前行的力量。

因为与他们在一起的时间太少，如果说曾经对父母还有些许埋怨，但在我自己也成为母亲的时候已经释怀，到这个时候，我才懂得为人父母的不得已和苦心。

2000 年，我争取到了去厦门大学进修的机会。当时，我爱人身在日本，女儿只有 7 岁。

动身前夕，还未谙世事的女儿竟写了一张"合同"，保证自己会好好读书，但要求家里唯一陪伴她的保姆不要对她凶，在她不开心时要陪她玩，并要妈妈和保姆签了字才肯"放行"。我心疼不已，但为了提高自己，我最终还是"狠心"去了厦门。

现在 80 多岁高龄的母亲有时会跟我絮絮叨叨讲起以前的事，言辞之间满是对我的歉疚，希望我"不要介怀"。听罢，我潸然泪下。我亲爱的父亲母亲，你们的坚韧影响并激励着我，这是对我最好的关爱，更是我一生最珍贵的财富。

我也早就领悟到，我跟父母的距离并不远，其实很近，很近。

◆本文原载于【文史博览·力量湖南】微信公众号 2016 年 1 月 5 日

·扫码收听·

父亲与少时的我并无很多交流，也很少要求我做什么，但他的勤劳，他的坚持，他的严格也在潜移默化中深深影响着成年后的我。

龚文勇：
父亲的爱，潜移默化，如影随形

口述|**龚文勇** 文|**吴双江 刘权剑**

父亲是一个寡言的人，话虽不多，却一直用自己的行动潜移默化地影响着他的子女们。

一

我有一个弟弟，两个姐姐。孩提时代的我们，每天醒来时，父亲已经将洗漱的热水、吃的早餐都备得妥妥帖帖。那时候烧热水可不像如今这般便利——在家水龙头一拧就出来了，因为我们当时住的房间里并没有独立的卫生间，父亲需要出门去食堂打热水，装满一大桶再提回房间给我们几姊妹洗漱。晨光中，父亲去食堂给我们买早餐、打热水的身影一直深深地印在我的脑海中。那时，父亲总是忙完了这些事情才去上班，几乎每天都是如此。因为母亲的工作需要经常出差，父亲既要顾着儿女的生活，又要忙着工作养家，一直都很辛苦，但他从未把劳累在我们面前表露出来，只是默默地坚持着。

父亲也是一个非常严厉的人。小时候因为调皮不懂事，没少受到他的"教训"。

小时候的我四处捣蛋，经常和一些小伙伴一起干点"坏事"。父亲单位的电话机，就是因为我的好奇心而被弄坏的。旧式的电话机里头有很多的半导体、二极管这样的元件，在儿时的我看来觉得特别神奇。一次，我将父亲单位一台外壳略有破损的电话拆解开来，拿走了里头的几个二极管元件，结果被父亲知道了。

我自然是挨了父亲的一顿打。不仅如此，父亲还要求我写检讨书，写好了经他审核通过后，检讨书被贴在单位的门口，相当于当众向大家做检讨。回想自己小时候，像跪搓衣板这样的惩罚没少挨过，那时真不让父亲省心。

但是对于父亲的管教，我从来都是服气的，他从不会无端地责罚我，而是让懵懂调皮的我明白什么事情可以做，什么事情不能做，在严厉中逐渐教会我做人的道理。

父亲与少时的我并无很多交流，也很少要求我做什么，但他的勤劳，他的坚持，他的严格也在潜移默化中深深影响着成年后的我。

参加工作以后，经常遇到前一天因为工作熬夜，第二天还要打起精神去参加应酬的情况，我也很疲惫，但我总是告诉自己要坚持过去。不怕累、不怕苦的态度，对自己严格的要求，这也是我从父亲那里得到的最难能可贵的品质。

二

在我心中，父亲一直是高大的。可即使是那么高大的他，却也在某个时刻开始让我意识到，父亲是真的老了。

————《人物名片

龚文勇：湖南省政协常委、长沙矿冶研究院智能技术研究所所长

◎龚文勇和父亲在旅行途中

我上大学的时候，去武汉的学校需要坐船。因为没有其他过江的方式，坐车绕路又会花太多的时间。那次，父亲陪着我一起，帮我一起拿着行李，两个大箱子，一个木的，一个皮的，塞得满满当当。

以前的客船靠岸，离岸边其实还有一小段距离，然后从船上支个板子过来，就这么悬着，跟过独木桥似的。父亲让我先等着，自己拿起挑行李用的担子，把箱子往两头一挂，便踩着板子摇摇晃晃地走了过去。

走到半途，父亲突然脚底一滑，差点掉下水去。木板下面没遮没挡，就是滚滚的江水，船身也不矮，若是就这么硬生生地摔下去，那后果真是不堪设想。

但父亲还是稳住了身形。他慢慢地停了下来，把担子抖了抖，继续往船上走。就是那个瞬间，看着父亲这样的背影，我猛然间意识到，父亲是多么不容易，让人心疼。但那时的我也不知该如何表达，只能默默地跟在父亲后面。

真正感觉到父亲老了，是在一辆长途汽车的车厢里。那也是在一次父亲送我上大学的途中，我们从长途汽车上下来，发现有一张票不见了，于是我和父亲回到车厢上去找，我找了半天没有找到，正往回走询问别人的时候，有个人对我说："刚刚有个老头也过来找了好一圈。"

那是我第一次听见有人称呼我父亲"老头"。以前从未觉得父亲真的老了，我一直认为我的父亲，还是那个上楼从来都是一次跨两级、三级楼梯的男人，那个不会说累的男人。但随着时间流逝，父亲的身体大不如前了：长时间坐车后，下车会有些站不稳，散步也不能走太长的时间。看着父亲这样的背影，我很是伤感，心里更是说不出来的难受。

后来，父亲终于有些走不动路了，我便给他买了台电动的助力代步车，这样家里周边的地方父亲都能"走"到。父亲是个爱看风景的人，总喜欢出去走走看看，不论是自然景色也好，还是来来往往的行人也好，他喜欢看。

因为父亲喜欢美景，我就带他去过很多地方，这是我们父子难得的旅途记忆。父亲喜欢往西边走，我便开车带他去青海，去西宁，去新疆的喀纳斯湖，欣赏那些辽阔壮丽，令人惊叹的景色。当看到这些壮美的景观时，父亲仿佛像个孩子一般，激动又欢乐。看到他重归童心一般的快乐，我也很是欣慰。但父亲其实是还想往更西边去的，还想看更多的，却已经没有机会了。

三

在父亲去世之前，他最放不下的还是子女孙辈的事情。不论是我，还是弟弟和姐姐，都不想要他在我们身上多操心，希望他保重身体。但越是不让他管，他就更要管，总是关心询问我们儿孙辈的生活情况，生怕我们的生活出现差错。

即使在父亲身体日渐不好的那段时间里，他也还是会提醒我一些生活上的琐事。我平时忙，总是会忘记一些事情，什么东西忘了拿，什么事忘了做，他都会一一提醒叮嘱我。他一直都是如此，总是把家人摆到一个更重要的位置，自己排在其次，从未改变。

可对于父亲的感激，对他的爱，我却始终没能说出一句。我想这可能恰好就是我跟父亲太像的原因吧，并不太会用言语表达自己的情感，更多的是用自己的行动来表达感情。这么多年来，父亲总是在不经意的细节里，对我，对家人关怀备至。我想真正好的感情应该也包括父亲的这种无言的关爱，不是嘴上说"对你很好"，而是在一天天的日常里为对方做些什么，让人感受到你的真心，这比千言万语更能感动人。

父亲离开我们已经有一段时间了，但我每天都还是会有这样的感觉，觉得父亲并未走远，似乎他仍在我的生活里，仍会对我叮咛，对我关怀，那一份不善言辞却无比浓厚的感情，如影随形，珍藏一生。

◆本文原载于【文史博览·力量湖南】微信公众号 2019 年 10 月 10 日

父母身体健健康康，我依然能侍奉于父母身边，这是我的福气。

钱晓英：
父母的言传身教是对我最好的教育

口述 | 钱晓英　文 | 仇　婷

说起来，父母的婚姻颇有一点传奇色彩。

我的父亲是浙江人，从中山大学毕业后被分配到湖南大学教书，我的母亲是北京人，南开大学毕业后被分到中国科学院数学所。两个人既不是老乡，又不是同学，也不是同事，八竿子打不着的两个人后来能走到一起是缘分使然。

父亲工作后，学校派他去中科院在职培训一年，就是在那里他认识了我的母亲。后来母亲放弃了当时的工作跟着父亲来到了湖南。1963年，两人成婚。

因为父母工作繁忙，我一出生就在外婆家长大，在北京的时间加起来有十多年，但父母通过言传身教给了我最好的教育。小时候，只要是休息时间，父母就在家捧着书读，他们把学习当成了一种习惯，我也由此耳濡目染。我在子弟学校长大，跟我一起长大的小伙伴后来都考取了不错的大学，即便后面参加工作后的职位不需要很高的学历，我们也都自觉地去学习、去考取文凭和资格证。

父母影响我最深的一个是正直，一个是善良。他们虽然是高校老师，但经常能跟食堂的、菜市场的人打成一片。记得前几年，我陪父母去岳麓山坐缆车，卖票的人一眼就认出了父亲，非得请他坐缆车。岳麓公园虽然坐落在湖南大学校园里，但并不属于同一个单位，所以我当时挺纳闷儿，想着这两人怎么会认识? 后来才知道, 是有一回卖票的女同志在粮店买了一袋米拖不动, 父亲在路上碰到了, 也不认识, 就直接用自行车给她拖到了家里。几十年前很小的一件事情, 但是人家记了一辈子。

父母也很开明。我的哥哥20世纪90年代就去了美国, 我相当于是一个独生女。但我跟丈夫结婚这么多年, 每一年的大年三十我都是跟着丈夫回岳阳婆婆家, 留我父母两个老人在长沙过年。我心里也过意不去, 但父母从来没有跟我提过要求, 总是说: "我们一年到头见的时间多, 你过年多回去陪陪公公婆婆。"

生活在父母身边几十年, 我感触最深的是: 无论是在哪个时期, 父母对待工作、对待生活、对待子女都尽了自己最大的努力。母亲怀我的时候正逢长沙动乱, 母亲于是决定去北京生产, 结果怀着我八九个月的时候学校要求母亲复课, 她只好又揣着肚子里的我回到了长沙。那时候从北京来回长沙只能坐绿皮火车, 时间长, 路上经常停, 更没有卧铺, 母亲一个孕妇来回颠簸可想而知有多艰辛。后来我怀孕生子, 半夜发作, 凌晨5点多钟出产房, 母亲忙上忙下安顿好我后, 脸都来不及洗一把又匆匆忙忙赶赴招生会场。

如今, 父亲已经81岁, 母亲82岁, 父亲买菜, 母亲做饭。母亲是典型的北方人, 性格开朗活泼, 父亲则是比较典型的江浙人, 平常两个人也会吵吵嘴, 但50多年来一直都是互相扶持。父亲每周都要去湖大跟以前的老同事打一次桥牌, 参加一次合唱团, 两个老人依然把日子过得生气勃勃。

父母身体健健康康, 我依然能侍奉于父母身边, 这是我的福气。

◆本文原载于【文史博览·力量湖南】微信公众号2018年5月7日

//人物名片//

钱晓英: 湖南省政协委员、湖南大学国际贸易系主任

·扫码收听·

做母亲那样光明敞亮的人，永远让自己的家人可以安心吃饭、安稳睡觉、身边的人能够放心跟我交往，这也是我做人的一个基本准则。

李洪强：目不识丁的母亲是我成长路上最耀眼的指路灯

口述|**李洪强** 文|**仇 婷**

228

每个人的成长路都是不同的，我也一样。1980 年，我出生在河北省唐山市玉田县药王庙村，也就是鲁迅先生笔下曾经描述的"玉菜"生产地。在薅草、卖菜、掏鸟窝的记忆里，我度过了童年及求学生涯。

那时候家里很是贫困，一个本子 1 毛钱，记得我在小学四年级之前都没有钱买纸和笔，但我有自己的"门路"——捡几个别人用过的铅笔头，用纸卷一下，就是一支自制的铅笔；荒山坟头上的冥纸捡一沓回来，用针线一缝又是几个本子。为了节省笔和纸，我一般先用铅笔轻轻写两道，用橡皮擦掉，再用圆珠笔写一道，这样一张纸就能用个三五遍。但是，冥纸很是粗糙，纸张又有限，写字不能用力，导致我的字迹又轻又小，到现在为止一手字都写得挺难看。也有好处，做题的时候，别的同学都在埋头用纸和笔计算，而我在用脑子思考，想好之后一步写答案，这极大地锻炼了我的用脑能力，也形成了我最津津乐道的座右铭——九分思考一分实干。

从小学到高中，我基本上都没出过班级前三名。有一个细节我到现在还记得特别清楚，高中有一回我考了全年级第一名，母亲去学校开家长会，我初中时期的一个老师也是家长之一，用艳羡的语气跟我妈说："你家小孩考得真好！"母亲不识字，对着榜单说："在哪呢在哪呢？"老师指着榜单上第一个名字说："在这呢，考了个第一名。"那一刻，我老娘脸上特别有光彩。其实读书并没能给我的父母带来大富大贵的生活，但我从小优异的学习成绩却一直是老实憨厚的父母最大的骄傲。

我的父母都不识一字，哥哥读到中学就辍学了，偏偏我算是个"学霸"，究其根本，我应该是遗传了母亲的聪慧基因。

小时候，父亲老实，被村里人称作"傻李海"，一家人靠母亲卖菜为生，家里年年岁岁吃白菜，夏秋吃新鲜白菜，冬春吃腌白菜，白菜里没有油没有肉，用白水煮，长大之后我最讨厌吃的就是白菜。

母亲虽然不识字，但手脚麻利，卖菜的时候算账特别快。她最擅长以物易物，比如到晚上辣椒卖不完了，别人家小鱼仔卖不完了，她就跟人商量互换一下，我上初中之后家里经常能吃到母亲换回来的大小不一的鱼，有时还能换回苹果和桃子，生活比以前好多了。母亲情商也高，卖菜的时候总会多往别人菜篮子里放几根葱、几颗蒜、几个辣椒，所以别人都记得我母亲，下回来买菜的时候，在一排的小摊贩里总会优先来买我家的菜。

初中毕业时，我面临人生第一个转折——读中专还是上高中。家里人都建议我上中专，因为当时中专毕业还包分配，能早点出来工作，若是继续读高中，学费多，未来还有很多不确定性。我那时候也很懵懂，分不清中专和高中的区别，但我坚持要上高中。母亲当时站了出来，说："只要你读我就供着你。"其实母亲的想法很简单——"你看那些有工作的人，一个月能赚300块钱，你如果读书读得好，就可以工作，不用再种地了。"

229

———————// 人物名片 //———————

李洪强：湖南省政协委员、湖南大学土木工程学院副教授、博导

◎李洪强全家福

1999 年，我以过程装备与自动控制专业第一名的成绩考上西安交通大学。记得去上大学的那天是我第一次坐火车，30 个小时，哈欠都没打一个，整个人完全是亢奋的。想起母亲曾经一本正经地告诉我"火车里坐的都是小矮人"，不禁哑然失笑，心里想着，日后要带着母亲好好坐坐火车。

大学四年里，我把 80% 的精力都用在了图书馆，一共在钱学森图书馆借书 845 次，目的只有一个，把我以前没有条件看的书都看一遍。那时候，遇到一个自己不了解的知识点，就要立马把它搞懂弄通，可能搞懂了也没什么用处，但我就是好奇。2003 年，我以第一名的成绩直博中科院，直到今天在湖南大学任教。曾经的梦想实现了，有了工作，一个月能赚 300 块钱了。

对我来说，我的童年以及求学生涯是非常快乐的，一点都不觉得辛苦或者说不容易，反而是我人生中一笔最大的财富，也是我最津津乐道的一段时光。

2009 年工作之后，我把父母从老家接到了长沙，跟我们一起生活。一家人告别了凌晨 1 点出发、拖着板车去 30 里外的镇子去卖菜的那种辛苦；告别了一年四季吃白菜的贫穷日子；告别了一年中最开心的事情就是盼望大年三十，能够痛快地吃一次炖肉的那种情景；告别了一块钱买一挂鞭炮拆开一个一个燃放的快乐。随着社会的发展，人们的生活水平越来越高，用母亲和父亲的话说，现在跟以前完全不一样了。母亲现在经常跟着电视里的美食节目自己动手实验，于是家里的饭菜经常有新花样，当然失败的时候也不少，但母亲会不断地研究，直到"出品"新菜。这样一看，我对科研执着的风范，应该是得到了母亲的遗传。

母亲虽然睿智，但毕竟年纪大了，也时常做些好笑的事。我们曾经在湘潭住过一段时间，湘潭物价比长沙低一些，搬到长沙之后，母亲经常让我带她回湘潭的一个菜市场买白面，因为那里的面粉每斤比长沙便宜几毛钱，而且质量好，但每次去只买 10 斤。我跟母亲解释过好几次，这个钱是省不下来的，过路过桥费都要 20 多块钱，长沙也有好面粉卖。但是母亲不能理解。所以现在，母亲说要买面粉了，我什么都不说，出发，去湘潭。

随着我的社会事务日益增多，母亲时常叮嘱我，该拿的拿，不该拿的千万不要拿。其言外之意，就是不能做任何违法乱纪的事。我告诉母亲，以前收入低，每一分钱都是自己劳动所得，现在收入高，仍然是自己的劳动所得，没有一分钱是昧着良心的。做母亲那样光明敞亮的人，永远让自己的家人可以安心吃饭、安稳睡觉、身边的人能够放心跟我交往，这也是我做人的一个基本准则。

岁月虽然逝去，但记忆依旧，每年暑假我都会将父母送回老家住两个月，最主要的是母亲要回去看望已经 90 多岁的姥姥，用母亲的话说，不知道明年还能否看得见。

家风是什么？我想，家风是一个家族代代沿袭下来的、印在每个个体身上的精神足印。虽贫寒，但母亲倾尽所能供我读书，从不言苦；虽平凡，但母亲性格可爱、勤劳能干，这些品质将代代相传。我从未因贫寒的家境、不识字的双亲而自卑自弃，在我心中，他们是千千万万普通农民中踏实本分的个体，更是我人生的指路灯，他们永远使我有亲情、有力量、有根有本。

如今我已近不惑之年，不能说为社会做出了多大贡献，但自觉凭借一腔热情在教书育人。我感恩于母亲的养育，亦无愧于母亲的教诲。

◆本文原载于【文史博览·力量湖南】微信公众号 2018 年 10 月 17 日

231

正是在一张张信纸上，我开始读懂了父亲，读懂了他藏在严厉下的用心良苦，读懂了母亲始终的牵挂和惦念。

李琳：父亲严厉下的温柔

口述 | 李　琳　文 | 黄　璐

232

　　每一次站在讲台上，手握着教案，看着学生们青涩的脸庞，面对一双双求知的眼睛，我总会想起父亲。

　　当年，父亲也是和我一样站在同样的位置，面对同样年轻的脸，开始了他几十年的教师生涯。如今，他已经年满70岁，岁月在他脸上留下痕迹，让他变得温柔、慈祥，但在我心中，他依旧是我年少时记忆中的模样。

　　父亲很严厉。当时他的班上有几个男生非常调皮，但是只要父亲出现在教室，都不用讲话，只要咳几声，他们就立马安静。

　　其实一般来说，语文老师应该是比较温和的，但是父亲并不是，他对学生、对我们、包括对他自己要求都十分高。在上课之余，他还自学绘画和书法，并且都获得了不错的成绩，在我们当地也有小名气。

　　父亲不善于表达情感，但他会默默地注意我们生活里的小需求，严格要求下也渗透着细致的关爱，母亲则对于我们三姐妹一直有操不完的心。

　　退休之后，闲赋在家，父亲依旧没有歇着。每天都坚持看书、看报，遇到自己喜欢的、感兴趣的东西，还会摘抄下来，做成文集，时不时地翻阅。有一段时间，我需要查阅一些区域经济学方面的资料，就订阅了《经济日报》和《中国日报》，按时送到家里。父亲会把他认为重要的、合适的内容裁剪下来，粘贴到本子上，一篇文章、一个段落、甚至是几个观点性的句子，大大小小，形状不一，他都仔仔细细地按时间、内容帮我整理好。某一天，当我去翻阅报纸时，他就默默地把摘抄本递给我，也无话交待，转身便走，徒留我拿着厚厚的本子热泪盈眶。

我和弟弟、妹妹小时候都十分害怕父亲，但又十分敬爱父亲。在他身边时，他总是会给我们讲许多道理，言传也好，身教也罢，希望我们长成于国、于社会有用的模样。不在他身边时，他又会满心惦念，絮絮叨叨地说一些关心的话。

我是湖南涟源人，第一次离开家是在大学之后，要到辽宁师范大学攻读研究生。当时没有高铁，每次上学，我都要从涟源坐大巴到长沙，从长沙坐火车到北京，再从北京坐火车到大连，一趟行程需要20多个小时。

半大的女孩子独身一人辗转几趟车去外地求学，父亲嘴上不说，但心里还是十分担心的。当时没有电话，为知晓我的近况，他就坚持给我写信。最频繁的时候是三天一封，最少也是一周一次。

当时，我们每个宿舍的门口都会挂一个布袋，用来装信。而在那个交通、通信皆不发达的年代，能够收到来自家乡、亲人的信，真是最为开心的事情了。当然也不仅仅是信，也会有来自家乡的特产，父亲寄来我打打牙祭。

父亲的书信内容其实是母亲与父亲的共同表达，只是那个年代母亲读书少、不善书信，往往是母亲说、父亲写，我的回信则往往是父亲一字一句念，母亲听——这种场面，一直深深印刻在我的脑海中。

书信真的是一种很奇妙的东西，它可以承载许多你在现实生活中表达不出

//人物名片//

李琳：湖南省政协委员、湖南大学经济与贸易学院教授、博士生导师、湖南大学区域经济研究中心主任

◎李琳全家福

来的情感。每一封信里,父亲都称呼我为"琳儿",会仔细地询问我学习的情况、和朋友同学相处的情况、独自生活的情况。当然,家里的一些琐事、弟妹们的近况,信里也会有提及,每一封信都很长。在异乡的校园里,在昏黄的灯光下,我一次又一次打开信,阅读来自家的关怀,温暖又满足。

　　父亲和我之间互通书信的习惯一直持续了很多年,如今已经成为我最为珍贵的回忆。也正是在一张张信纸上,我开始读懂了父亲,读懂了他藏在严厉下的用心良苦,读懂了母亲始终的牵挂和惦念。

◆本文原载于【文史博览·力量湖南】微信公众号 2018 年 8 月 22 日

如果说父母亲给我们下一辈传承了哪种家风，我想是"尊重"二字。对子女的教育，父母亲总是能够用平等的姿态相待，对我影响很深。

徐庆国：父母的智慧

口述|**徐庆国** 文|**仇 婷**

我高中毕业前，一直与父母及家人生活在湖南岳阳县新墙镇，父亲在当地的邮电支局担任机线员，是正式职工，但工资不高；母亲是邮电支局的一名临时工，当炊事员。那时候我和几个妹妹年纪都不大，但要帮着母亲担水、种菜，还帮家里做做家务活，有时候还会从河里挑些河沙或捡些碎砖卖到建筑部门赚点钱。当时家庭经济状况相对来说是比较困难的，几个妹妹的衣服都是穿旧了又传下去。

记得当时父亲所在的邮电支局有七八个人，逢年过节每家每户都要轮流做一餐饭，七八个家庭聚在一起过节，虽然大家生活条件都不算好，但很是其乐融融。我也在这种大家庭的氛围里读完了幼儿园、小学和初高中。1975 年，父亲工作调到了岳阳市，我们全家也随之搬家。

16 岁那年我高中毕业，那是 1976 年，当时取消了高考，我虽然学习成绩不错，但没有办法继续上大学，于是只能开始做临时工。

一开始，我在岳阳市五里乡望岳小学与冷水铺机关小学先后当代课老师，当时邮电局的领导为了照顾我们这个困难的家庭，愿意保荐我去岳阳市的一个工厂工作。记得那天下了一场大雪，父亲专门走了十几里路到我代课的学校来征求我的意见，说："这个表格今天要送去了，你愿不愿意去？"我回答"不愿意去"，父亲没有再说二话。其实以我家里当时困难的程度，父母是希望我到那个厂子去工作的，但当时我很坚决，父亲就不再勉强。当时同在一起教书的一个老师讲了这么一句话："你的父亲这么大年纪，好尊重你。"也是在那时，"尊重"这个词汇第一次深深印入我的心里。

后来我又去了岳阳县新墙邮电支局做临时邮递员，负责给乡村送报刊、信函等，18块钱一个月，送了大半年。记得一天下午，天空下起了瓢泼大雨，我得过了新墙河才能回单位，我见到有一个地方水淹得不是很深，从那里涉水过河看起来不需要绕很多路，结果一直到晚上9点多都还没走回单位，父亲急得不停从他工作地往我这边的邮电支局打电话，就差出来寻人了。现在想起来还是有几分后怕的，当时我还不到17岁，但艰难的生活确实是磨砺了我。

也就是那一年的10月份，恢复高考的消息传来，我立刻决定回家去备考。

其实当时备战高考是有风险的。一方面如果我留在邮电局当临时工，遇上招工就有可能转为正式工，而且我当时是可以顶替父亲职位的；另一方面，高考刚刚恢复，还有很多不确定性，考不考得上也没有十全的把握。父母心里当然也犹豫过，但最后还是选择尊重我的决定。

天不负所愿，1978年，我顺利考上了当时的湖南农学院，如今的湖南农业大学，跟很多"老三届"成了大学同学。当时的这批"老三届"只要高考上线了就可以入校读书，他们的社会阅历相对丰富，一毕业就能脱颖而出，我们那一届出了许多人才。印象特别深的是，那时候的大学生学习都很认真、很自觉，图书馆里总是挤满了人，每天学校图书馆开门前，大家都是争先恐后挤进

∥人物名片∥

徐庆国：湖南省政协委员、湖南农业大学二级教授、博导

◎徐庆国在稻田进行科研工作

大门，去抢占一个座位学习，跟现在的高校学习氛围差别很大。

　　大学毕业后我又选择继续读研，之后又去日本留学，一步一步走到今天，成为一名高校学者。这其中有我个人的勤奋努力，也离不开父母亲的艰辛养育。

　　父母亲这一生可以说经受了很多磨难：18岁经由相亲成婚，我的母亲先后生下8个孩子，但是由于家境贫困、营养跟不上、医疗条件又有限，我上面的3个哥哥姐姐与1个弟弟都不幸早早夭折，这对于父母亲来说是接二连三的沉重打击；后面的20多年，一大家子人都指望着父母亲这点微薄的薪水，生活的压力之大可想而知。但是我那不识字的母亲一辈子都勤劳肯干，将家里打理得井井有条，到现在80多岁了，依然是穷苦对自己，节省对自己，对家人、对亲戚朋友都很舍得。

　　如果说父母亲给我们下一辈传承了哪种家风，我想是"尊重"二字。对子女的教育，父母亲总是能够用平等的姿态相待，对我影响很深。现在轮到我自己当父辈，我希望我的儿子继承父业继续学农，希望农学专业能够后继有人，但他更愿意学文科、学文理兼招专业，我也就不坚持，由着他按本人意愿去选择大学本科与研究生专业。因为我从父母亲身上看到了他们的智慧：即使当时让子女屈于某种压力，屈从了父母，以后要是遇到了一些挫折，他可能要怪你一辈子；反而，即使后来证明他自己的选择错了，他也不会后悔当初的选择。

　　回想起来，自我18岁出来读大学一直到现在，几十年里真正陪伴父母的时间很少。如今父母亲都已过了80高龄，由我的3个妹妹和妹夫在照顾，他们最希望的事就是我常回家看看。但工作这些年来，总是有做不完的事，大多

237

数节假日也是在实验室、办公室里忙碌，跟父母亲的交流很多时候只能依赖一根电话线。反而是岳父岳母跟着我们一起生活，一直到去世我都在跟前尽孝，相比之下，对父母亲有着太多的亏欠与愧疚。

而今，我只有一个心愿：祈愿我的父母亲能健康、长寿！让我有足够的时间来尽孝，来弥补过去的亏欠。

◆本文原载于【文史博览·力量湖南】微信公众号 2018 年 11 月 14 日

·扫码收听·

父亲健在时，他从没表露过对儿女感情的只言片语，我也并没有明显感受到父子的血肉深情。父亲离去的这些天，我却常常魂牵梦绕。

彭孟雄：父爱如山

文 | 彭孟雄

在父亲的而立之年，我来到了人世间，到父亲离世，我与他同行了 51 年。半个世纪的父子情，情深似海。

父亲健在时，他从没表露过对儿女感情的只言片语，我也并没有明显感受到父子的血肉深情。父亲离去的这些天，我却常常魂牵梦绕，父亲的音容笑貌经常浮现在眼前，和父亲的对话交流不时出现在梦中，就好像他从来没有离开我一样。我这才强烈地感受到，我与父亲的情已经融入到自己的血液里，父亲对儿女的爱已经铸到了我的灵魂深处。

父亲对家庭、对儿女的爱，是用超常负重来深沉表达的。我的老家地处几县交界的偏远山区，人多田地少，父亲出身贫寒，家里条件很差，父母成家后自立门户，上无片瓦，下无立足之地。20 世纪 60 年代前后，几个孩子陆陆续续出生，既要修屋安家，又要养家糊口，这都是靠父亲肩挑背负来实现的。

父亲曾给我讲他年轻时当挑夫的事。农闲了，天不亮从家里走 40 多里路到黄石乡，挑一担桐油送到常德下南门码头，走两天一夜才能到达，挣点工钱、赚点差价接济家用。这个差价其实是秤的度量区别，乡下 1 斤是 16 两，乡里一担计量 100 斤实际上挑 120 斤重，赚的差价就来自这里。从黄石到常德是将

239

近百公里的路程，路途就只能靠带的干粮充饥，日夜兼程，那种劳累和辛苦常人难以想象。

我和弟弟相差三岁，小时候父亲带我们出门走亲戚、到人民公社玩，山高路远走不动，经常是父亲用一担箩筐挑着我们行走的，这是我对父亲负重最早的记忆。我不知道这一担压在父亲的肩上有多重，也不知道父亲挑着这样的担子走了多少路，但是我明白，在那个时代、在我们那个偏远贫穷的山区，生存的不易和生活的艰辛，父亲就是这样肩负重担走完一生的！

在那个年代的农村，父亲疼爱孩子的方式足以影响我的一生。小时候我很顽皮，长得瘦小，是父亲心疼的儿子。记得那时候公社供销社到了一把用铁皮做的玩具手枪，外面漆得很精美，可以连发连响，跟真的一模一样。我见到这把玩具枪，魂就被勾去了，嚷着要买，可是父亲拿不出 5 角钱。他轻轻摸着我的头说，我卖一担柴火帮你把枪买回来。家里到公社十多里崎岖不平的山路，没隔几天父亲就挑着一百多斤木柴卖到供销社，买回了那把玩具枪。那个时候有这样一件玩具绝对是超级奢侈品，绝对不亚于现在小朋友的仿真小汽车，足以让我在小伙伴中特别的神气和自豪。父亲就是用这样的爱，满足了我童年的天性，也培养了农家孩子的自尊。

父亲深知，农村人改变命运唯有读书。为了供我们读书，父亲费尽了心思，也吃尽了苦头。我们四姊妹，姐姐和哥哥都读到高中，我和弟弟高中毕业后分别读完中专和大学。那些年，父母披星戴月劳动、节衣缩食省粮、东挪西借筹钱供我们上学，就是想让儿女走出农村，过上不再受苦受累的生活，真是用心良苦啊！

// 人物名片 //

彭孟雄： 常德市政协党组成员、副主席

◎彭孟雄和父亲合影

　　我在牛车河读书的时候，星期天从家里走到钟家铺，要翻过一座高山，再走一段荒无人烟的深山小路。那段路我一个人走非常害怕，每次都是父亲拿着一把柴刀送我，一直送到十多里远的龙潭峪村，看到有了人家后才停下来，然后坐在田沿上目送我，直到看不见我瘦小的身影了才转身往回走。父亲坐在田沿上的样子和那慈祥又充满期待的目光，我一辈子都记得，永远都忘不了……

　　回想这几十年，在我的记忆中，都是父亲在为儿女操劳，从来没有对儿女提过任何要求，再苦再难的事，他都装在心里，一个人承受，从来就不想麻烦儿女。我参加工作后大部分时间在市县机关，手中也有些权力，乡里乡亲也有人托他求我办事，父亲都一一拒绝，他怕影响我的工作，不想给我添半点麻烦。

　　父母年老后，我早就想把俩老接过来住，生活好安排，有个病痛也方便治疗，可是父亲一直都不愿意住下来，除了故土难离，主要还是不想增加儿女的负担。想起来真是应了那句老话：父母疼儿女一世长，儿女疼父母扁担长。而我连扁担长都没有啊！

　　其实父亲的病前两年就有征兆了，他肯定是有感觉的，但是他不告诉我们，他怕连累到儿女。他怀着对儿女的大爱、用他内心的强大，以一种健康乐观的状态和我们相处，直到病倒，这一倒只有38天就离我们远去了。父亲病倒住院后，我想尽量多陪陪他，但他每次都催我早点回单位、回家里，总是不想影响我的工作和生活。他住院一直担心钱，怕用多了我承受不起，有天晚上他把住院账单每天一千多元看成了一万多元，发了大火，坚决不接受治疗了，把输液针也拔了，后来是医生告诉他看错了小数点才安静下来。父亲就是这样，到了病危的程度，也不想多用儿女的钱，就是不治、就是要死，也不愿拖累到儿女。父亲离去的前一天，已处于弥留状态，我从常德赶回家，抓住父亲已经浮肿的手，他还有意识，含含糊糊地说：牵挂儿……牵挂儿……我双膝跪地，泪流满面。

临走前父亲的眼睛一直游走在亲人脸上，落不下气。我知道他还挂着家人，我抓着他的手告诉他，他得的病是肺癌，治不好了，我们几姊妹会把妈妈照顾好的，亲人会相互关照好的。父亲像是有感应一样，安详地闭上了眼睛。

曾经听过一首赞颂父亲的歌，有几句歌词是这样写的：想想您的背影，我感受了坚韧，抚摸您的双手，我摸到了艰辛，人间的甘甜有十分，您只尝了三分；听听您的叮嘱，我接过了自信，凝望您的目光，我看到了爱心，生活的苦涩有三分，您却吃了十分；我的老父亲，我最疼爱的人，这辈子做您的儿女我没有做够，央求您呀下辈子还做我的父亲。

我的父亲是一个普普通通的农民，无钱无权无势，是这个社会千千万万个平常父亲中的一个。他把对儿女的爱、对社会的爱、对生活的爱化作涓涓细流，就像家乡长流不断的河水，流淌在我的血液中，汇入到这个国家、这个社会的大江大河之中，没有丝毫痕迹和名分。父爱犹如家乡的高山，显得那么深沉、厚重、高大和隽永，让我永世不忘。

父亲离开我3个多月了。清明节回家扫墓，心情像倒春寒时的阴雨一样湿冷，安葬父亲的高山上，茂密的树林上雨水不断，天堂的父亲应该有知，这就是儿子流淌在心中思念父亲的泪水，那满山浓浓的翠绿就是儿子对父亲永不褪色的深情！

季羡林先生曾引用过《沙恭达罗》里这样一句诗：你无论走得多么远也不会走出我的心，黄昏时刻的树影拖得再长也离不开树根。敬爱的父亲，儿子永远怀念您！

◆本文原载于【文史博览·力量湖南】微信公众号 2018 年 4 月 18 日

242

每 每想起那些有外婆相伴的温柔岁月，我的眼角总会不禁湿润，不知此时此刻她老人家在天堂是否安好，是否还在想着给儿孙们写上一封满满当当的信？

·扫码收听·

龙大为：我的外婆

口述｜**龙大为**　文｜**沐方婷**

清明又到了，每到这个时候，我总想要写点什么，但是我怕，我怕自己脆弱无力的文字配不上那么好的外婆。她去世已经整整17个年头了，我一直在想，那个时代的乡下，怎么会有如此无可挑剔的女性，然而我的外婆偏偏就是。

一

我的老外婆也就是我外婆的婆婆，4岁时就被卖到向家做童养媳，捏、掐、拧、揪、打、裹小脚……封建社会虐待媳妇的整套家法都在老外婆身上实施过。老外婆当儿媳妇时生活在社会的最底层，吃尽苦头。当上婆婆了，她要让自己的儿媳妇生存得有梦想、有出息、有尊严，于是毅然送我的外婆到梅城女子职业学校读书。送儿媳妇读书，这在当时当地是从未有过的开明事，正是因为如此，才有了我外婆后来的一切。

我的父母都是老师，平时没有太多时间管我，从小我就是跟在外婆后头长大，她是我的美学启蒙老师。外婆长得优雅美丽，有着一头自然卷的秀发，家里的小孩都喜欢黏着美丽的外婆，喜欢和她一起睡，因为家里的小孩多，所以我们必须通过抓阄的方式决定今天晚上谁可以享受与外婆一同睡觉。

在外婆身边，我们永远有发现不完的惊喜。她会给我们每一个兄弟姐妹挑选一副精致的碗筷，像艺术品一样各不相同，还会给我们设计各式各样的小板凳，如果你发现我们小孩子在吵架，那一定是在争论外婆给谁的板凳最好看。

我们也是被外婆打扮着长大的。外婆是一个裁缝，她喜欢缝衣织布的时候，在袖口、衣领这些地方做点小小的点缀，设计一朵小花，用金线小心翼翼地缝上去，一举袖、一抬头，往往就可以看见外婆的独具匠心。我们喜欢坐在外婆的缝纫机旁，一边听她柔柔地哼着小曲儿，一边看她灵巧细长的手在缝纫机上快速攒动、摆动布线，不知不觉一件布艺精品就诞生了。

当地人都赞叹外婆的心灵手巧，喜欢找外婆做衣服，而且随时可以留在外婆家喝茶、吃饭，即使那个人连做衣服的钱可能都没有，但是外婆从不计较，她说"吃亏是福"，在这份"吃亏"中，隐隐中传递出来的是外婆对乡里人那份最淳朴自然的爱。

而神奇的是外婆的裁缝生意一直很好，每逢收亲、嫁女、生小孩，方圆几十里的人也都把活儿送到家里来，按梅山的风俗，红喜事刺绣、窗花一类的活是不收钱的，但主人会封一个大大的红包图个吉利，另加鸡蛋、茶点等来效劳。

244

二

外婆的剪纸技艺也深深地影响了我的小姨向亮晶，她是湖南著名的剪纸艺术家，创立了立体剪纸，在全国剪纸比赛中也获得了多项大奖，作品先后在北

————— ∥ **人物名片** ∥ —————

龙大为： 湖南省政协委员、中南大学党委委员、研究员

京、香港、澳门、台湾展出，成为梅山剪纸艺术优秀的传承人。然而小姨从没经过专门艺术学校的训练，所有她对艺术的感知、对剪纸的热爱无一不来源于她母亲的言传身教。

在外婆的培养与影响下，她的 6 个儿女个个多才多艺，文武双全：妈妈的教书育人、大舅的漫画曲艺、小舅的书法对联、小姨的剪纸表演、二姨的吹拉弹唱、三姨的剪裁缝制、舅妈们的手工细做……人人堪称艺术家。而孙辈内外 13 位，人人如芝兰玉树，出类拔萃。后来我离开故乡，离开外婆，但是内心深处一直那么依恋，渴望着外婆家那种互敬互爱、其乐融融的氛围。

而外婆何尝不也是如此，儿女长大，如雏离巢，各自组建家庭。逢年过节，宝贵的团聚是外婆最开心的事情，外婆有六个儿女，膝下又有众多孙辈，但是你可以想象吗？每次回去，几十号人团聚的饭菜，她定要亲自去做，她只要你在旁边陪她唠唠嗑、说说话就好，但是每一次就是说着说着，一桌桌艺术品般美味可口的团圆佳肴就上了桌，我们吃得不亦乐乎，外婆看着心里也甭提有多满足。

善良、智慧是外婆的名片。在外婆身上，总有着使不完的正能量。外婆善解人意，总是设身处地为他人着想，宽容大度。她很会说话，也喜欢倾听，晚辈们有什么困扰，外婆几句话就能让我们豁然开朗；邻里之间有什么矛盾，外婆一出面准能化解。她看什么都带着赞赏、理解和鼓励。在我们看来，外婆永远有着说不完的爱的语言，能让生活充满温暖和幸福。她慈悲为怀，喜欢分享，家里有什么好吃的，甚至儿孙们孝敬她的食品，她从不独享，一大半准是及时分送给了邻里乡亲。

三

外婆也是一个很有气质的女人，举手投足间尽显落落大方。记忆中的她喜欢微微地笑，说起话来总是绵软轻柔，待人接物无一不注重礼仪，即使面对家里最亲的人。外婆 79 岁那年，身体每况愈下，我们一家去看望她，临走，外婆硬是从五楼走下来，坚持要送我们上车，车窗外 79 岁的外婆习惯性地以送客时的丁字步站立，腰杆还是挺得那么直，这个将近 80 岁的女人在生命最后风雨飘摇的时候，依旧不忘记为人处世的礼节。

第二年，外婆就走了，但是我一直记得车窗外外婆送我们离开时的模样，

◎龙大为家族合照（第一排左起
第三位为龙大为的外婆）

怎么也忘不了。有人说我长得有点儿像外婆，外婆的音容笑貌也时常会浮现在我脑海中，我甚至会不由自主地去模仿，以致后来我在湘雅医院做宣传工作，牵头组建了礼仪队、国旗队，还有乐队等，冥冥中我似乎想要激活点什么，外婆说过"要做一个美好得体的女人"。而她也用一辈子的时间，身体力行地向儿女孙辈们阐释着何谓女性的大气、大方和大爱。

自我考上大学，差不多有 20 年，每个月外婆都会给我写上一封亲笔信，她不要人代写，她自己来，外婆的字不怎么好看，但是每一笔每一划都写得那么认真，而且每次都有密密麻麻的一到两页纸，如果有错别字，她让我检查出来，然后亲自修改，在下一封信中再重新写给我。她说，这是她的勤奋。

每到人生的重要节点，外婆都会亲自创作一个作品送给我，寄托她对孙女美好的祝福：外出读书时是一个精致典雅、富有韵味的剪花衣饰；结婚时，是一床绣着我们名字与祝福的被褥；生孩子时，是一个折起来是娃娃，铺开是披风兼婴儿被的多用式抱枕。一路走来，总有一股力量在鼓励着我前行，原来外婆的目光从未离开！

每每想起那些有外婆相伴的温柔岁月，我的眼角总会不禁湿润，不知此时此刻她老人家在天堂是否安好，是否还在想着给儿孙们写上一封满满当当的信？外婆啊，您知道吗？您是我心中的女神，我们大家族的魂！我真的很想您！隔着一道生死，不知您可曾听见？

◆本文原载于【文史博览·力量湖南】微信公众号 2019 年 4 月 5 日

辑
四

父亲供职政界，身处高位，又一向少言寡语，庄敬自持，情感不外露，常给人以淡于情的感觉，但从这两次流泪中，我看出深藏于父亲心中的绵绵亲情和知恩报恩的善良天性。

唐浩明：父亲的两次流泪

文 | 唐浩明

父亲突然间就永远离开了我们，我的心情沉重而悲痛。

父亲享寿八十有五，我也过了知天命之年。然而从我出生到如今，我们父子相聚在一起的时间不会超过一年，在我两岁多一点的时候，父母就离开了，不在我们身边。天底下这样的情形并不多见。

在哥哥的印象中，父亲更多的是在精神上的榜样。而在我的记忆中，父亲是一个灵魂上的存在。

1949 年，受局势所迫，父母去往台湾，我和哥哥唐翼明被留在大陆，哥哥 7 岁，被寄养在伯父家，我两岁，被一位理发匠领养。从此，各自沉浮。

1985 年，我在香港第一次见到母亲，当时已经离开父母 36 年。1986 年在香港第一次见到父亲，没有抱头痛哭，没有诉苦，父亲对我说"人生的幸福寄予家庭"。

后来与父母生活在一起的日子，我分外珍惜。从小，在我的心中，父母就是偶像级的，他们说的一些话，做的一些事情，我都认真听、认真看，努力向他们学习。

平常，父亲说话不多，是一个少言寡语的人，但是他讲的话都很有分量。

他很信奉孔夫子的教导，身体力行。他说："你现在是作家了，经常写文章，用文章跟世界打交道，文人切记要注意，笔下当存忠厚。"我始终把父亲这句话记住，不能轻易用笔墨去伤害别人。由此可以看到在父亲内心深处的儒家仁厚之心。

最近 10 年间我虽数度来台，却因为各种原因，停留台湾的时间也不长。父亲在我的心目中有着崇高的地位，我却不能说对他有深切的了解。在与父亲短暂的相处中，有一个深刻的印象留在我的脑子里，那便是父亲的两次流泪。

有一次在台湾，晚餐过后，全家坐在餐桌边，我们说到家世的传承，于是父亲跟我们谈起了他的童年。父亲的家世很艰难，在他 4 岁的时候，祖父便去世了。祖母带着 6 个年幼的子女，守着几亩薄田艰难度日。就在如此困厄的环境中，祖母依然咬紧牙关不让幼子辍学。

祖母的博大母爱和刚强性格，是父亲清贫求学生涯中的巨大动力。后来又得到一位亲属的资助，父亲终于完成了大学学业。

人们通常都把父母对儿女的恩德喻为"三春之晖"，而祖母对父亲的恩德，又远过三春。父亲真想好好地报答祖母天高地厚的恩情，却不料就在父亲刚大学毕业还未工作时，祖母便撒手走了。父亲呼天抢地，悲痛欲绝，却不能使他的慈母再睁开眼睛。

50 多年后，父亲已是年逾八旬的老人了，谈起这段往事来，依然热泪涔涔，泣不成声。看着父亲这一番母子真情，我也忍不住悄悄地流下泪水。父亲的这一刻，始终让我刻骨铭心。

又一次在台湾，我和父亲随意谈论起我的小说《曾国藩》。父亲一生不读

249

◎ 1958 年，唐浩明父亲唐振楚、
母亲王德蕙合影

小说，读我的小说算是例外，除开作者是他的儿子外，还因为曾国藩是他心中的偶像。我们有时候会就曾国藩和湖南的一些先贤谈谈话，每次都很愉快，父亲脸上不时露出开心的微笑。

后来，我谈到湘军打下南京后，曾国藩从安庆前往南京看望前线总指挥、他的弟弟曾国荃。大胜之后的曾氏兄弟会面，与常人不同。大哥叫九弟撩起衣服，背上露出处处伤疤。大哥一面抚摸疤痕，一边问如何负的伤，何时痊愈，现在还痛不痛。十多处伤疤，一一问到，不厌其烦，终于把九弟问得号啕大哭。大哥安慰说：哭吧，哭吧，当着哥的面，你把这些年的辛劳、委屈、痛苦都哭出来吧！我万万没有料到，就在我兴致勃勃大声说话的时候，对面的父亲已是老泪纵横，情不能已了。我被父亲这个神态震住了，赶紧停了下来。

父亲可能又想起了他的过去，想起他的母亲、兄姊，想起他与儿女的长久分离，想起那些他常常觉得应该回报而无法回报的有恩于他的人。所有对他有恩的人，他都想报答，但是在那种特殊情况下，他无法报答。这种仁慈之情，是父母带给他的，我们要把它传承下去，这是我们中华民族世世代代传递的。

父亲供职政界，身处高位，又一向少言寡语，庄敬自持，情感不外露，常给人以淡于情的感觉，但从这两次流泪中，我看出深藏于父亲心中的绵绵亲情和知恩报恩的善良天性。

◆本文原载于【文史博览·力量湖南】微信公众号 2017 年 9 月 9 日

·扫码收听·

王　跃文感佩于父母亲的隐忍、智慧和果敢，也希望他的孩子们，能在人生的道路上懂得最朴实却最深刻的道理——放低生活的标准，抬高做人的要求。

王跃文：
人生行囊中有纸笔，更有父母的叮咛

口述｜**王跃文**　文｜**唐静婷**

251

　　时光倏忽，在王跃文人生的行囊中，除了沉甸甸的纸和笔，还有一路走来历经的故事，和几十年来父母在他耳畔的叮咛。每一段回想起来，都像撷自千里长河中的一粒粒珍珠，时时温润着内心。

　　王跃文生于斯、长于斯的溆浦，是屈原行吟过的地方，这位忠贞高洁的诗人影响着世世代代的溆浦读书人。王跃文出生在溆浦漫水的农村家庭里，父母是普通人，不会说大道理，但他们用实际行动教会了王跃文最朴实的道德观、价值观。父亲的隐忍、母亲的果敢，都在告诉他怎么做人、做事。

　　在这片乡土上，每每听到父母说起往事，王跃文常常有恍若隔世的感觉，但每次聆听都让他不经意地就"掉"进了岁月中去。

　　父亲身上的隐忍也是一个男人的担当。王跃文的父亲是当地读过书的"文化人"，曾任过乡党委书记，但性格直爽的他因"错误言论"而成了右派分子。在王跃文的印象里，父亲不苟言笑，让人犯怵，也因此对父亲总有些"怕"。所以，"妈妈在家吗？"这是王跃文小时候每次回家先问的，但从不敢问父亲在不在。人们常说字如其人，"字是文人衣冠，要把字练好。"这是父亲对王跃文的嘱咐。王跃文小时候同父亲的交流，就是父亲送他的好几次字帖。但他说那时候不懂事，没有练字的恒心，所以长进不够，到了现在依然还在练字。

在王跃文的记忆里，印象最深的是父亲第一次对他微笑。那是1978年，时代变迁，功过是非发生了变化。当时王跃文在中学寄宿，从同学姨父在北京传回的消息里得知，右派分子快平反了。"平反"是民间说法，官方正式说法叫"改正"。于是，他立刻将获悉的情况写信告诉父亲，托同学把这封信带回去。

那个周六，当王跃文放学回家快走到家门口时，远远地就看到父亲站在门口，朝他微笑，那是他印象里第一次看到父亲露出微笑。走近时，父亲摸了摸他的头，仿佛在说长大懂事了。父母那一辈人，不善于直接表达他们的感情，他们同子女间很少有亲昵的接触。但是那一刻，王跃文感到内心格外温暖。因为王跃文的这封信，父亲第一时间了解到国家要拨乱反正，要平反冤假错案。于是，他早早地准备好了申诉材料，只等政策文件下来。后来，王跃文父亲是全县第一个把申诉材料交上去的右派分子，也成为第一批落实政策的右派分子。

如今，王跃文说自己曾不苟言笑的父亲已经变得越来越慈祥，来做客的朋友们都笑说他老人家有点佛相，"想必是过往的艰苦岁月，炼就了父亲的隐忍，也炼就了他看淡世事的通达"。

王跃文说，在一家人最苦难的日子里，母亲是家里最果敢的人。她身上体现出湖湘人的"泼辣"，带着一股勇敢和智慧。父亲第一次受批斗那天，母亲扛了一条高高的长凳，带着兄弟姐妹去大队部开会，母亲把凳子摆在最显眼的位置。当父亲上台受批斗的间隙，母亲悄悄离开了会场。过了一会儿，母亲提着个竹篓子回来了，径直上了戏台。全场人目瞪口呆，不知她要干什么。母亲往父亲身边一站，指着父亲厉声斥道："右派分子你听着！毛主席说，吃饭是

————— ⫽ 人物名片 ⫽ —————

王跃文：湖南省政协委员，湖南省作协主席、党组副书记

第一件大事！你饭也不肯吃，想自绝于人民？你先老老实实吃了饭，再来老老实实认罪！"母亲说着，就揭开竹篓，端了一碗饭出来。

谁敢违背毛主席指示？马上有人上来替王跃文的父亲松绑。于是，台上台下几百号人眼睁睁望着父亲吃饭。母亲还说："好好地吃，吃饱了以后再接受批斗！下面还有个荷包蛋！"事实上饭下面没有荷包蛋，她故意说气话。父亲吃完饭，嘴巴一揩，批斗会继续进行。多年以后，母亲告诉王跃文为何当时要搬一条高高的椅子坐在最前面，她说是要做给两种人看的，"第一种是看我们笑话的人，那就让他看一看，我们很坚强，坐在这里没事；还有一种人是关心、同情我们家的人，也想让他们放心，我们还坚强，没事。"

王跃文回忆说，"有个暑假，大队里把我们中小学生分类，贫下中农'成分好'的小孩，就去学雷锋做好事；地主右派等'黑五类'就去打桐油籽搞劳动。"王跃文母亲去问县里来的驻队干部："我们家的子女算是'黑五类'还是贫下中农呢？"驻队干部说："当然是'黑五类'了！"王跃文母亲说："如今是共产党的天下，我的小孩们是'黑五类'，他们没活路。但现在蒋介石叫嚣反攻大陆，万一要是国民党来，我的儿女又是共产党员的儿女，他们也没有出路，那怎么办呢？总得给我们小孩一条出路呀。"听了这话，驻队干部想了想说："那你们家孩子一边去一个吧。"于是，在母亲的争取下，王跃文的哥哥姐姐不至于都被分为"黑五类"。大姐年龄大，母亲就说"你大一点，参加'黑五类'，他们也不敢欺负你。"然后让哥哥到贫下中农的小孩那一边去，"不至于受欺负"。

这么多年来，王跃文母亲用坚强和智慧，扛起了一个家，让当时的他们不至于风雨飘摇。那些艰难的苦日子虽然过去了，但母亲的勇敢和智慧，一直是王跃文前行路上的指引灯。大学毕业后王跃文成为一名公务员，而后一直在写作。这些年，母亲每次打电话时都一直不断地叮嘱王跃文为人的基本道理，"要谦虚谨慎，戒骄戒躁，要干干净净做人。"

家风传承，实际上是一代代人延续着前人的生活智慧。王跃文感佩于父母亲的隐忍、智慧和果敢，也希望他的孩子们，能在人生的道路上懂得最朴实却最深刻的道理——放低生活的标准，抬高做人的要求。

·扫码收听·

说起来，我能在书法方面有所成就，确实得益于我的父亲。

鄢福初：
出世与入世相融，母亲为我种下这颗种子

文｜鄢福初

我出生于湘中新化吉庆镇一个中医世家。曾祖父、祖父、父亲数代人均行医乡里，治病救人。

从孩童到学生，我始终对"药方"着迷，对着药方，用毛笔写，用铅笔写，更多地是拿个小木棍在地上比画。

我的出生，使父亲高兴地以为家族里又添了一名郎中，但我却在八九岁的时候，发现了"医"与"药"之外的另一种乐趣。

"党参八钱，黄芪五钱，甘草三钱……"踮起脚，站在古旧斑驳的木制柜台后面，看着父亲在土黄纸上一笔一画书写药方。我对那些三四寸的纸片上的毛笔字很好奇，一勾一画似乎都有说不出的特殊趣味。

17岁那年，我进入新化县师范学校时，才接触到真正意义上的"书法"概念，原来那是有理论、有来龙去脉、有美学意义的一门学问，绝非写写那么简单。而其间的厚重、深邃，却足以吸引当年17岁的自己。于是习唐楷，观墓志，临魏碑，后又由碑入帖……

说起来，我能在书法方面有所成就，确实得益于我的父亲。

我的母亲出生于民国，先后受过私塾与新学教育，识"四书"，晓礼法，

是村子里的"知识分子"。但凡村子里妯娌吵架，乡邻纷争，当前去调停的村干部都无计可施时，大家就会想到去鄂家找老太太出来说话。

母亲是个淡泊从容的人，在村子里有威信，也亲和，大家信她。她跟争吵的人说，莫着急，慢慢来。待到慢下来把前因后果理清时，也就吵不起来了。

我小时候母亲也是这样，若是我和别的孩子冲突了，母亲就把我拉回家里来，等晚上忙完家务，就跟我说道理，她告诉我："与人争斗，最简单、最愚蠢的方式就是打架。儿若争气，长大后有出息，才是真赢。"

母亲经常用一些流传的民间故事，教育孩子们，以淡泊心，行励志事。母亲的慈祥，在一个孩子心中植下的是一颗出世与入世相融的种子。

慈母严父，我的父亲是家庭的统帅，对儿女的教导秉承中国的传统文化与礼数，又不失现代管理方式。我是家中的长子，其后有弟妹6人。及至现在，每年腊月二十八，全家人都要回到老家，参加父亲主持的家庭会议，不管多远。每个人都要谈旧年里的工作、收获，谈下一年里的计划、预想。"述职"完后，父亲会做"重要讲话"。他通常就是三句话，其一，不希望你们做多大官，挣多少钱，只求你们无灾、无病，天天过日子。其二，意外之财不可得，我80多岁了，也没见天上掉过馅饼。其三，外面世界精彩、诱惑很多，家庭最重要。

作为闻名乡里的老中医，父亲在"文革"中曾被划为"反动学术权威"。有一段时间，他早上穿一件白衬衣出去，回来的时候总是血肉模糊。我一想到那场景，眼泪总要掉下来。但那个粗粝的年代，让我自小学会坚强，碰到问题，坚决攻下，否则就会睡不着。

在我的意识里，检验男子汉的原则，就是面对困难的态度，绕着困难走，

255

————— ∥人物名片∥ —————

鄢福初：第十届湖南省政协常委、省文化和旅游厅副厅长

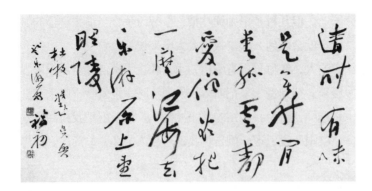

◎鄢福初字画作品

是一辈子都不会有成就的。

　　激励的态度，同样传承于我对孩子们的教育中。父亲年纪大了后，每年的家庭会议就由我来主持，评选孩子中的"年度进步奖""年度优秀奖"。我的女儿鄢嫣十几岁离家读大学，之后考取北师大硕士与清华博士，我给她的影响，便是要敬业、进取，保持自己的独立人格，不依赖他人。

◆本文原载于【文史博览·力量湖南】微信公众号 2017 年 8 月 26 日

在长沙解放西路的繁华闹市，"培荣书屋"立于浮华中。书屋不大，陋室两三间。云去水来赋橘洲，草团静坐观自在。书屋的主人正是汪涵，而"培荣"二字取自他父亲的名字。

汪涵：
"培荣书屋"是送给父亲的礼物

口述｜**汪　涵**　文｜**王　珏　彭叮咛**

　　我总戏说自己是"江湖人"，是因为父亲是江苏人，母亲是湖南常德人。

　　小时候，每天我都能听到邻居叔叔阿姨用不同的语言叫自家孩子回来吃饭，生动又好玩儿，这也是为什么在节目中我经常能随口说一些各地方言。

一

　　我的母亲是一位普通的家庭妇女，她经常说一句话："话说得好说得别人笑，说得不好说得别人跳"，我时常回忆起年少时母亲的话语，也一直记得这句话，所以现在老是说话说得别人笑，尽量不要说得别人跳。

　　小时候家里生活条件不好，母亲带着我和姐姐。哥哥跟着父亲。父亲在建筑单位上班，经常在外出差。母亲在家需要开荒种菜，却不曾有半句怨言。

　　在我的印象中，母亲爱笑、乐观。繁忙的工作之余，母亲喜欢骑着自行车，前面坐一个，后面背一个，带着我们去看电影。

　　任何时候，母亲都是满脸笑容，这笑容让我看到的是这个家庭的希望，看到有父母在我们就很安全。

257

平日里，母亲喜欢唱歌，父亲喜欢拉二胡，逢年过节家里气氛特别轻松，经常会举办家庭联欢会，日子过得简单又幸福。

母亲的这种乐观潜移默化地影响着我，这是她老人家送给我的最好的礼物。

二

都说传统式的中国家庭是"慈母严父"，我家也不例外。

父亲就像是一道竖立的墙，很多时候有点生硬。我记得每次父亲一回来，假如他看到我的桌子没有收拾整齐，就会大喝一声："你看看你的桌子，自己去搞整齐。"然后父亲会拿起鸡毛掸子来吓唬我一下，那个鸡毛掸子在父亲手里如同一只血脉喷张的公鸡，还好没有落下。

在我还没有洗碗池高的时候，父亲就让我站在板凳上洗碗。那时冬天的水透骨的凉，父亲还是坚持让我洗，我年纪小又倔，眼泪打转也不落下，父亲都装作没看见。

在我 12 岁那年，为了锻炼我独立生活的能力，父亲让我一个人坐绿皮火车去到上海，然后再从上海坐回苏州老家。

临行前，父亲只给了我三个锦囊。当我把整个行程走完之后，才打开那三个锦囊。里面都写着同样的三个字：找警察。

那时候的我并不太理解父亲，父亲的严厉贯穿着我的童年，这让他散发出来的温暖更容易触动人心。

我记得小时候邻居会在家门外放几个大坛子，腌着自家的萝卜、榨菜和辣

——————// 人物名片 //——————

汪涵： 湖南省政协常委、省政协文教卫体和文史委员会副主任、著名节目主持人

◎ "培荣书屋" 内景

椒。男孩子难免顽皮一点，这些腌菜坛子自然就成了我们的玩具。

有一次，我们几个小朋友打赌，说谁敢在这些坛子里放个炮，看看坛子会不会像鱼雷一样炸开。果真有一个胆大的，把一个炮点燃扔了进去，大家立马四散而逃，背后传来"嗡"的一声闷响。

孩子们都不敢看腌菜坛子的惨状，各自奔逃回家，享受了一阵"犯罪"后的刺激。但在这个小小的院落里，没有什么事情是躲得过大人的眼睛的。

因为我过往的"斑斑劣迹"，父亲本能地把账算到我的头上。他很生气，拿起鸡毛掸子就往我背上打去，问是不是我放的，我说不是，父亲又打，我又否认，直到鸡毛掉得满地都是，他才停下。

那一晚，我迷迷糊糊睡下，在梦里哭了。

冬天的夜晚寒气很重，我突然被人摇醒，睁开眼睛一看，父亲居然坐在床边。父亲摸了下我的头，问："真的不是你点的？"我无力地点了下头。

父亲叹了口气说："人家都说看见是你最后跑开的，所以我就认为鞭炮是你点的，其实，我晚上想了好久，也许真不是你点的。"不会表达的父亲，只是顶着清晨的薄雾送我去上学，将歉意放在目送我去教室的目光中。

还有一次，学校要求学生们穿着白衣服、蓝裤子、白跑鞋上学，正当我急匆匆准备出门时，父亲默默地走到我的身后，轻轻地帮我拉平了衣服说："别老顾着前面穿整齐，后面也要拉平。"这一个细节让我们的关系悄然在改变，我渐渐看见了父亲藏在严厉背后的关心。

三

我的父亲是很老派的知识分子，一辈子没有求过人，喜读国学，爱淘旧书。他会让我强记五花八门的知识，以便在人前能舌灿莲花。

年少时，我很不理解父亲的这种"老派"作风，而如今，我却开始秉承父亲身上的雅好。有了儿子小沐沐之后，我更是慢慢懂得了父亲严苛的意义。

父亲教会我很多，但一直刻在我心里的一句话是"永远不要做让别人戳脊梁骨的事"。

我也曾经迷茫过，那时父亲和我说，"到了40岁的时候，你该考虑将来是以一个什么身份与世界道别，如果是以一个主持人的身份也行，但你要做一些更有意义的事情，为这个世界留下一点文化印记。"

"培荣书屋"就是我送给父亲和这个世界的礼物，取自父亲之名，用来表达对父亲的敬重，他永远是我学习的典范。

父与子的关系，恰似一种轮回。如今，我已是一个孩子的父亲。

对于我的孩子，我希望他长大以后是一个让我放心的人，同时也是一个能自己安放自己那颗心的人。读书之道无它，只求放心也。能让他快乐，让他善良，让他健康，让他懂得爱，足矣。

◆本文原载于【文史博览·力量湖南】微信公众号 2017 年 8 月 2 日

正是有着父母的开明和支持，才有了我的不悔，让我完全顺从自己的内心和坚持。

杨雨：父母的开明，我的不悔

口述｜杨　雨　文｜黄　璐

站上讲台 20 多年，爱好诗词，解读诗词，也与诗词结伴一生。很多人都问过我，你是不是出自一个书香门第，从小接受诗词熏陶？其实并不是。

我的出身很平凡，父亲是一名工匠，只有初中毕业，母亲在读初二时就作为知识青年下放农村，回城之后，她通过自学的渠道念了大专。他们对我人生最大的影响，是给了我一个宽松、自由的成长环境。

一

记得在我 8 岁的时候，父亲当时在湖南师范大学给琴房做家具。有一次，听到隔壁老师在教弹琵琶，琴声清脆亮丽，回来后他问我：你想不想学琵琶？

琵琶？乍听我挺纳闷：为什么学琵琶？父亲说，琵琶的琴声很好听。那时的孩子不像现在，忙着学各种才艺，所谓艺多不压身。当时的我只是简单地抱着好奇，懵懵懂懂，对父亲说"那就学"。后来因为父亲的工作关系，又认识了一位手风琴的老师，于是在琵琶之外，我又学了一段手风琴。

其实，当时我们家的条件并不好。我们一家三口住在一个十几平方米的房子里，房子小，于是父母又在原本的房子旁，额外搭了一个小厨房。当时父亲是一个临时工，一个月工资几十块钱，母亲是一名纺织工人。我学手风琴一堂课一个小时 5 块钱，一个星期 4 次，也就是需要花 20 块钱——那 20 块钱，就是我爸爸半个月的工资，40 块钱已经是我爸爸工资的全部。

一个工薪家庭的几乎所有工资，都花在了对我的教育投资上，而且是一个看不到任何功利目的、短时间内看起来是"无用"的业余投资。父母也并不指望我学这两门乐器一定要有"用处"，他们的出发点，就是认为学点东西对我可能会有点好处。

这些乐器我一直都坚持学到了小学毕业，音乐的熏陶也潜移默化地影响着我。我选择唐宋诗词作为我的研究专业，其实唐宋时候最主要的伴奏乐器就是琵琶——我后来回过头来看，其实看似"无用"，却最终有用，命运是不是提早就埋好了一个伏笔？

二

我的父母性格有个共同的特点：不服输。在他们看来，不会的就学，学了就要学好。他们会在能力范围之内把事情努力做到最好，哪怕背后要付出比常人更多的练习。

母亲作为知青从农村返城时，得到一个到食堂做会计的机会。当时被问到"你会不会打算盘？"实际上她并不会，但她一口答应：会。回家后，她苦苦练了一个礼拜，然后再去考这个职位，结果她的表现相当优秀。

//人物名片//

杨雨： 湖南省政协委员、中南大学教授、博士生导师、《百家讲坛》《中国诗词大会》等节目嘉宾

◎学生时代的杨雨

好学，不服输的劲儿，认准的事情一定要坚持做好——父母用他们的行为潜移默化地影响着我。

我小时候练琴，原本只是"一时冲动"，却造就了实在"难忘"的经历。那时学琴没有所谓考级的压力，唯一的压力就是你要弹好一个曲子，真的要苦练。我每天要练习几个小时，从来不能偷懒。后来寒暑假为了练琴还住到老师家中，上午练 4 个小时、下午练 4 个小时，我的手指因为按弦有着深深的槽印。

实在有练得很辛苦的时候，我的内心暗暗生气，恨不得把琴弦剪断，把琴摔碎！

有一次，我偷懒，不想练琴，父亲看到我这般态度很不满意，对我进行了人生唯一一次惩罚——让我跪在手风琴前思考：你想清楚，还要不要再学下去？或者还是要学点别的？父亲对我惩罚，并不是逼我一定要成才或者做别的选择，他只是想让我明白：如果你选择了做一件事，就应该坚持下去。

高考填志愿时，我几乎所有的选项都填的是中文系—— 读中文，是我从中学时代就一直延续的一个梦。但是，大学我没有进入喜欢的中文系，而是在华东师范大学念法语专业。

在 20 世纪 90 年代，上海是改革开放的桥头堡，经济、小语种专业都是相当"时髦""紧俏"的专业，但是我一直没有放弃对中文的喜爱和坚持。当时周围没有诗词文学的学习氛围，我就像是一个异类——一边背法语，一边背《诗经》、唐诗宋词。

大学毕业时，我们班只有我一个人决定继续读研，选择的就是自己喜欢、

263

但是当时的绝对冷门专业——中国哲学，以及后来的中国古代文学。

几乎没有人理解我，连老师也反问我"你确定不是一时冲动？"在"喧嚣"的大环境中，我坚持自己的兴趣和爱好，选择了中国古代文学专业，一扎下去之后，就再也没出来。

之后，从选择以唐宋诗词为我的研究方向，到走进高校专注古代文学，无论是站在校园的讲台上，还是通过《百家讲坛》《中国诗词大会》《中华好诗词》等节目平台为大众解读诗词——今天，我的爱好和我的事业完全融合在一起。

三

一直觉得很幸福，父母给了我绝对的自由。他们没有干涉我的专业和职业的选择，而是让我完全顺从自己的内心和坚持。正是有着父母的开明和支持，才有了我的不悔。现在，我对我的女儿的教育，也像父母给我的教育一样，宽松、民主。我成为女儿的朋友，她所有的小秘密都愿意跟我倾诉。我会做一个好的倾听者，当有不理解的时候，我就会想我也经过少女时代，也曾沉迷过言情小说，也曾讨厌过数理化，她所经历过的我都经历过——我首先尝试着去理解她，然后再慢慢引导她。

伴着女儿一路成长，我似乎和她一起，重新过了一个少女时代。她的英语很好，我大学曾学过法语，平常空闲的时候，我们一起尝试着给经典电影配音，她有时也会笑着"怼"妈妈的英语发音——我知道，也许在诗词上她觉得妈妈有着"光环"，但在英语上，她有着绝对的自信。

她也有一个目标：希望能够做我的学生。她告诉我，经常看到我和学生们交流、相处时其乐融融的氛围，这是她对大学生活的期待。听到这，我的心里也莫名地开心，我想这是她对妈妈作为一名老师默认的褒奖吧！

也有人问，女儿是不是也受妈妈的影响爱着诗词，会不会将来也像妈妈一样研究诗词？我想，最重要的是尊重女儿的兴趣。她不一定要走我这条路，她有着自己的人生之路。而我要做的，就像我的父母一样，放手让她成长，给予她最大的宽松、自由与永远的支持。

◆本文原载于【文史博览·力量湖南】微信公众号 2019 年 4 月 13 日

辑四

·扫码收听·

我常想，我的使命感其实都是从家里长辈这种言传身教来的。这种使命感就像是血液里的东西。尽管父亲可能跟我们说的不多，但是他的做法深深影响了我。

舒勇：
我的使命感源自父亲的言传身教

口述｜舒　勇　文｜夏丽杰　肖　潇　汪　平

有一年父亲节，我画了一张"印象父亲"来铭记如山的父爱。我在朋友圈里写了这样几句话：时间流逝，父亲的印象越来越遥远，而他那种大公无私、有责任、敢担当、单纯的军人气质却越来越清晰地烙在我们心中。

一

我的父亲是一名军人，以前在部队里当连队的政治指导员，参加过抗美援朝，立过功，被炮弹炸伤过，之后才复员的。他与复杂的社会总是格格不入，正直的性格天生就只能属于军队。

20世纪80年代，当时还是计划经济，父亲在老家县里的房地产公司当总经理，所有县里房子的分配都要找我父亲。我记得那个时候每天到了晚上，家里的门就被人"咚咚咚"敲半天，一拨一拨的人来家里，就等着我父亲给安排房子。

很多人带着礼物来，我父亲都给送回去了。有时候，别人送了可乐——那个时候可乐也算是稀罕物，没办事之前他先收了，放在家里，告诉我们三兄弟这是中药，你们不能吃啊，事情办完了之后，他又给人送回去。

有一次别人又送了可乐，我们不相信是中药了，就打开喝了可乐，嗨，还挺好喝的，后来被我父亲揍了一顿。他说这是别人的，不能拿。

我当时想，像我父亲这样的人在单位，一定很多人不喜欢他。因为他总是秉公执法，做事情按照他的方法、按照他的规则来，但是规则是没有人情味的，所以他经常得罪人。

但是，父亲也破了一次例，给我留下了十分深刻的印象。那时，一个刚刚转业复员的军人，给他送了一套军衣，就是那种蓝色的军装。父亲竟然收下了。我们觉得很不可思议：您既然都收了军衣，那为什么不收别人送的可乐？

后来我才慢慢意识到，军衣对于当过兵，并且一直以部队里的纪律严格要求自己的父亲来说，是有着特殊的意义的。他收这件军衣是出于对部队的一种情感，一种情结，对部队的爱，也是对自己军人身份的一种认同感。我这才明白，其实父亲也是性情中人。他不是对物质没有渴望，而是一直用自律、用原则来克制住了自己的欲望。这让我对父亲的敬佩更加深刻了几分。

"礼到事成的例子是常见的。对于这个问题，我很反感，因为我们是为人民服务的，为人民办事是我们的责任，不应该有其他附加条件。""如果是因要某人给自己办一件什么私事而送礼上门，这个礼我不送，这个门我不上。不能败坏党的优良传统和作风。亲朋好友之间的礼尚往来，我不反对，因为它是我们中华民族的美德。"

父亲去世多年后，我们偶然收拾他的东西，才翻阅到他写的这篇日记。我们终于明白父亲为什么不愿意为我们的事情去求人送礼：在他眼里，"礼金不

／／人物名片／／

舒勇： 湖南省政协委员、著名艺术家、《丝路金桥》创作者

◎舒勇画作《印象父亲》

到，问题解决不了"的做法怎么也不能有，因为它不是我们党的优良作风和光荣传统，宁愿事情办不成，也不愿意"重礼"上门求人。

我也这才明白自己拥有的有些虚妄的责任感——是自小从父亲身上学来的。

二

严格来说，父亲的责任感更多是对社会而不是对家庭的。在少时的我眼里，父亲是一个不懂得家庭生活的人。在他眼里，公司的事、单位的事、部队的事，甚至社会上的事，任何属于集体的事都是最要紧的，家庭的事反而不重要。比方说，过年的时候，他会让大家都回去过年，自己在门口帮门卫守门，大年三十还在单位看门。当了那么长时间的房地产经理，他一直都没有休息。而且他在分管房子上是有权力的，给自家建房子是很容易的，但是别人家都建了几层小洋楼、住上大房子了，我们家还没有房子。

当时我们都不能理解：家里过年了你还不回家，还去上班干吗呢？你是房地产经理，怎么不把自己家的房子先解决了呢？他就是这样，家里的事是永远比不上集体的事情重要的。而且，他不会给家里谋私利。

父亲是党员，做过连队指导员，类似于政委，是做思想工作的。他在家里会跟我们讲道理。我们很不爱听，觉得很无聊，所以当时挺烦他讲这些的。比方说，他说要热爱这个国家，对国家没有使命感肯定是不行的。还有，对社会做任何事情要走在前面。他总和我们讲一些英雄模范的事迹，教导我们向他们学习：雷锋

◎年轻时的舒勇（右一）和
家人在一起

同志的故事、邱少云同志的故事……但是对当时年幼的我们来说，我们对这些榜样的故事没有深刻的认识，对其中的道理和精神也没有切身的体会。

但当我逐渐成长起来之后，慢慢发现，虽然那个时候我并没有太理解，或者不愿意去理解那些故事，但其中的价值观已经深刻影响了我：要多为公家服务，为国家服务，把自己的利益要看淡一点；要有责任感，做事情不能半途而废，要做对社会有益的事情……这些都是他告诉我们的，深深地印在了我的脑子里，对我的艺术创作之路产生了无法忽略的影响。

三

不知不觉中，我们已经将父亲的教导内化为我们自己的意志：不管去做什么事，只要价值观正确，是一件好事，那么不管多难多苦，都应该坚持下去。因为任何一件事情，坚持到底，始终如一，就会有它的价值。

我的艺术创作就像父亲说的那样，是需要把坚持作为自己的行为准则的。很多作品在做的时候要给自己坚定的信心和坚持下去的动力。要坚信艺术的影响力，一定会影响大家，一定会对社会有用，而不应该怀疑自己、怀疑艺术。如果没有这种坚持和始终如一的话，我不可能做出像《丝路金桥》等这样一些作品，因为每一次创作都是一次挑战。

父亲做事、做人很单纯，没有复杂的想法，所以他可以为自己的理想，为自己的价值观抛弃很多，实际上这也对我的影响很大，做自己的事情，把杂念摒除，心无旁骛，对自己的生活、想法要适当地做减法。大概父亲践行的就是现在提倡的"匠人精神"吧。

我常想，我的那种使命感其实都是从家里长辈这种言传身教来的。这种使命感就像是在血液里的东西。尽管父亲可能跟我们说的不多，但是他的这种做法深深影响了我，就拿现在来说，我做的好多事情，包括艺术上的创作，都是不考虑商业利益的，而是抱着一种使命感，让自己的艺术可以促进社会的进步，让自己能对社会做出贡献。

我想，这样的家风，是应该代代沿袭的。

◆本文原载于【文史博览·力量湖南】微信公众号 2018 年 6 月 23 日

269

·扫码收听·

感谢我勤劳纯良的父母，不仅给予了我生命，还给予了我快乐的童年，这是我一生幸福的源泉。

肖笑波：我的严父慈母

口述｜肖笑波　文｜仇　婷

270

　　我的家乡位于邵阳市新邵县陈家坊镇红卫村，父母亲当年原本是县里业余花鼓戏剧团的演员，母亲还是业余团的台柱子。20 世纪 80 年代初期剧团解散，父母便回到了农村，成了伺候土地的普通农民。

　　在我的记忆里，我们一家人的家庭氛围是特别好的。父母亲无论在外面吃了多少苦，受了多少累，回来都是笑呵呵的。有一回不记得母亲是因为什么事很生气，作势要去拍打父亲，父亲反手抓住了母亲的手，然后两个人笑作了一团，那个场景真是非常温馨。

　　其实小时候家里经济条件不是很好。父母亲育有弟弟妹妹和我三个孩子，父亲又是家中长子，下面有两个弟弟。有一年，爷爷决定分田地，叔伯三兄弟抽签，父亲抽到了爷爷的房子，但父亲说不能住一块挤着爷爷，于是带着我们马上开始砌房子。我们三姐弟也帮忙砸过红砖、推过土坯，花了大半年光景就把新房子砌起来了。

　　父亲是那个年代的高中生，因为家庭条件不好，从小要挑担子，导致个头长不高，曾去部队应征，也因为个子没达标没选上。记忆中，父亲毛笔字写得不错，一到过年邻里乡亲都会要他帮忙写对联儿，村里若是有乡邻发生了什么争执，也经常喊他去帮忙评理。父亲没事儿还喜欢捣鼓捣鼓音乐，记得我们小的时候，他不知从哪儿弄回来一个破旧的电子琴，还弹得有滋有味儿。

虽然父亲算得上是半个"文艺青年"，对待邻里乡亲都温和有礼，可对我来说，父亲算得上是真正意义上的严父。

有一回考试我拿了第二名，喜滋滋地跑回家告诉父亲。父亲问我："你与第一名的差距是多少？"我说"几分"，他淡淡地说了句"那努力吧"。没有笑脸，也没有表扬。

这成了我的一个心结。那年大年三十吃完饭，父亲像往年一样开始跟我们三姐弟开"茶话会"，讲怎么样孝敬父母，讲自己的理想，讲明年一年的规划。于是我说出了自己的心结——是不是只有拿第一名父亲才开心？父亲告诉我："当时我觉得你有点沾沾自喜，人生不是用考试来衡量的，但是你取得成绩的这个态度是需要纠正的。"

困难的家境，加上父亲的教导，我比同龄人要更早熟一些。7岁开始，我就学做鞭炮的空炮筒来赚钱，每天下午3点钟放学后，我就去工厂里做空炮筒，晚上9点之后才开始做作业。对我这种小身板来说，一天坚持下来是很累的，但我心里很高兴，因为做空炮筒一天可以挣到10块钱，我收获了劳动的果实，也尽绵薄之力帮父母减轻了负担。

11岁那年，我读小学五年级，看到一则邵阳艺校祁剧班的招生启事，招收祁剧小演员。其实我当时并不知道祁剧是什么，还以为是唱歌，就很想去尝试。因为从小我就非常喜欢音乐，看到简谱就会唱，属于无师自通型，也许是继承了父母亲在音乐方面的天赋吧。但父母并不是很愿意，因为我学习成绩一

——————————— ∥ **人物名片** ∥ ———————————

肖笑波： 湖南省政协委员、十九大党代表、湖南省祁剧保护传承中心一级演员

◎获得中国戏剧学院硕士学位时，肖笑波的家人合影

直比较好，他们希望我将来学法律，当个律师。于是，父亲请来家中长辈开了个会，大家纷纷表达了自己的看法。问到我的意见时，我小小的一个人面对一大屋子人丝毫没有胆怯，我说"我要去，我就要去学祁剧"。

就这样，我与祁剧结缘。

在邵阳艺校祁剧班头两年，我都是在苦练唱念坐打，直到两年后，我的师父花中美才正式招收我为徒弟。其实当时我在祁剧班条件并不出众，不是个子最高的，不是嗓子最好的，也不是模样最漂亮的。但师父在选择我时说了一句话："心有多大舞台就有多大，心有多宽舞台就有多宽。"究其原因，应该是她很认可父母对我的教育。

在师父的严格要求下，我每天早上4点起练功，晚上12点才能睡觉。十几岁正是好睡的年纪，但我很听老师的话。由于师父身体瘫痪，每次上课，我都要把老师从家里背到教室，课上完了又背回家。15岁那年，老师建议我去健身馆当健身教练，一方面是为了增长身体的力度，另一方面是因为老师知道我家境困难，当健身教练可以贴补些家用。经过面试，我成了健身馆年龄最小的教练。

看到我每天练功那么辛苦，还要赚钱贴补家里，母亲很是心疼。我在艺校念书的那几年，母亲经常一大早来学校帮我洗衣服、整理卫生，搞完了又匆匆忙忙坐五六路公交到乡下，再走五六里山路，回到家已经是下午4点。路上为了省一餐饭，她还饿出了胃病。

我的师父花中美是祁剧名角，对我的要求自然非常严格，于是心疼女儿的母亲便与师父有点"不对付"。

17岁那年，我演出毕业大戏祁剧《目连救母》，母亲也来看我的表演。《目连救母》里有一段过奈何桥的戏，我得在一座尺把宽、近两米高的木板桥上表演翻跟斗、单脚独立等高难度动作，但我天生恐高，一紧张便两眼一黑，从桥上摔了下去，全场顿时鸦雀无声。观众和我的同学们都以为我会再爬起来，但是那时候我已经吓懵了，无法发出声音，过了一会儿同学们才来将我抬进后台。

到了后台，师父坐在轮椅上开始训我，"你给我上去，重新再来一遍，你这样是对不起观众的，你吃饭都有罪……"母亲则在一旁抹着眼泪对师父说，"求你别让我女儿演这出戏了……求你放过我女儿，我女儿要是有什么事可怎么办啊……"过了一会儿，我缓过神来了，望着旁边气得不行的师父和眼泪婆娑的母亲我觉得挺好笑，于是赶紧告诉他们"我没事"。

时间过去了很多年，但这一幕场景我却记得特别清晰。后来师父因病去世，走之前把我拉到床边对我说，"演不了这出《过奈何桥》总是有些遗憾，要当个好祁剧演员，不该有这样的缺陷。"为了完成师父的心愿，我把木桥搬进了伸手不见五指的黑屋子，摸索着在桥上练习。经过整整3个月，不记得从桥上摔下来多少次，终于练成了这出戏，顺带克服了恐高的毛病。

273

回想起来，我的父母、我的师父都是很能吃苦的人，我很庆幸一路走过来有他们时时刻刻的引导和教诲。因为有了他们，才有了我今天的成就。时光过隙，白云苍狗，如今师父早已不在，所幸还可以在父母膝前尽孝。感谢我勤劳纯良的父母，不仅给予了我生命，还给予了我快乐的童年，这是我一生幸福的源泉。

◆本文原载于【文史博览·力量湖南】微信公众号2018年12月26日

·扫码收听·

如果时光可以倒流，我愿意，把生命分成两半，一半给奶奶。

李雨儿：
奶奶，我多想再唱歌给您听……

口述 | 李雨儿　文 | 唐静婷

274

奶奶走了十多年了，我也遗憾了十多年。童年的欢乐，像在昨天，时光一去何时能回来呢？回不到过去了……如果时光能倒流，我会选择多陪伴在奶奶身边。

2006 年，那时我参加央视《星光大道》拿到月冠军，事业开始步入正轨，奶奶终于有机会在电视里看到她在外漂泊多年的孙女，这是我这么多年来唯一欣慰的，对奶奶而言也是一种内心的安慰。

我的家乡在湖南永州东安县的一个小山村里，那儿大山环绕，青山云雾间，那儿也有着我与最爱的奶奶之间的回忆。

在奶奶身上，有着浓浓的中华传统文化中的"以和为贵"。奶奶，是我们那儿的接生员，穷乡僻壤的山村里要找一家医院得走十几里路，所以孩子都在自己家里生的，但是奶奶为人家接生却分文不取。我从小和奶奶一起睡，有时候三更半夜有人敲门请奶奶去接生，奶奶要忙到第二天下午才能回来。但奶奶背回来的接生箱里，却只有几个红鸡蛋或者空荡荡的什么都没有。反而，奶奶有时候还会把家里的白糖送给有新生孩子的家庭，把我们穿旧的衣服送给他们做婴儿尿布，或者给他们送去一些米。

　　记得有一次，邻居因为土地的事情找上门来，在农村里，土地是大事，他们盖房子占了我们家里的地，按理说我们有理在先，可以和他们好好辩驳一番，但是爷爷奶奶都选择了忍让，只象征性地收了20块钱，便将那块地让给了邻居。这种奉献、善念、包容以及以和为贵，带来的是和谐的邻里关系。也因此，在奶奶最后生病的时候，很多我没见过的陌生人或者平常和家里没有来往的人，都会来看望奶奶，他们往往都是奶奶年轻时帮助过的人，岁月染白了他们的双鬓，但他们依然没忘记年轻时的情谊。在事业上，奶奶也叮嘱我要以和为贵，敢于吃亏。所以，每当我面对一些利益选择的时候，我都会想起奶奶的这句话："将利让出去，人和了，事就成了。"一路走过来，我践行着奶奶的教导，很多事也因此一步步做成了，而我在这个过程中也很快乐。

　　奶奶的这种"以和为贵"不仅使邻里和谐，同时也为我们整个家庭带来了幸福。

　　妈妈常常和我说，她嫁到这个家几十年来，从没和奶奶红过脸、吵过架，因为奶奶遇到事情总会从自己身上找责任、找原因，心里想的、做的都是他人。在奶奶生病卧床的4年里，妈妈每天给她擦澡，背着她去晒太阳，一切都亲力亲为地服侍。在农村里，这样尽心尽力的儿媳妇很少见。而这背后，就源自奶奶一直以来为家人的奉献。奶奶始终用她的智慧、坚韧、包容，言传身教，去感染身边的每一个人，这样的家风家训对我们这一年代人，甚至下一代人都是很好的教材。

　　而奶奶对我最大的影响就是唱歌。我的爷爷是民间艺人，我的奶奶爱唱歌，她常常教我一些当时的歌谣，我也咿咿呀呀跟着她学。在这样的环境下长大，

275

———————// 人物名片 //———————

李雨儿：湖南省政协委员、中国歌剧舞剧院歌剧团声乐演员、知名创作型女歌手、女书文化推广大使

所以我也从小就特别爱唱歌。而我的妈妈又给了我一个有三个八度的嗓子，拥有外界所说的"海啸音"，这是我觉得很幸运的地方，也奠定了我后来的音乐道路。

11年前，奶奶因病离开了我们。去世的那天恰逢愚人节，我将自己的悲痛写在了一首《长恨四月一》的诗里，我多么希望是老天爷和我开的一个玩笑，但却是真实的。那一天，我除了一直流泪之外，内心也在反思和后悔。如果知道亲人总有一天要离去，为什么不多陪在她身边，只有陪伴和关心才最珍贵。

我的内心充满着愧疚，我们能给予爱我们的人太少，而他们给予我们的则太多太多……

如果时光可以倒流，我愿意，把生命分成两半，一半给奶奶。我愿意，回到小时候，奶奶带着我们一起捡柴火，带我们一路唱着歌谣，我就跟在奶奶身后，屁颠儿屁颠儿地学歌谣，哼哼唱着。

后来，我还专门写了一首《童年的歌谣》，回忆奶奶带给我的温暖，我多么希望还能再唱歌，给我最爱的奶奶听……

◆本文原载于【文史博览·力量湖南】微信公众号 2018 年 6 月 18 日

·扫码收听·

回想起母亲健在时便疏于陪伴，母亲生病后又走得太过匆忙，我愧疚不已。然而人生已没有重来的机会。

付辽源：最好的孝顺是陪伴

口述｜**付辽源**　文｜仇　婷

我的童年是在湘西永顺大山里度过的，父亲在改革开放前是"右派"，母亲也随着他下放到农村。

大山里的孩子没有玩具和动画片的陪伴，三五成群地隔河"对骂"成为我们最大的乐趣。孩子们把对方的糗事编排成歌唱出来，这边唱来那边和，我虽然年纪小，但嗓门儿大，每每这时，我总会被拉出来"应战"，硬是凭着嘹亮的嗓音把对方"唱"败下阵去。

说起来，我这会唱歌的"本领"遗传自父亲。父亲原本是一位人民教师，改革开放之后得到平反，因为对汉剧的热爱，落实政策后就去了永顺县汉剧团当唱腔老师，我们一家也住到了剧团里面。在那几年里，剧团的锣鼓声一响我就跑去看。耳濡目染再加上父亲的引导，我小小年纪就进入了永顺县剧团学员班当小演员，并在县里面举办的歌唱比赛中拿了一等奖。

1986年，湘西自治州民族歌舞团准备进京演出，有一首土家哭嫁的歌曲需要一个年轻的"新娘"，既要能演又要会唱。歌舞团找到了永顺县文化馆，文化馆的老师立马推荐了我。经过面试，我被特招进入湘西州歌舞团，自此走上了专业的声乐之路。

虽然我在音乐方面的发展较为顺利，但工作之后，大部分的时间都用来练基本功，没什么时间学文化课。同为教师的母亲忧虑重重。

有一回，我跟母亲饭后散步，母亲试探着问我：你能不能再去读书？那时候我已经进入湘西州歌舞团，有一份自己喜爱的工作，也能赚到一份不错的薪水，但为了实现母亲的心愿，我还是决定参考高考，最终被中国音乐学院录取。在这里，我接受了中外歌剧表演、台词表演、中外音乐史等专业系统的训练，并得到了杨曙光、宋一、金永哲等业内名师的指点。这为我后来形成自己的演唱风格打下了基础。

在我的印象中，父母传给我们的家风可以概括为"至真、至善、至美"六个字。"至真"是待人真诚，做人本真，做事认真；"至善"是善待他人，乐善好施；"至美"则是大方朴实，不矫揉做作。

父母亦是这样以身作则。帮助年幼的叔父读书、成家；帮衬儿女多、家境困难的三叔家；帮助在永顺县万坪乡从教时结识的一位孤寡老人，最后老人在我母亲的怀里离世。在父母的影响下，我们三姊妹也很团结，一路互帮互助，虽然我们现在各自有了自己的小家，但从不分彼此，组成了一个相亲相爱的大家庭。

从中国音乐学院毕业后，我回到了家乡湖南，在湖南省歌舞剧院工作。

离父母近了，我回家的机会也多了些。每次回到家乡，父母亲都会拉着我聊聊家长里短和陈年往事，但说的次数多了，我便有点思想"开小差"了。那时候，我还不懂，最好的孝顺就是陪伴父母。

2014 年，我在长沙接到姐姐的电话，问我最近忙不忙，当时我刚调到湖

⫽ 人物名片 ⫽

付辽源：湖南省政协委员、湖南省音乐家协会副主席、女高音歌唱家、国家一级演员、省文化馆艺术培训部主任

◎付辽源全家福

南省文化馆，接手群众文化工作，又逢年底，忙得不可开交，姐姐便没有再说什么。过了一段时间，我从家庭微信群里的一张照片中发现母亲的状态有点不对劲，于是打电话问姐姐，这才得知母亲生病了，我赶紧奔回了永顺家中。

起初母亲只是普通的感冒，但怕麻烦儿女拒不住院，耽误了最佳治疗时机，病情已经回天乏力。但在那种状态下，母亲仍然多次劝说我回来工作，我听着泪流不止。没过多久，母亲便过世了。回想起母亲健在时疏于陪伴，母亲生病后又走得太过匆忙，我愧疚不已。然而人生已没有重来的机会。

2016年，我跟省文化馆的领导建议，举办"情暖潇湘 欢歌孝语"公益演出活动，邀请抗战老兵、老红军、退休劳模、空巢老人、孤寡老人们来到现场观看。在演出现场，我们鼓励老人们面对主持人采访时说出自己的心声，再通过视频向儿女们转达。我希望全天下的父母不要总是报喜不报忧，也希望全天下的儿女们不要有我这样的遗憾，父母真的需要陪伴。

一转眼，母亲已经离开我4年，每回在演出现场听到《常回家看看》这首歌我就会想起母亲。

"常回家看看回家看看，哪怕给妈妈刷刷筷子洗洗碗……"

母亲，女儿永远怀念您。

◆本文原载于【文史博览·力量湖南】微信公众号2019年1月30日

·扫码收听·

偶尔，我也会一个人悄悄地去父亲的坟前坐一坐，哪怕不是祭奠的日子。在山风的细语里，父亲与我的一些细节会如水般流来。

向午平：父爱如山，深沉无声

文 | 向午平

这几天总是梦见父亲。

他还是那样慈祥如水地看着我，还是那样用慢条斯里的语气为我勾画着未来。

在父亲去世的这些年里，很多时候我仍然固执地认为他在那面可以遥望远景的山坡上，以自己的方式好好地活着。偶尔，我也会一个人悄悄地去父亲的坟前坐一坐，哪怕不是祭奠的日子。在山风的细语里，父亲与我的一些细节会如水般流来。曾经遥远了的，几年前发生过的，都显得那么清晰，那么鲜活。一切画面都蒙太奇似的跳跃，渲染着我无声的泪。但更多的时候，我不敢去面对长眠于地下的父亲，因为总感觉得到自己正被一把卷了口的钝刀无情地挫伤。

童年的印象里，父亲总是忙碌的。

那时，也许是因为生活的重压，他的脸似乎也是永远板着，难得见到笑容。年轻时的父亲好酒，却买不起酒，就只好把当村上赤脚医生的母亲用的酒精兑了水喝。平常喝得少些，逢年过节却常常是醉了的，那双红红的眼睛让人害怕，我便与父亲有了少许的距离。

其实细细想来才发现，父亲从我小时候到他去世的那一天，从来没有打骂过我。就算我做错了事，他也只是在母亲的面前说一说我的不是。

父亲给我的，其实还有诸多的温情。

有一次，父亲去县委党校学习，就把我和弟弟带去一个亲戚家。没有车，我们走的是铁路线。那是，我第一次看到铁路，火车一来就紧张得要命。父亲拉着我和弟弟的手，始终没有放开，火车来了还把我们的头紧紧地抱在怀里。党校的伙食好，父亲每天都会悄悄藏起几个馒头、包子或是几片肉，走上几里路送给我们。

我与父亲第一次最长的旅程，应当是他送我去长沙读书。虽然只是一个中专学校，但那时按父亲的说法已是意味着可以"甩脱锄头把，当公家人"了。父亲一路上兴致都很高，十几年了，我从来都没见他这么开心过。从上车到下车，他把行李像小山一样地堆在自己身上，没让我提一点东西。这一次旅程，他对我说的话比以前所有的加起来还多。

人生是曲折的，在生活的道路上避免不了会受到一些伤害。我的每一次失意和挫折，父亲都会一如既往低声地开导，小心地陪护。父亲也因为工作上的事被别人威胁过、围攻过，他却实实在在地瞒住了我。事后我责怪过他，他只淡淡地说，你过好自己的日子，我的事情不要你去操心。

281

父亲是患癌症去世的。每一次见到患病父亲，我都不愿相信，癌症病魔怎么就会把他缠上了呢，怎么能让一个仅仅只有 56 岁的男人就这样一步一步走向死亡呢？

患病将近两年的父亲，弥留之际总是有气无力地唠叨。他说，你做人要实在、工作要认真；他说，我单位人多是一些女同志，帮不上多大的忙，我死时

◎向午平父子合影（右一为向午平）

只有你费大气力了；他说，我以前看的地，老家的那块太远，就把我葬在公墓里算了；他说，有空时要多回老家替他去看看婆婆；他还说……他一直说到弟弟一家人来看了他，又返回长沙去。

当父亲不再说了的时候，我知道他该去了。我把父亲葬在了一面较高的山坡上，从那里可以看得到我所在的县城，看得到从故乡流来的那条小河，也可以透过层层山峦遥望弟弟妹妹所在的异乡。我在他的墓志铭上最后写道："墓处向阳长坡，视野开阔，青草萋萋，群山如簇，树林环绕，晨昏暮夕，雾岚茵茵。更兼左傍古阳之河，源头即为渺渺乡关，静心聆听，故地鸡鸣犬吠犹闻。父若有灵，当不寂寞。"

这是我为父亲做的最后一件事，其他的除了祭奠，也只剩下如春草般疯长的思念了。

◆本文原载于【文史博览·力量湖南】微信公众号 2018 年 3 月 28 日

282

·扫码收听·

只要是认准了的事情，无论遇到怎样的坎坷与困难，我都能坚持下来，这源自父母教给我的最质朴的道理：先做好人，再做好事，醇厚仁怀，锲而不舍。

陈平：父母教给我最质朴的道理

口述|陈 平 文|黄 璐

我们家的家风不是写在本子上固定的文字，父母对我的教育是从生活中的一言一行开始的，这些从小到大的点点滴滴影响了我的一生一世。

283

一

父亲的祖上来自安徽，身世平常，爷爷是私塾里的教书先生，后来不知何故迁入湖南。这一变故，让我与湖南结缘。母亲的祖上，是山西有着显赫历史的票号家族，电影《白银帝国》中的故事便与她的祖先有关。少年时期，时局动荡，兵荒马乱，身怀家国情怀，他们双双投入军旅，最后跨过鸭绿江保家卫国。

我很为父亲感到骄傲。他以年少之躯加入了薛岳将军的大军，参加了长沙保卫战，后来又转战西北随部队投诚起义，成为志愿军参加了抗美援朝。从国民党到共产党，他完成了个人信仰的转变。

父亲是技术军人，在朝鲜战场虽没有亲自杀过敌，但在枪林弹雨中开车运输炮火、修理汽车等各种设备，也是非常危险的。他的小腿差点被打穿，太阳穴有一块指甲大小的弹片，至死都没有被取出来。每到阴天下雨他都会头疼，但父亲从未抱怨过一句，最后，父亲是突发脑溢血去世的，去世的时候不到70岁。

"文革"时，他复杂的历史背景让他饱受磨难，屡遭批判，但是他始终有一种信念，那就是对国家怀着一颗赤胆忠心，对共产党充满敬意。少时的我曾有不解，也曾好奇地问他为什么不生气，他说："一个孩子会怨恨自己的母亲吗？母亲打了孩子一顿，孩子最后还是要叫母亲一声'妈妈'。"

军人出身的父亲个子虽不高，但很有风度，两鬓斑白，腰板笔直。他兴趣广泛，会动手做木匠活，比如做茶几、沙发、躺椅。他会吹箫，偶尔唱几句昆曲，哼唱两句"苏武留胡节不辱，雪地又冰天，苦忍十九年，渴饮雪，饥吞毡，牧羊北海边"。在样板戏流行的时代，他喜欢的歌手竟是周璇，我上小学的时候，还曾偷偷跟他学唱过周璇的"浮云散、明月照人来"。

这些碎片一样的记忆，令我对他青年时代的过往很好奇，觉得非常神秘。可惜那时小，也不懂得探究，没有把父辈的故事记录下来。

乐善好施，是我父母共同的特点。有一年快过春节的时候，有人敲门，是一位行乞者。我刚要关门，父亲阻止了我。来者说，他是安徽的逃荒者，因为家里闹饥荒，吃不上饭，家里几口人就分了几路出来要饭吃。父亲听得眼圈发红，不由分说，把家里的馒头发糕都用报纸包好给他，最后又问母亲还有什么能带的食物，母亲说还有十几个核桃。父亲拿来，把核桃在门上一个个夹开，一并给了他。行乞者感动得边哭边要给父亲下跪，父亲连忙扶起他说："再苦你也不要跪，我们都是一样的人。不要因为你穷就认为自己低人一等。"

20世纪70年代后期，经历了"文革"后，每个家庭都怀着一种渴望——读书，

———————————// 人物名片 //———————————

陈平： 湖南省政协湖南发展海外顾问、国际民间艺术组织（IOV）全球副主席

有着强烈的求知欲。记得每到晚上，我家常是这样一幅情景：父母各自带着老花镜，围在桌前，父亲通常是看《参考消息》《人民日报》，母亲通常会看《故事会》，灯光温柔，时光悠然。

家里各个角落，从柜子到床头、从桌子到椅子上到处都是书。我的家里订阅了很多杂志：《译林》《小说月报》《星星诗刊》《当代》……同时还有《海底两万里》《安娜·卡列尼娜》《巴尔扎克全集》《红楼梦》《李自成》等中外书籍——每次都是我哥买来之后，我跟他一起认认真真用报纸包书皮，然后他盯着我一本一本读。

父亲常说："要多读书，才能有明辨是非的能力，才能知礼仪、懂规矩、知羞耻。"

父亲喜欢养花，特别是喜欢兰花和文竹。我们家里养过吊兰、绣球、月季、三角梅等等，也养过狗、猫、鸡、乌龟等小动物。每每在午后的阳台上，父亲躺在自制的躺椅上看着《参考消息》，猫儿躺在他的脚下，家里鲜花盛放，在阳光的射线里，有一丝微尘轻浮，暖洋洋的。

二

我的母亲祖籍山西平遥，祖上身世显赫，但到她少时，家道中落。母亲学历不高，只读过私塾，我一直不知道，只学过繁体字的母亲，是怎样学会读写简体字的。她是一位干净、体面的女性，善良、大气、勤快、持家，人缘极好——她的热心肠在大院里众所周知。

她小时候严格受训，心灵手巧。每逢过节，她都要被大家请去教他们做吃的、做用的。端午节的时候，母亲被各家请去包粽子，从剪粽叶、放糯米、包叶子、系线的步骤，她都会耐心地教。中秋节的时候，母亲拿着家里的月饼模子，帮很多邻居做月饼，和不同的馅儿——什么枣泥馅、核桃馅、青红丝等等。因为我从小不吃甜食，所以母亲专门给我做咸月饼。

母亲精通各种女红，会自己做衣服。每当我看上画报中的新样式，她就会买了新布料照着给我做，那时用的还是铁熨斗，她会把我的衣服烫得整整齐齐，总是像新的。每天我上学穿的衣服总是干净整洁、样式讲究，不同于其他同学们，因此常被人笑说是"资本主义情调"——讲吃讲穿。事实上，这是母亲将我们一家照顾得体体面面。

空闲时，母亲也教我做了很多女红，我会刺绣、钩花、织毛衣等各种手工，我钩了很多的桌垫、杯垫——家里沙发上、桌椅上都是我的"作品"。有时候，我跟母亲一起把旧报纸卷起来，涂上颜色，拼成图案，做成门帘。

那时物质条件根本无法与现在相比，但很多事情都是自己动手制造，生活中的快乐细小但具体，有一种满满的幸福感。

20 世纪 90 年代末，我定居德国后，必须开始学会独立照顾自己的家庭，从做饭、布置，到管家、照料孩子，每每总是会想起儿时母亲教我做的家务，一边回忆，一边学着做，一边想念。

德国的妇女非常勤快，大多善于理家，每一户德国家庭几乎都是一尘不染，洁净而讲究，这是女人们的功劳。她们会收拾家，会照料孩子，会打理花园，安排时间井井有条，可谓里里外外一把手。而我这个中国女人，表现得跟她们一样，这都源于我的原生家庭所给过我的家庭训练。

三

今天，作为两个孩子的母亲，我把母亲教我的生活技能再传给我的孩子们，他们真诚、独立、勇敢、识大体，善于思考，更善于动手。16 岁的儿子会给姐姐做饭吃，独自一人从德国中转俄罗斯到北京来看望我。女儿从 15 岁开始，跟同学们到其他国家旅游、游学，所有的财务计划、日程安排和整理衣物、购买机票等，全部自己动手。

我的孩子们出生在德国，但他们对中国文化并不陌生。他们中文说得很好，也知道很多中国的道理，我常跟他们说一些东方传统的智慧和处世哲学。在做人做事上，他们非常谦虚、好学，因为我对他们说：三人行必有我师。他们勇敢、独立，因为我告诉他们：少年不努力，老大徒伤悲。孩子们喜欢助人为乐，善恶分明，他们懂得：勿以善小而不为，勿以恶小而为之。

有一次，女儿在德国上政治课，老师在课上讲中国没有自由，不平等。女儿当场就站起来说道："老师，请问您去过中国吗？"老师说没去过。女儿说："我的妈妈是中国人，我每年都会去中国，小时候也在中国生活过，中国不是您说的那样。希望您去中国看一看之后，再来发表言论，您必须对这些不实之

◎陈平（中）

词负责任。"

我儿子 10 来岁的时候，参加了"寻根之旅"夏令营，到了中国很多地方，特别热爱中国的咏春拳。他在参观了山东曲阜之后，深深地迷上了孔子的哲学思想，为了解中国历史，又开始自学《孙子兵法》。他立志今后要到中国来上大学。

我的性格比较率真，爱憎分明，十几年来一直做国际民间艺术的保护、国际文化的交流工作，常年奔走在东西方之间。出于热爱和责任感，只要是认准了的事情，无论遇到怎样的坎坷与困难，我都能坚持下来，这源自父母教给我的最质朴的道理：先做好人，再做好事，醇厚仁怀，锲而不舍。

因为工作的关系，我经常在东西方行走，照顾别人比照顾自己孩子还要多，为别人付出的比为他们付出的也要多。孩子们表示非常理解，他们说：妈妈，只要你快乐，我们就会快乐。我们知道你热爱你的工作和中国。

我现在从事文化遗产特别是民间艺术的保护挖掘整理推广工作，希望尽我最大的努力，挽留住这些美好。记得少时，我对父亲说我想成为一个诗人，父亲并不反对，只对我说："你先学习写诗，然后再去想成为一个诗人。"这就是教育我，既需要仰望星空，也能够脚踏实地。

家风传承，父母是孩子最好的老师。言传身教，潜移默化。父母对我的教育和影响，是我一生中最大的财富，它们也将继续延续给我的下一代，绵延不息。

·扫码收听·

我的母亲是一名普普通通的劳动妇女，正直、善良、坚韧这六个字，是对她最好的形容。在我的成长历程中，对我影响最大的就是我的母亲，她成就了我们家淳朴善良的家风。

石红：
母亲从小教育我，幸福要靠奋斗来实现

口述｜石　红　文｜吴双江

"为什么我的眼里常含泪水？因为我对这土地爱得深沉。"

艾青的这两句诗，或许在一定程度上表达了很多人对生养自己的土地的感恩和眷恋。我也很爱我的家乡。

我来自著名歌唱家宋祖英的家乡——湘西古丈，"小时候妈妈把我背进了吊脚楼"这句歌词，同样也适用于我。

谈及故乡，回荡在我脑海中的画面遥远又清晰，画面中隐隐约约浮现出一个藏在湘西大山深处的村落，然后是记忆最开始的那条弯弯的小溪，那座蕴含着奇妙世界的大山，还有爷爷奶奶荷锄而归的田埂，对了，还有那个小小的我，端着饭碗，笑着闹着满寨子跑着吃"百家饭"。

我们古丈是著名的茶叶之乡，我的母亲是一名普普通通的茶农。她有着湘西这片土地孕育出的一些美好特质，淳朴善良、勤劳正直、胆大心细。当然，她的这些特质也一定程度上影响激励着我。

小时候，我家属于"半边户"，父亲是吃公粮的，母亲是家里唯一的劳力。我从小就看着母亲日复一日地操劳，白天她要到茶园里采茶，晚上回来后还要手工做茶，经常辛苦到半夜，从她的身上我看到了劳动者的可贵,奋斗者的艰辛。

尤其是在古丈县财政困难的时期，当时父亲单位几乎几个月甚至半年都发不出工资，全靠母亲采茶、做茶、卖茶来养活我们几兄妹。正是受母亲这种劳动者勤劳拼搏的精神影响，我从学生时代到参加工作，一直秉承着"幸福是奋斗出来的"思想，这也正应了习总书记在 2018 年新春的寄语，让我印象非常深刻。

母亲从小对我们充满慈爱，但是也非常严厉，她的正直和善良，时刻激励着我。小时候有一件事让我终生难忘。那时我还在读小学，家里比较困难，母亲为了补贴家用，家里养了猪、鸡等不少牲畜家禽，当时不像现在养猪可以喂饲料，而是要自己去山上找猪草。由于哥哥姐姐们已经读中学，学业压力比较重，母亲就给我布置了一个任务，每天放学后我要去找一背篓猪草。那时候家家户户都养猪，都在找猪草，所以要找满一背篓猪草并不容易，尤其对我这样的一个小学生来说。

有一次我实在找不到了，老师布置的家庭作业又很多，怕回去晚了完成不了，所以那天我就动了歪主意，把我家附近山上别人家种的小白菜拔了一背篓背回家。这件事被母亲知道后，她勃然大怒，当场就把我狠狠地揍了一顿。那是母亲第一次打我，也是我人生中犯的一个很大的错误。那件事后母亲就一直跟我说："我宁愿你找不到猪草，也不愿意你去做一个小偷，去做这种不道德的事。你那半背篓菜，也许是人家半个月的蔬菜配给。"事后，母亲带着我上门赔礼道歉，并偷偷给受损菜农家赔偿现金。我现在时常都会提醒自己，不能把自己的幸福建立在别人的痛苦之上。所以，从小母亲对我们的教育，那是人格的培养。

我的母亲现在已经 82 岁了，但是她还像以前那样善良，经常会省吃俭用

————————// 人物名片 //————————

石红：全国政协委员、湘西土家族苗族自治州政协副主席

◎石红的父母亲

拿出一部分的钱物来接济那些需要帮助的亲戚邻里。虽然母亲没有接受过什么文化教育，但她始终秉承一种对美好生活的向往，并以这种态度教育我们，经常提醒我们参加工作后，要认定目标，要坚持不懈。在工作中，我有时候也会有职业倦怠，每当此时我就在想，母亲那一代人吃了那么多苦，她是凭着什么样的毅力走过来的？我这点坎坷又算什么？

别看我母亲好像没什么文化，但是她喜欢看电视，现在的一些国家大事，她都知道。特别是在反腐倡廉这方面，我们在家时她讲得最多的就是这件事。她经常跟我和哥哥讲，你们现在从政了，千万不能当贪官，要当清官。

◆本文原载于【文史博览·力量湖南】微信公众号 2018 年 3 月 21 日

母亲生前给我写了很多书信，这一大包书信也成了我一生的宝典。

李平：母亲，您是我人生第一导师

文｜李　平

2018 年清明节正逢母亲的阴生，天亦有情，一直寒风冷雨吹落乱红无数，我与弟弟相约一同去祭扫父母，车窗外的油菜花都凋落所剩无几了，不觉想起 30 年前母亲带着我最后一次去给外公外婆扫墓的情景，从我家到外公的墓地距离约 3 公里，母女俩要经过一大片油菜花田，由于当时是步行，不像现在几乎家家户户都驱车前往，穿行于花田，我一头一脸都沾满了残花香粉。当时也是春寒料峭，回程中母亲感到有些疲乏又吹了冷风，没想到竟一病不起，那一次扫墓成了我和母亲同行的最后一段路程。

母亲离开我的那一年，我正怀有身孕，送母归山之时肚子大到无法爬上去，只能远远地跪着撕心裂肺般看着母亲入土下葬也不敢放肆痛哭，人生之痛没有比这更甚的了，当时母亲才五十多岁。我侄女儿就在当晚出生，我在母亲过世约三个月后生下儿子，母亲眼看着两个孙辈呼之欲出，竟然熬不到再多活一周见见孙子，这该是她人生多大的遗憾！

母亲出身于书香之家，我外公是何叔衡先生的得意弟子，人称金先生，是当地名望颇高的教书先生和书法高手。母亲在娘家干过的职业是湘绣厂的骨干，还受过财会专业训练，当过公社养猪场的场长和会计。母亲在姑娘时代聪慧能干，嫁得很迟，我出生时母亲已经 29 岁，我父亲是北京部队的志愿兵连长，是当时最红的职业——军人。

母亲名叫于宗善，人如其名，心地善良、知书达理。父亲从部队转业之前，母亲带着我曾小住在天安门旁边的北京部队里，后来父亲军务忙起来，我就跟母亲回老家浏阳永安和外婆住一起。父亲 1969 年转业到地方工作后，父母也一直分居两地，主要由母亲独自在家带着我们姐弟三人过日子。当时父亲靠工资养全家已经是捉襟见肘，母亲往往省己待客节俭持家。

记得有一年下着大雪，因为父亲基本上一个月才能回家一趟，家里没米了，母亲只好带着我先去堂姐家借了几升米。但是刚刚回家就遇到上门乞讨的叫花子婆婆，母亲马上就从袋子里匀了一小碗给她。邻居有头痛脑热都喜欢找我母亲去看，因为为了照顾好我们，她喜欢翻医典，家里也常常备有一些常用药。我们姐弟三个人自小从未进过医院，这得益于母亲含辛茹苦的精心养育。而父亲从外面带回家的食品，母亲也总是让我们先送给奶奶尝。

可是，母亲在我家并不愉快。因为母亲在娘家时是集体企业的上班族，她能写会算，双手可以同时打算盘，与她同期培训的财会人员里，有的后来在财政局工作。凭她的知识本可以当个小学老师，而嫁到我们家时由于父亲家成分的原因，却再没有工作机会，她只能从头学养鸡、喂猪，学种菜，当家庭主妇，但是她干家务劳动不如绣花写字，更不会下田干农活，为此她没少怄气。那时候，普通妇女标准底分是 6 分，母亲当队上的会计只计 4.5 分，被称为"半个劳动妇女"。而她偏偏还生性耿直，不随大流、不苟言笑，遇到队长或其他人在过年分鱼肉、大豆、花生时做点小手脚占点儿小便宜的情况，她就看不下去，

于是算得过于精细。偶尔会计与队长、保管员起了争执，母亲就说：我不和你们这些无知识的人计较，弄得队长又气又恨下不得台，母亲自己也因此常常被穿小鞋而委屈得在家偷偷哭。

得益于外公的传教，母亲写得一手漂亮的毛笔字，我们队上墙上规规整整的毛主席语录宣传栏都出自母亲之手。此外，母亲心灵手巧自学了缝纫，当时爸爸当采购员负责管供销，记得有一次买了十件工作服，被母亲剪裁后就成了我们的牛仔裤一直穿到读高中。就连弟弟们理发都是母亲买一套工具自己动手。母亲的朋友分别是株洲和湘潭下放的知青阿姨，常常在我家小聚，那是我家最温馨开心的文艺时光。记得母亲一边晾晒衣服一边就要我猜谜语，随口还念"生在青山叶排排，死在凡间作秀才，绫罗绸缎都穿过，只冒穿过秀花鞋"，母亲还会讲哪咤闹海、文姬思汉等故事，带我午睡时就教我唱《小玲玲爱唱北京地拉那》《咱们新疆好地方》《北京的金山上》，母亲特爱唱歌，嗓音高而甜美，父亲珍藏着几大本解放军歌曲集，所以当年的红歌我几乎都跟母亲学过几句。

母亲是我人生第一导师，刚启蒙上小学时，每次老师布置写作文我总是缠着她教我写开头和结尾，亲自传授我珠算口诀"三下五除二，四退六进六"，手把手地指导我练字，她说字是敲门砖啊，还经常念叨我："你一定要争气读好书，将来一定要有出息，一定不能像妈妈一样守着厨房灶台窝一辈子，女孩子一定要自强自立。"她还告诫我们，金山银山不如书山，只有读进肚子里的书别人挖不走，有知识一辈子不心慌。

母亲最开心的时刻，是我从小学开始每年期末都能带着优秀学生奖状回家。母亲最生气的一件事，是我考上大学后的暑假期间，我听父母的安排干完自己家里的农活之后，还被安排去堂伯家里帮忙搞"双抢"，我怪母亲不晓得疼惜女儿，心想我如果再暴晒一周就黑得不好意思回大学了。我母亲的理由是"做人不可以忘本，更不可以不记恩，皮肤黑了可以养回白，不懂礼仪毁一生"，我们小时候堂伯帮过不少忙，滴水之恩当涌泉相报。

我的记忆中最对不起母亲的事，直到如今依然后悔不已。第一次是高二预考后我以第一名的成绩考上供销社的营业员，结果被大队干部的女儿顶替了，理由是我未满 18 周岁还是在读高中生，对方更小好像还是待业青年。同时我去参加湖南师大美术生和声乐初试，美术过了初试，复试也没通过，我心灰意冷不想再去读书参加高考了。母亲说，"人要学会打碎了牙齿和血吞，你不要再三心二意，现在就只有一条路，参加高考，你不读书能干什么？我这一世最大的不幸是没有机会，你现在还这么小不能丧志，不管高考有无把握必须坚持到底，现在在咬牙坚持下去是为了今后不后悔。"母亲硬是把我推上车送去学校，上车时塞给我四个梨子，我赌气一把甩到她脚下。可周末的时候，母亲还是专程乘车赶来学校为我送来还冒着热气的酸菜炒肉和当归煮蛋。她说你气冲冲走的这几天我都不安心，所以来看看你。

第二次是 1991 年清明节后母亲就开始生病，"五一节"我从学校回家，觉得地上桌上到处脏乱，一条凳子上的鸡粪都没擦干净，差点弄脏了我的衣服，我当时完全没有意料到母亲病情渐重，就抱怨母亲怎么越来越不爱干净了，母亲当时默默地皱着眉头去找抹布连忙弄干净桌椅。然而，母亲不到一个月之后就进了医院。

父母仅有父亲退休后一年多的时间里是在一起的，可是母亲却由于长期忧郁、孤独、积劳成疾病而入膏肓，我十多岁开始一直到大学都是在寄宿学校读书，我至今清晰地记得母亲每逢周末站在小山坡上望眼欲穿地等我回家，星期天下午又目送我去车站搭车久久不肯回家的样子……可是我除了最后半年陪她住院治疗外，几乎是寸恩未报。

母亲生前给我写了很多书信，这一大包书信也成了我一生的宝典，这么多年来，我之所以在每一个平台都格外珍惜工作机会、爱岗敬业和懂得感恩，内心深处也是在弥补母亲报国无门之痛。往事何曾如烟，母亲吃苦耐劳、坚忍不拔的个性，正直善良的秉性和耿直刚烈的脾气一直深深影响我，今天谨以此深深怀念我奉献一生的平凡而伟大的母亲。

◆本文原载于【文史博览·力量湖南】微信公众号 2018 年 4 月 7 日

采 一缕清风穿越时光，守望着一处叫做思念的城。以前的那座湘西城，有父母就是家。现在，他们离开了，我再也没有回家的感觉，唯独只能将遗憾寄给那座名叫思念的城。

郑大华：
几度梦回，父母还如当年模样

口述｜郑大华　文｜吴双江　周　欢

直到现在，我还是时常想起我的父母。想起母亲去世前一晚，我梦到她跟我说要好好照顾好妻子和儿子；想起父亲去世前的 3 个月，我梦到他和母亲在一个椭圆形的房子里面有说有笑；想起年迈的父亲离世时几经抢救，最后还是在我的怀里安详地睡去。

人们总说，人生有几大遗憾无法弥补，"子欲养而亲不待"是其中之一，而我的遗憾也和它有关。

我出生在湘西永顺芙蓉镇（原名王村镇），后来迁到了永顺高良坪，这是一个美丽的小集镇。我在那儿读书，在那里长大，我还记得屋前不远处的小溪，记得屋后的茶山，记得儿时的同伴，记得中小学时的同桌，记得参加工作后的同事和领导。

后来我在湖南师范大学读本科（我是恢复高考后的第一届大学生）和研究生，1987 年考进北京师范大学，读博士生，1990 年拿到博士学位后，我就留在了北京。刚开始时生活很艰难，工资收入少，还要帮助家里的弟妹们读书，记得一个月交 23 元房租（那时没有房改，都是公租房），有时都交不起。

父母一起去北京看过我几次，有次我请他们去长城玩，母亲为了帮我节省钱，坚决不去，让我陪父亲去，她说下次她再去，我和我爱人怎么劝她都不听，我只好陪父亲去了，父亲玩得特高兴，回来告诉我母亲，母亲很是羡慕。

当时，母亲已是肺结核晚期。还没等我在北京稳定下来，好好孝顺她，她就于1997年春暖花开的时候离开了我们。没有陪母亲去长城，是我这辈子最大的遗憾，每每想起母亲为我省钱坚决不去长城的时候，我就忍不住泪流满面。

而我的父亲，总是借由生活习惯不同、语言不通作推辞，不愿在北京与我长住。有次说好了住一段时间，我弟弟把他送到了北京，他还没住上两晚，就嚷着要回去，我们只好又送他回家。他去世前的两年，身体大不如从前，我几乎每隔一两月就会回老家看他一次，尽管那时交通远不如现在方便，从长沙到永顺要坐近8个小时的大巴，从北京飞张家界也只有深夜的航班。现在想来，或许这是那时我能做到的最好的孝顺吧。

可是，父母终究没有和我一起在北京生活，我没有陪在他们身边，尽到一个儿子应尽的义务和孝心。没能让他们享受到大城市更好的生活，这是我一生无法弥补的遗憾。

这里我也要特别感谢我的弟弟和弟妹，我母亲去世后，父亲一直与我弟弟住在一起（他在县城），直到2012年7月11日去世，我弟弟对我父亲很孝顺，这也是我父亲不愿和我们住北京的重要原因。如果弟弟弟妹对他不好，他也许就到北京和我们住了。

回想曾经在父母身边长大的日子，那些一起生活的点点滴滴，他们的那些谆谆教导，仿佛就在眼前。我的父亲母亲都是地地道道的农民，在物质匮乏的年代，生活过得很艰辛。小时候，我们经常没有饱饭吃，那时候，我们天天盼

—————— ∥ 人物名片 ∥ ——————

郑大华：全国政协委员、湖南省政府参事、中国社会科学院中国近代思想研究中心主任

◎郑大华全家福

过年，因为只有过年时，才有饱饭吃，才有新衣穿。所以我们那里有句民间语："小孩盼过年，大人盼种田。"

记得大约是 1966 年的中秋节，母亲不知从哪里弄了一大堆苞谷让我和哥哥、妹妹一起烤着吃，我们吃得很饱，母亲见了很高兴，感慨地说："要是一辈子像今天一样吃苞谷吃到饱就好了。"后来我们工作了，生活逐渐好起来了，他们也希望孩子留在自己身边，不求大富大贵，但求安安稳稳。但他们更不想给孩子增加负担，而以"不习惯"为借口，不去北京与我同住。

我的父母虽然出身贫寒，一字不识，但是他们的思想在当时的环境下又显得难得的开明。这表现在两个方面，一是重视教育，二是男女平等。我们家有七兄妹，我是老二，我有个哥哥，还有一个弟弟、四个妹妹。父母把我们都视若珍宝，平等对待，鼓励我们都要读书。父母时常对我们说，只要你们愿意读书，我们就是砸锅卖铁都供你们读，不管是男生还是女生。在那样艰苦的环境下，我们家培养出了两个博士、两个大学生、两个中专生，只有哥哥早年参加了工作，恢复高考时，因为家里穷，他要帮衬家里，为了让弟弟妹妹们更好地读书，便放弃了继续学习的机会。

实际上我们几兄妹中，哥哥天赋最高，最聪明，他是"文革"前最后一届考上我们县一中的，县一中在当时是一所全省的重点中学，当时全区（含五个公社，亦即现在的五个乡）没有几人考上。我为哥哥感到惋惜，哥哥为我们付出了许多，牺牲了许多，现在我们能帮他的，作为弟弟妹妹也都尽力帮助他，还他的情。

297

后来，我们七兄妹都走出了农村，参加了工作。在 20 世纪六七十年代，以我们家当时的家庭条件，供这么多孩子读书是一般人家难以做到的。而我父母始终坚持鼓励我们去接受教育，不论男女。

我父母的开明，还体现在从来不用专制的思想替我们做决定，永远是给建议，采不采纳在于我们自己，绝不勉强。

在决定参加高考的时候，我正在公社工作，离家近，就隔条马路，30 多元一月工资（如果换算现在的钱，应是六七千元），工作也不错，人际关系也很好，对家里多有照顾。当时，我父母并不是很赞同我参加高考，劝我说："老二啊，要不你就别考了吧，家里离不开你，弟弟妹妹也要你照看着。"确实，在那时看来，高考对我并不是一个最好的选择，未来的路也并不明朗。

但是，我这人天生不安于现状，喜欢做梦，做"中国梦"，有自己的理想和追求，而且从不认输，什么事看准了就想努力试一试。参加高考，我父母尽管心里不乐意，也不阻拦我，后来我如愿考上了湖南师范大学。当时我们全区（五个公社）1500 多个考生，就考取我一个本科生，两个专科生（现吉首大学），真是千里挑一。

那时候，我们家孩子多，父母平常事情多忙不过来，在生活细节上对我们没有要求太多，而是让我们自然成长。但是在做人的根本原则上，他们却异常严格。父亲在对我们的教育中始终强调，做人一定要讲诚信，这是立身之本。记得小学的时候，我因为一件小事撒了谎，父亲知道之后，把我痛揍了一顿。那是不信奉棍棒教育的父亲，对我少有的几次动手。从那以后，我再也不敢撒

◎郑大华的父亲母亲

谎，而那颗叫做"诚信"的种子也深深地埋在了我的心里，伴着父母亲的身体力行，它一点点地长大，影响了我的一生。

伴着年岁的成长，我逐渐明白了，善良比聪明更难，聪明是一种天赋，而善良却是一种选择。我的父母并不聪明，但是心地善良，他们教会我们"生而为人，务必善良"，做事要对得起自己的良心。"文革"期间，由于种种原因，很多老师被当成批判对象，还经常受到捣蛋学生的殴打。我父母亲对我千叮万嘱："第一你不能点名批判老师，第二你不能动手打老师，要是你打老师了，你就不是我们的儿子。"这些话我深深地记在心里，并在行动上践行。

前几年我们院组织专家休养，结束后要出照片集，每人要有个题词，我的题词是"学术求真，做人崇善，生活唯美"。这也是我的座右铭，其中"做人崇善"，就来自我的父母的言传身教和对我从小的要求。我可以自豪地对父母说：我是按照他们的要求做的，这一辈子没告过别人黑状，没在背后说过别人坏话，没干过一件对不起自己良心的事。

在我父母的心中一直有个记账的本子，当然，不是用来记金钱往来，而是记别人对我们家的恩情，是本名副其实的"人情簿"。只要是帮助过我们家的人，父母总是会想方设法去报答。他们经常对我们说："以前某某帮过我们家，我们家最困难的时候又是某某出手帮忙的，你们要懂得感恩，以后也要记得报答他们。"等到我们工作了，他们经常会为别人的事情向我们提出要求，叫我们帮忙。我们也一直在尽自己最大的能力去帮助他们，除了那些超出能力范围的事情。我从我父母那里懂得，"感恩"是做人的基本原则。到目前为止，我共出版了17本学术著作，每本书后我都要写一篇"书成后记"，感谢我的父母，我的老师、我的领导、我的同事、我的亲朋好友，以及一切帮助过我的人。我从父母那里懂得，"滴水之恩，必当涌泉相报"。

我的父母对我们无条件的付出，教导我们要感恩，但是从未向我们索求什么。可能这就是我心中满分父母的画像吧！生活的道路千回百转，父母亲已经离开我们很多年了，只是每每忆起，他们还是当年梦中的模样。而他们对我的影响，将延续至我这一生，以及我的后代。这也许就是中国文化的传统吧！安息吧，我的父亲母亲！

◆本文原载于【文史博览·力量湖南】微信公众号 2018 年 11 月 11 日

父母都是要强的人，这种自律和坚强，每每让我感动，然后充满力量。

杨丽：
从父母那里，学到坚强和自律的可贵

口述｜杨　丽　文｜吴双江

我出生在湖南常德一个普普通通的农民家庭，父亲在我 9 岁的时候就生了重病，失去了劳动能力，家庭的重担都落到母亲身上。

我和我姐小时候最害怕的事情，就是哪天突然没了父亲。那时候，一年当中最怕的时间就是暑假，因为暑假两个月在家，父亲一定会来一次病危，所以每年的暑假我们都在惶恐中度过。但后来我长大了，才知道父亲并不是暑假才出现病情加重的情况，平时隔三差五他也会出现这样的情况。因为平时我们在学校寄宿，知道的少，所以暑假感受就特别深。

2017 年 7 月，父亲走了。从他患重病开始到去世，父亲陪伴了我们近 30 年时间，他用坚强的毅力告诉我们生命的可贵，也成全了我们对完整父爱的渴望。当然，让父亲坚持与病魔斗争 30 年的动力，还来自我的母亲。他怎么舍得下这个陪他走过几多风雨的发妻？

我的父亲母亲能够走到一起，其实非常不容易。我母亲是地主的女儿，按当时的话说，就是社会关系不好，没有机会读书，终身大事也耽搁了；我父亲是贫农，家里穷得叮当响，娶不到媳妇。在这样的情况下，我的父亲和母亲走到了一起。

　　我的父母都是非常善良本分的农民。母亲家有八姊妹，她排行老二，虽然没有读过书，却非常有胆识和远见，在 20 世纪 80 年代土地刚分产到户时，她和我患有重病的父亲一起承包山林，是在改革开放中敢于喝"头啖汤"的那批农民。日子虽然过得艰苦，父母却从未在外借过一分债，从未拖欠过我和我姐一分学费，他们反而从微薄的收入中拿出一部分来资助贫苦的亲戚和邻里。

　　对于我和姐姐的教育，父母从来没有在言语上要求过我们什么，反而是他们的身体力行让我们看到坚强和奋斗的意义，感受到父爱、母爱的朴实和伟大。记得上初中的时候，我正在长身体，学校的伙食不好，经常晚上偷偷跑回家找吃的，第二天一大早再踩着脚踏车回学校。但是每次清早母亲都会送我去学校，送到校门口后还嘱咐一句，上课期间不要再回家了。那时我以为母亲是怕影响我的学习，长大以后有次问起才知道，学习只是一方面的原因，母亲说："晚上回，清早走，一个女孩子不安全，不送我不放心，所以那时候我不喜欢你偷跑回来。"

　　父母都是要强的人，这种自律和坚强，每每让我感动，然后充满力量。7年前，我的母亲中风了，身体的右半部分麻木，右手和右脚几乎无法动弹。即使是这样，母亲依然坚持生活自理，穿衣、洗澡都自己慢慢做，不要我们帮忙，还坚持天天锻炼身体。我的父亲更是如此，一病近 30 年，也从没有想过从别人那里得到接济。

　　他们的这些品质，也深深地影响了我。从农村到城市，从求学到就业，从结婚到生子，我都是踏实而认真地走过这些人生中的重要节点。由于科研和教学任务重，我只能趁吃饭的时间陪女儿聊聊天，有时候她想我了，就会到办公

━━━━━━━ *人物名片* ━━━━━━━

杨丽：湖南省政协委员、湘潭大学材料科学与工程学院副院长

◎杨丽的父母亲

室来，她自己在边上玩得津津有味，我就继续工作。上次她写了篇日记，说"我妈妈很忙，要么是做实验，要么是开会，要么是出差，要么是迎接客人……"用了不少排比，我觉得这样挺好，父母积极的生活、工作状态会给孩子积极的指引。父母的身体力行就是最好的家庭教育，我的父母是这样做的，现在我也是用自己的身体力行来为我的孩子做出表率。

　　我曾经问女儿，你长大以后想不想成为像妈妈这样的人？她说想。所以这是我觉得我作为母亲最欣慰的一点，如果女儿愿意成为妈妈那样的人，我觉得这个母亲是幸福的。

◆本文原载于【文史博览·力量湖南】微信公众号 2018 年 6 月 2 日

母亲不仅是一位善良纯朴的女性，还是一位博施济众的观音，更是一位看云知天的哲人；她不仅赐予我生命，开启我智慧，传授我善良，给予我勇气，指点我迷津，还激励我前行；她，不仅是一位杰出的母亲，还是我人生中最伟大的导师！

·扫码收听·

凌奉云：母亲的往事

文 | 凌奉云

一个人再成功，都不可能是全天下所有人的偶像，唯独有一个称呼，几乎是天下所有人心中"伟大"的代名词，那就是母亲！

我的母亲生于民国十七年（1928 年）农历五月二十八日，年逾耄耋。戊戌（2018 年）端午，我们兄弟 4 人相约回老家陪老母过节并商议母亲寿庆事宜。40 公里的行程如春风一路、绚烂满目。车刚停稳，便见先我而至的兄弟仨正围坐在母亲旁谈笑风生、其乐融融，母亲坐姿端庄、神情自若，慈祥的笑声不绝于耳，令我十分欣慰并勾起对往事的回忆。

母亲的少女时代是在战火纷飞中度过的，衡阳保卫战期间外祖父在城里挑河水被日本飞机扔下的炸弹炸死；父母订的是娃娃亲，由于战乱，未至及笄的母亲迫不得已投靠父亲。一晃就是 76 个年头，母亲共怀 10 胎、临盆 9 个、成活 7 个；在那艰辛的岁月长河里，别说把小孩抚养成人，仅怀孕生子就够呛了。然而，母亲做到了，她把我们兄妹 7 人拉扯养大、开枝散叶，现膝下有子孙 50 余个；培育出 10 多个大学生、1 个研究生、1 个副高工程师，我还走上了处级领导岗位。这其中的艰难困苦谁人能懂？真可谓吃尽了酸咸苦辣，饱经了雨雪风霜，踏平了山壑沟坎，阅尽了人世沧桑……

　　母亲虽出身贫寒，但乐善好施，出手大方。我的老家自然条件恶劣，干旱缺水、土贫地瘠、交通十分不便、经济非常落后。童年的记忆里，我们家一年有一两个月缺粮，靠土豆、小麦、高粱甚至红薯渣渣、树叶充饥。

　　我们生产队的男人大多姓凌，记得有一户女主人姓万，年龄比我母亲小，辈分却比我母亲大，她的丈夫在家里排行第二，所以管她叫"二奶奶"，也有7个孩子。记忆中，她家更穷且她脾气不好，经常与人家吵架。男主人很忠厚，但只会干些粗活。她的大儿子从小就患有严重的肺结核，走到哪咳到哪、吐到哪，干不得重活。这一家子在生产队里常被嫌弃和不受待见。就是这家人，经常缺吃少穿，每到青黄不接时节，总会叫小孩到我家来借米、借盐、借油。因为大家都穷，借的也都不是太多，往往是一筒米（大概一斤），一杯子油（大概一两），一调羹盐（不足一两），为了面子，过了十天半月便换个孩子来借，每年至少要借个两三次，一直到"尝新"（吃新收的稻子做的饭）为止。虽然我家也不富足，但母亲从来没有让他们空手回过。

　　有一次我不解地问母亲："我们自己都吃红薯，怎么还把米借给他们？"母亲说："你奶奶在世的时候，经常做善事，叫花子来了都要抓一把米，何况还是邻里乡亲呢？"每当回想起"借物"的窘境和母亲朴实的话语，我的心头就会涌上一股莫名的酸楚与自责。

　　母亲不仅心善，而且仗义。她常说："做人大气，才有人气。"两年前的一天，一位开拖拉机的师傅帮母亲从集市捎来一些南杂，母亲非常高兴，一边泡茶、一边拿吃的，还要掏钱付运费，师傅死活都不要。临别时，她不想欠人情，便进里屋拿了两包香烟塞给他，不料师傅已启动了马达。拖拉机噪声很大，喊

—————————————— ∥ 人物名片 ∥ ——————————————

凌奉云：衡阳县政协党组副书记、副主席

◎ 20年前凌奉云一家
三口陪父母在南岳

破嗓子也没反应，于是便赶忙去追，不小心绊到了"减速带"，由于惯性的作用，母亲被摔过去丈多远。奇怪的是，80多岁的老人只是受点皮外伤。我们问她：嘴巴怎么肿了。她说："好玄啊，刚摔下去的时候，仿佛一阵清风吹来，一只无形的巨手将我托起，然后轻轻地放在地上。人啊！还是要多做好事，不然的话，今天就有命了。"正如母亲所言，她做了一辈子好事、善事。

自20世纪90年代初把家搬到了村道边以来，过往的行人和乡亲就经常到家里歇脚、喝水，母亲把房子打扫得干干净净、东西收拾得整整齐齐。每逢客人来时，她便满面春风，义务烧水、泡茶，有时还拿出一些糖果点心。那真是"垒起七星灶，铜壶煮三江；摆开八仙桌，招待十六方"，俨然一副阿庆嫂的架式。

三年困难时期，闹饥荒，饿死了不少人，我们村一个许姓家里一年之内夫妻和女儿相继死去，剩下的独子便成了孤儿，是母亲收养了他，为他提供吃、穿、住，他便帮助母亲照看我（我不到两岁），之后送他读书、当兵，使之成长为中国人民解放军军官，母亲对他视同己出，他待母亲胜过亲娘。

母亲行善无数、德厚流光，也深深地影响了我。我参加工作后接过母亲的"爱心接力棒"，尽力帮助"二奶奶"一家；还十年如一日帮助残疾青年朱运新，使之走出了病痛的阴霾；镇村修路、建学校、组里建堂屋，我都带头捐钱。

母亲虽生在农村，却亭亭玉立，心灵手巧。母亲身材高挑、眉清目秀，算得上是个美女，且非常能干。扯秧、插田、蒸酒、熬糖、缝衣、做鞋、炒菜、洗衣、浆衫，什么农活、家务事都会干，且样样精通。印象中母亲蒸的酒是最醇的、熬的糖是最甜的、炒的菜是最香的、织的毛衣穿起来是最暖和的。

◎凌奉云在黄河塑像
前留影

　　那时候，我家兄弟姐妹多，衣服很珍贵，往往是大的穿了给小的穿，小的穿了给更小的穿，只有过年才能穿上新衣服，那真是"新三年旧三年，缝缝补补又三年"。母亲为了能让我们穿得体面些，特地添了一台缝纫机。从未学过缝纫的她把旧衣服拆下来做裁剪图样，照葫芦画瓢。刚开始做，看上去有点别扭，多做几件后并不比店里买的衣服差。自从有了缝纫机之后，我们夏天也能穿上新衣了，兄妹们不亦乐乎。

　　记得我读小学的时候，因为学习成绩好，老师要我代表村小去乡里完小参加学习经验交流，还要发言。我把这事告诉了母亲，她非常高兴，却因为没有一件像样的衣服而犯了愁，思来想去，只好把过年都舍不得杀的两只下蛋的鸡卖了，换回几尺布，连夜挑灯赶做衣服。第二天，我穿着母亲做的新衣，登上了乡里完小的讲台，登时，同学们都投来了艳羡的目光，而我却模糊了双眼。每念及此，我的眼里都会噙满泪水。

　　除了做衣，母亲还会做鞋。做鞋的工序很多，首先要纳鞋底，然后做鞋帮，最后组装合成。母亲纳鞋底的动作非常优美，让我记忆犹新：每当夜幕降临，母亲便坐到里屋的小桌旁，拨亮煤油灯，开始纳鞋底。只见她用锥子在鞋底上扎出一个洞眼，然后用穿着粗线的大针扎入眼中，再用"针抵子"朝针屁股一顶，针头便冒出来了，继而用力一拉，粗线也随之从锥眼中穿过，把线勒紧，一上一下一个小针脚便纳好了。这样一针一线不停地飞梭，一行行的针脚犹如一排排列队整齐的士兵、一首首抒情感怀的律诗、一曲曲萦针尖上的舞蹈；那"最爱穿的鞋是妈妈纳的千层底，站的稳哪走的正，踏踏实实闯天下"的歌词，仿佛不是作家曲波所写，而是母亲所为。

不仅如此，母亲还会一门绝活，那就是做豆腐。她能把一粒粒黄豆制作成白豆干、油豆腐、豆腐脑、豆笋、豆腐乳、霉豆粒、霉豆渣等近10个豆制品。母亲做豆腐用的是井水、烧的是柴火、碾压的是石磨。她能把握好火候，所以做出来的豆腐又鲜又香又嫩，吃过的人都觉"食犹未尽、回味无穷"。由于母亲手艺精湛，每逢春节，乡亲们都排队来我家做豆腐。他们挑来木柴、大豆，并负责磨浆、烧水，母亲负责榨浆、拌浆、点浆。做一套豆腐、收一筒米抵做工钱。过一个春节，母亲要做百来套豆腐，收入百来斤米，母亲靠的就是这点手艺把我们养大。

记得有一年腊月廿六，小弟还差两个月出生，年近半百的母亲挺着大肚子提着百来斤盛满煮沸豆浆的木桶将它倒入缸里，由于地滑、桶重，母亲的身体发生了倾斜，如果处理不当将"人仰桶翻"，紧急关头，母亲一只手插进了滚烫的浆桶，豆浆保住了，手却被烫成"狼牙棒"似的排排水泡。受伤后的母亲还不下火线，指导姐姐把当天的豆腐做完。母亲的勤劳勇敢潜移默化地感染了我，我一丝不苟、精益求精的工作作风和负重奋进、争创一流的开拓精神就源自母亲。

母亲虽只字不识，可无师自通、聪慧过人。母亲没上过学，连自己的名字也不会写，却能说会道、处事中庸。孩童时代，母亲经常给我讲"寝不言、食不语""耕读传家久、诗书继世长"等名言警句，还给我讲故事、讲家训家风、讲风土人情。上学后，母亲鼓励我发奋读书，做一个有利于国家有利于人民的人。参加工作以后，母亲对我说："要高调做事、低调做人，把人做好、把事做对。娘不求你当多大的官，只求别人不骂你的娘就行。"并给我讲父亲当村干部的一些事情，如"土改""四清""五反"等等，她说害人之心不可有，防人之心不可无。教我如何做人、处事、为官。之后我当了局长，手中也多少有点权力，母亲便告诫我："一定要按政策办事，平等待人，公正处事，如果乱搞，那会是食落众人口，罪责一人担啊！"同时，乡里乡亲也有人托母亲找我办事，母亲都耐心解释、一一拒绝，她怕影响我的工作，增添我的麻烦，造成不好的影响。

工作中我也曾有过挫折，几次升迁的机会都与我失之交臂，甚至还遭人诬陷，曾经一度情绪低落、心烦意乱。知儿莫如娘，母亲从我默不作声、心神不

307

宁的神态和游离不定的眼神里看出了我的心事，便开导我说："你一个农民的儿子，能当上局长可以说是列祖列宗前世修来的福分，该知足了，是金子总会发光的。再说，你父亲当个生产队长都有人告黑状、还坐过猪圈，何况一个那么大的单位呢？"母亲的一番话，如醍醐灌顶，使我茅塞顿开、云消雾散，同时，也给我干事创业以足够的勇气和持久的活力。母亲讲的这些，虽然没有晦涩难懂的术语和华丽工巧的词藻，却蕴含着丰富的齐家智慧和深刻的人生哲理，通俗且形象，实在又管用，质朴而久远，使我终生受益而获得一个又一个荣誉，得到了组织和同志们的认可。

仔细看来我觉得母亲不仅是一位善良纯朴的女性，还是一位博施济众的观音，更是一位看云知天的哲人；她不仅赐予我生命，开启我智慧，传授我善良，给予我勇气，指点我迷津，还激励我前行；她，不仅是一位杰出的母亲，还是我人生中最伟大的导师！

正沉浸在美好的回忆之中，忽然觉得有人推敲车门，于是我赶紧下车，快步进入堂屋，坐到母亲旁边。我说："寿庆的事你们议得怎么样了？"母亲不等我把话说完，就先声夺人："这酒坚决不能办。如果做酒，自家亲戚就有20多桌，加上乡里乡亲和单位同事50桌都坐不下。电视里天天讲，'婚事新办、丧事简办，其他不办'，人家金兰镇的大老板娶媳妇才办3桌酒，你这既违反乡规民约又触犯廉政纪律，搞不得，千万搞不得。"

遵照母亲的嘱咐，我们选择一个偏僻的农家饭馆备了5桌土菜，为了控制席数，还规定了小孩不占席位。那天刚好是7月1日，我主持了"寿庆"仪式。我说："今天是个特殊的日子，是党的97岁生日，也是母亲的90岁生日，我们欢聚一堂，共同庆祝'母亲'生日。在座的有不少共产党员，要不忘初心，牢记使命，继续前进。所有家人要敬老孝亲，传承家风。为'母亲'祝寿，不是聚一次会、吃两顿饭、喝三杯酒，而是要发扬中华民族的传统美德、加强党性修养，弘扬百善当先的孝道文化，传承优秀的良训家风。懂得对父母感恩，做到对长辈孝敬和对他人谦让，这才是做人的根本，也是干事创业的基础。"我说完之后，每个小家都派出代表发言，大家纷纷表示要听党的话，做新时代的排头兵，做尊老孝亲的后来人。在场的餐馆服务员都说："这样的'寿宴'办得好，既热烈又俭朴、既活泼又严肃、既开心又惬意，这哪里是'寿宴'，分明是一次移风易俗、廉洁自律的生活会啊！"

"谁言寸草心，报得三春晖。"是啊，母亲！您卑微如青苔、庄严如晨曦，您柔如江南的水声、坚如千年的寒玉。举目时，您是皓皓明月；俯首时，您是莽莽大地。您是大海航行中的舵手、深海礁石上的航灯，时刻为我们指引航向……

◆本文原载于【文史博览·力量湖南】微信公众号 2019 年 6 月 8 日

母亲一直提醒我、教导我：不要犯错误，也不要因为小恩小惠而贪便宜，要始终保持一颗廉洁的心，做人要勤劳、善良，注重和谐，不要计较个人得失。

黎思亮：
母亲说无论何时都要将廉洁放心间

口述｜**黎思亮**　文｜**唐静婷　沐方婷**

我的父亲母亲都是最普通的农民，但他们教给我的道理却质朴久远，不仅潜移默化地影响着我，甚至还传承给我的下一代。尤其是我的母亲，她在我走向领导岗位时一直不断地提醒我、教导我：不要犯错误，也不要因为小恩小惠而贪便宜，要始终保持一颗廉洁的心，做人要勤劳、善良，注重和谐，不要计较个人得失。

回想起童年的趣事，其中不乏母亲教育孩子的智慧。我八九岁的时候，家里很困难。记得有一次，我看到别人家的红薯长得枝繁叶茂，馋劲儿就上来了，于是带着弟弟跑去偷偷挖红薯吃。吃完红薯，我以为把红薯藤塞回去就能做到神不知鬼不觉，没想到的是太阳一晒就把红薯藤晒枯了，最终还是被那户人家逮着了。母亲知道后将我绑在床上狠狠地抽我，直到今天还记得她那句"不该做的事情就不能做"。在那之后，我们两兄弟都不敢再调皮做坏事。

后来走上工作岗位，母亲的谆谆教诲也始终萦绕在我耳畔和心间。我本是怀化洪江县人，因为妻子在辰溪县，于是来到辰溪工作，算得上是一个"外人"，但是我始终记得母亲的教诲，努力工作，同时也多为人着想，不贪小便宜。

我曾在县纪委工作 10 年，在纪委的工作其实比较得罪人，因为查案触及各方利益，但是我始终要求自己办案就要做到让人心服口服。当时我曾分管过执法监察，煤炭事故后经常要追责问责，在我手上有过多位煤炭局领导被处分，后来我调到煤炭局担任党组书记，一开会，才发现会场上坐的同事竟然都是被我问责过的。

但这些并没有影响我们之间的相处，一方面因为在问责中我们就已进行了充分沟通，另一方面也源自我的工作理念：要站在不同的角度看问题，换位思考。同时，我也和我分管部门的同事说，放手做好自己的事情，如果需要我对外沟通，我一定第一时间出面；如果需要担责，我也一定第一个站出来，做人要有担当精神。所以，无论在哪个工作单位和岗位，同事和我都相处得很和谐。

母亲教会我的人生智慧，我也传递给了我的儿子和女儿。现在，中国提出的很多理念都是和我们的文化传承密切相关的，比如说和谐社会、人类命运共同体等理念，其实都是和我们中国文化中的"和"文化有明显的关系。因此，我一直告诉他们，做人一定要有一颗和善的心，正确对待自己的得失。

有一次，女儿在街头看见乞讨的人，她自己没钱，但是找到我们，希望能够帮助那些乞讨的穷人。其实，我和妻子都认为有些乞讨者只是通过这样的方式谋生，而非真正穷到走投无路。但是我们却没有告诉她，因为拥有与人为善的品质更重要。善，其实也是独生子女一代的年轻人特别需要注意的道理，要与人为善，而不是一人独大。如今，父母亲虽然已经离开了我们，但是他们传递出来的家风，将一代代传承下去。

311

◆本文原载于【文史博览·力量湖南】微信公众号 2018 年 6 月 6 日

————————// 人物名片 //————————

黎思亮：湖南省政协委员、怀化市辰溪县委党校副校长

·扫码收听·

由于家境贫寒，母亲没有给我们兄妹留下任何有价值的财产，留下的一些破旧家具，也在1995年百年未遇的大洪灾中冲毁，甚至连一张照片都未留下，留下的唯一"家产"就是洪水冲不走的擂钵。

滕军：母亲的擂钵

文｜滕　军

312

当我用家中擂钵擂辣椒时，就会勾起我对母亲无尽的思念。母亲早在20世纪90年代就早早离开了我，现今已整整27个年头，擂钵是她留给我的唯一"财产"。

母亲姓廖，泸溪县人氏。她身材不高，脸圆乎乎的，慈眉善目，见人总是笑咪咪的，是村里公认的老实人。20世纪60年代嫁与父亲后，生育我们兄妹三人，我是老大。

儿时家里生活相当艰难，大米不够吃，于是红薯成了家中重要的食物。或烤、或炒、或蒸，母亲总是变着做红薯的花样，尽量让我们兄妹三人喜欢吃。但我至今还是对"红薯汤"情有独钟。把红薯切成片，放少许菜籽油炒一下，加水和盐煮烂，就成了一碗香喷喷的红薯汤了，如果再撒几颗葱花，那就更加飘香浓郁了。如逢高村"四九"赶集，家里偶尔买点肉改善一下生活，往往是半斤肉要和一斤多青辣椒炒。到晚饭的时候，就是我们兄妹三人最开心的时候，我基本上是"不喝三碗不过岗"。这时候母亲总是一个人坐在旁边笑咪咪地看着我们兄妹狼吞虎咽，最后等我们吃完后，用剩汤菜泡点饭吃。

"穷人的孩子早当家"，从小我就承担家里一些力所能及的家务活，我印象最深的家务活还是擂辣椒。那时干红辣椒粉都是用擂钵擂的，辣香浓郁。记得我快上小学之前的一个赶集日，母亲从市场上买回一个新擂钵。擂钵是用麻阳当地红砂岩打造的，外面用岩钻刻了许多波浪花纹和"永久和平"四个字。擂钵买回那天，母亲对我说"崽，你也快8岁了，就要读书了，要适当多做点家务，今后擂辣子就是你的事了"。

母亲买的擂钵没有锤，于是我和小伙伴一起到锦江河对面农场玩耍的时候，在河滩上找了个长长的、滑滑的"鹅卵石"做擂钵锤。从此后，擂辣椒就成了我做家务活的"专利"，并一直延续到上高三，外出读书为止。

擂辣椒看似简单，实际也有技术含量。擂时要先放点盐，从一边擂起，擂到辣椒稍烂时，加点点水，千万不能太多。然后一只手扶住擂钵边，莫让辣椒溢出，另一只手用力擂，这样擂出的辣子又细又稠，还不掉地。如果不小心眼里沾了辣子，那就恼火了，要赶紧用水冲眼洗净。

擂钵不仅能用来擂辣椒，还可用它擂出下饭的"美食"。记得9岁那年，有次赶场看到别的孩子在买油饼吃，我就死活缠着母亲要买。要知道，一个油饼一毛钱，那可能是家里一天的菜钱。母亲没钱买，硬拽着嚎啕大哭的我往家里走，边走边说："崽莫哭，到家里妈给你搞好呷的。"到了家里，母亲拿出自家腌制的水酸菜，切成小段，然后用擂钵捣烂，放点辣椒和盐，装了碗凉饭，夹上擂好的酸菜说，"尝下这菜，好呷得很。"我止住抽泣，吃着酸菜饭，别说还真另有一番风味，然而我又分明看到母亲坐在灶边偷偷抹着泪花。

1991年1月11日，是个我永远伤痛的日子，那天早上母亲永远离开了这个她珍爱的世界。当时她正在做家务活，突发脑溢血就去世了，那年她才49岁。

// 人物名片 //

滕军： 湖南省政协委员、麻阳县政协副主席、县工商联主席

◎母亲留下的擂钵

母亲没给我们留下任何话，只是对着她儿媳微微地笑了一下，她也没有见到未出世的孙女。母亲去得很快，没有痛苦，我至今清晰地记得她去时的情形，胖胖脸上微泛着红，表情很安详，嘴角边挂一丝浅笑……母亲突然病逝，我们手足无措，哭天抢地，母亲兑现了她曾说的老了不麻烦我们的诺言，只是母亲您还远未到老的时候啊！

314

　　由于家境贫寒，母亲没有给我们兄妹留下任何有价值的财产，留下的一些破旧家具，也在1995年百年未遇的大洪灾中冲毁，甚至连一张照片都未留下，留下的唯一"家产"就是洪水冲不走的擂钵。小小擂钵在别人眼里可能微不足道，我却一直视为"宝贝"。参加工作后，我前后搬了4次家，每次搬家我都是首先把它抱在怀里，搬上车，珍藏在家里。擂钵不仅仅是母亲留给我的深深念想，还有我儿时的美好回忆和浓郁乡味乡愁。擂钵更是时刻让我铭记母亲教我的做人道理。虽然我和母亲只共同生活了短短25年，但她勤劳、善良、担当的品行深深烙印在我的心上，伴随我一路成长、前行。

　　由于父亲长期漂泊在外，对家中之事不问不管，是母亲在家里最困难的时候，用她矮小的身躯和瘦弱的肩膀扛起了家庭的重担。1985年，我考上了常德高等专科学校，成了全村有史以来第一个大学生。那时大学是统招统分体制，考取大学就意味着跳出"农门"，捧了"铁饭碗"。我清楚地记得那段时间，母亲总是精神抖擞，走路也呼呼生风了。但每年的几百元学杂费和每月30元的生活费让拿到通知书的我犹豫了。然而母亲坚定地对我说："崽，你放心去读书，家中的事，你不要管，妈就是去借去讨也帮你把学费凑齐了。"大学三年，母亲就是不断替别人缝缝补补赚取点微薄的收入供我上学。为减轻母亲压力，我努力学习，每期考试成绩都很优秀，每月都得到学校 20 元的奖学金。

是母亲教会了我什么是责任和担当。参加工作以来，我努力工作，"正直做人，踏实做事，知行合一"是我的人生信条。正因为敢于责任担当，组织上给予了我莫大的荣誉。我曾担任过省、县、乡三级人大代表，现任省、市、县三级政协委员。代表、委员既是荣誉，更是责任，它激励着我牢记使命，不忘初心、砥砺前行。

是母亲教会了我与人为善，心怀感恩。印象中，母亲总是笑眯眯的，从不与人争吵。她善待身边的每一个人，特别是给予我们帮助的人。我 50 多年的人生道路，虽历经坎坷，但也终见彩虹。我要感谢在我生活困难时给予过我帮助关心的亲人们，是你们让我明白什么叫"血浓于水"；我要感谢在我人生迷惑时给予我支持的亲爱的朋友们，因为有你们，迢迢长路，时光温暖；我还要特别感谢我曾经的同桌、今天的爱人，是你在我生活最困难的时候，伸出了无私的援助之手，送来了温暖，让我们兄妹度过了一个个寒冷的冬日，是你在我人生最困惑的时候，不离不弃，给了我前行的勇气，给了我一个温暖的家。

"子欲养而亲不待"。也许是年岁越来越大的原因，近几年每当夜深人静的时候，我的心头总涌起对母亲的深深思念，母亲的音容笑貌就会清晰浮现在我的脑海里。母亲跟着我没享过一天的福，这种内疚时常像针一样扎着我的心，让我久久不能平复。母亲虽已离开我 27 年，但她那颗坚韧、感恩的心却时常激励着我，成为伴我成长前行的力量。这种力量也释放出我对家人的责任，对亲人的爱和对生命的爱，这种爱温馨而细腻，历久而弥新……

而今，母亲未谋面的孙女也已长大成人，她孝顺上进，善解人意，我很欣慰。再过几个月，她也将初为人母。我曾对女儿说："我们家有个传家宝——擂钵，它比你年岁还大，今天我们对你讲擂钵的故事，我希望你对你的子女也要讲好这故事。还要延绵不断地讲，口口相授，代代相传……"

◆本文原载于【文史博览·力量湖南】微信公众号 2018 年 8 月 8 日

·扫码收听·

那时候，我们带着竹篓，去山里采新鲜的茶青回来，母亲会再加些陈皮、柴胡、山楂等中药，父母亲用大茶缸熬茶，做成午时茶。

谭凤英：故乡的茶

口述 | 谭凤英　文 | 李悦涵

316

　　我生长在耒阳市白沙矿务局南阳煤矿，一个典型的国有企业。工人们来自五湖四海，大家讲着不同的方言。现在，和很多来自不同地方操着不同乡音的人聊天，都会有似曾相识的亲切感。

　　我有三个哥哥，排行第四，下面还有个妹妹。那个年代，家家户户儿女众多，父母亲忙于工作，基本没有时间管我们。从小，我和妹妹屁颠屁颠地跟在几个哥哥后面玩儿，大的带小的，我们和他们一样上树下田。

　　父亲性格很爽朗，是乐天派，敢作敢为。他很像电视剧《哈尔将军》里的哈尔，天不怕地不怕。那时候，单靠父亲一个人的工资养活全家是不可能的。他就和我母亲去山上开荒种地，种红薯、苞谷，还会砍一些木头回来，撒上木耳种子。那时候我的三个哥哥都在吃长饭，饭量很大，但那个年代，我们家人竟然都没饿过肚子，而且每年到了春天青黄不接的时候，姑姑还会到我们家来拿粮食。

　　改革开放初期，一个酒厂到我们那个山沟沟里来收集一些树叉做燃料，这是个很辛苦的活，没人愿意去做，但我父亲会去收。他收完了集拢来卖给酒厂，后来他还组织其他人一起去做，然后在其中赚一些差价。在那个所有人都只靠工资生活的年代，父亲就已经凭自己的能力有了额外收入。

父亲对我的影响非常大。他经常跟我们说一句话："吃不穷，用不穷，穿不穷，不会打算，一辈子穷。"这句话我直到现在都牢牢记着。

我的母亲是一位典型的中国女人，她像他们那一辈的人一样，很贤惠顺从，处处为儿女们着想，对儿女们的付出全心全意。不管什么时候，哪怕自己不吃，她都要保证儿女们吃饱。

我最记得的是过年时母亲带着我们炸糍粑的场景。早上，我们把米浸湿后，有劳力的男孩子就在石斗前捣糯米，女孩子就用筛子将捣碎后的糯米粉过筛，筛了的粉就拿去和水。女孩子手巧，把面团扭成漂亮的套花形状，下油锅炸成香脆的套花。炸好后，母亲用一个大缸装满，来了客人就把"套花"拿出来，然后里面再放一些榨菜，再给每个人倒上一杯茶。过年去别人家做客的时候也会提上一袋子。

那时候家家户户一起捣米、筛粉。炸套花的香味能浓浓的飘满整条职工房。那时候的年味儿特别浓，邻里关系也格外亲密。我们拿一双筷子一个碗，可以从村的这一头吃到村的那一头，家家户户都能吃到饭，去别人家里吃饭就好像在自己家那么亲一样。

童年最让我难忘的，是故乡的茶。

那时候，我们带着竹篓，去山里采新鲜的茶青回来，母亲会再加些陈皮、柴胡、山楂等中药，父母亲用大茶缸熬茶，做成午时茶。

到了春天，湿暖的风吹过，经过一冬的休眠和养分积累，茶树开始抽芽，这个时候，母亲还会带着我们去采摘鲜嫩的芽头——芽头，指的是茶枝顶上最

317

———————— // 人物名片 // ————————

谭凤英： 湖南省政协委员、宜章莽山木森森茶业公司董事长

◎谭凤英和母亲

嫩的叶子，尖头一般呈嫩黄色或嫩黄绿色。母亲说，要一大清早的时候，去采摘，因为这个时辰的芽头味道极其鲜美。采摘芽头时，指甲不能碰到嫩芽，手不可紧捏，放入篮筐时，不能积压。采回鲜叶经挑拣后及时堆放，杀青采用快速翻炒，抖闷结合，待嫩叶叶质变软后，再以清风摊凉。

茶叶做成后就邀请亲朋来喝，尤其是在夏天午后，大家劳作了大半天，大汗淋漓地坐下来，我们给大家奉上一碗碗热茶，生活的疲惫似乎就被一饮而尽了，那种场景我至今都记忆犹新。如果有剩下来的茶汤，母亲也不会浪费，她会把茶汤泡在饭里，做成可口的茶泡饭。

回忆儿时，关于茶的故事和滋味很多，我想我是有情结在里面的。这应该也是我当初回乡创业，做茶企的一个重要原因。

母亲太贤惠了，全部都在奉献别人，自己好像没有享过什么福。我经常在想，她要是现在还在，能享一享福就好了。

◆本文原载于【文史博览·力量湖南】微信公众号 2019 年 2 月 23 日

·扫码收听·

父亲这一生影响我们最深的，是他的坚韧、敬业与进取，这便是家风。

李彤：父亲，来生还要做您的儿子

口述｜李　彤　文｜仇　婷

　　1936年11月21日，农历十月初八，我的父亲出生在湖南永州市祁阳县潘市镇荷花村。在父亲一岁多时，祖父因贫弃耕从戎，留下父亲和祖母孤苦度日。祖父一走就是十多年，直到1949年才回来，家境始有好转，父亲才有机会继续求学。

　　哪知好景并不长。在1955年的"肃反"运动中，祖父因曾在国民党部队当过上尉军医被批斗，自杀离世，丢下了苦难的祖母和一双正待抚育的儿子。那年，父亲读高一，叔父才5岁。在那个年代，祖父的突然离世给父亲带来了沉重打击，父亲因此患上抑郁症，不得不休学一年调养身体。

　　1958年，父亲奋发图强，考上大学，被湖南师范学院（今湖南师范大学）生物系录取，成为新中国成立以来荷花村走出来的第一个大学生。在20世纪60年代，一个贫困的单亲家庭能走出一个知识分子，付出的艰辛是可想而知的，尤其是在当时父亲罹患抑郁症的情况下，没有坚强的意志和毅力是不可能成功的。我清楚记得父亲曾在他的堂屋墙壁上写下一句李清照的诗：生当作人杰，死亦为鬼雄。这也许就是他内心的动力之源，一生的精神支柱吧。

　　大学毕业后，父亲被分配在祁阳二中任生物教师，至此开始了长达35年的从教生涯。1969 年，因工作需要，父亲由祁阳二中的生物教师调到新办的祁阳六中任物理教师，并且一干就是十年多。虽然是"另起炉灶"，父亲却不比正牌的物理教师差。那时，物理学有一些章节的主学内容是"三机一泵"，特别强调"理论联系实际""学以致用""拜工人为师"，父亲摸索着学会了柴油机、电动机、手扶拖拉机和水泵的基本结构原理使用、拆装、简单故障排除技术。为了加强直观教学，父亲因陋就简制作了许多教具，其中，由他制作的"水力联合试验机"被县里选送至省里展出，并立功受奖。后来恢复高考后，父亲又埋头于物理基础理论的学习中，所教学生的高考成绩也常常名列全县前茅。

　　1981 年，还是因为工作需要，父亲又回归老本行，复任高中生物教师。由于"文革"十年的耽搁，教师人才出现断层，正牌大专院校毕业的生物教师奇缺。已过不惑之年的父亲不仅要培训和辅导年轻的生物教师，还要挑起多个年级生物教学的重担，但父亲始终拼在教学第一线，任劳任怨，为教育事业贡献了自己的半世青春。

　　我的母亲是在 1967 年出现在我父亲生命中的。当年，虽然父亲仪表堂堂，又是少有的大学生，但由于祖父的成分问题，许多妹子虽欣赏父亲但迟疑不决，宁愿嫁给其貌不扬但"可靠"的小学教师、普通工人，也不愿把父亲这位正牌大学毕业的高中教师列入人选，这导致父亲虽年过三十仍独自一人。而我的母亲颇有眼力，她听从媒人的安排，和父亲在匆忙简朴中闪电式地结婚了。在那个极为看重"根子正，苗子稳"的年代，是极为不容易的。

　　母亲是位普普通通的农村妇女，没什么文化，但勤劳、朴实、善良，嫁给

———⫽ 人物名片 ⫽———

李肜：祁阳县政协常委

◎李彤的父母亲于 1991 年
8 月在浯溪公园合影留念

父亲后的第二天就同生产队社员一起出工，后来有了我和哥哥两个孩子，母亲不仅要按时出工、砍柴喂猪，还要带孩子，有时还要到十几里路外的黄泥塘煤矿挑炭烧，终日起早摸黑，很多时候我和哥哥都睡了，母亲还在剁猪草、操持未完未了的家务。

321

　　我的家乡地处丘陵地带，自然条件很差，农村实行"责任制"分田到户后，我们母子的近两亩责任田被分割在七八个地方，夏天只要几天不下雨就要抗旱，田里的禾苗要一担担挑水去淋，或者用小溪边的田用筒输水管装个土活塞从小溪里一上一下地去拉抽，这比用扁担挑虽然轻得多，但每次拉出来的水只是一小匙，现在看来这种生产工具是相当落后的。而我们家是"半边户"，父亲忙于工作很少回家，母亲一人操持家里、田里、地里，在那样艰苦的岁月里，母亲不仅没有半点怨言，还时常挂念父亲的身体。那时，父亲每个月的薪水要分成三份，一份给祖母，一份是自己的伙食待客开销，留给母亲的已是不多，但在改革开放初期我们家便建起了两间土砖房，那是母亲一分一分从日常开销里省出来的。

　　尽管从世俗观念来看，父亲与母亲的"身份"并不匹配，用现在的话来说可能会有思想观念上的冲突。但事实上，父亲和母亲携手走过了50年婚姻岁月，在这50年里，父亲影响着母亲，母亲崇拜着父亲，两人互相扶持，互相照顾，走过了看似平淡却幸福美满的一生。

1996 年，父亲从人民教师的岗位上退休，但他没有过上玩牌遛弯的退休生活，而是一直持之以恒地学习。先是学会了用电脑打字、搜索资料，之后开通了博客，写下了数百篇博文，闲暇之余还养起了蜜蜂。母亲虽没什么文化，但也非常上进。20 世纪 70 年代，在父亲的指导下母亲开始学习缝纫技术，但因农活繁重且家庭经济条件有限，请不起专业师傅来教，但是母亲自己钻研，还能做一些简单的衣物。虽然技术一般，但可贵的是母亲那颗不甘贫穷、努力进取的心。

回想起来，这些年我与父亲的交流并不多。父亲一直扮演者"严父"的角色，再加上他教师的身份，我对他是有一些敬畏的。记得比较深的是，小时候调皮捣蛋，被父亲连追着跑了两座山，抓回来后罚跪两个小时，后来在祖母的不断求情下才得以认错罢休。但父亲在我们兄弟俩身上的确倾注了很多心血。1989 年我高考失利，父亲一直给我做思想工作，告诉我"三百六十行、行行出状元"，不要有思想负担，暑假期间还特意带我去外地散心。其实，对于父亲这种老一辈的人民教师来说，谁不希望自己的孩子能考个好大学，光宗耀祖呢。

后来我与大哥相继娶妻生子，父亲也退休在家，但他对我们的关注并未减少。大哥夫妇从商，我与夫人从政，各自奔波于繁忙的工作与生活，回家时间并不多。2005 年前后，已是 70 岁高龄的父亲便开始用手机短信跟我们沟通交流，小到家庭琐事，大到孙辈教育、工作中为人处世的方式等等，父亲都会通过短信一一教导、时时提醒。

2018 年 4 月 12 日，我敬爱的父亲驾鹤西去，从此阴阳两隔。父亲去世之

◎李彤的父亲留存的不同年代照片

◎李彤的父亲李经球的
政协委员证书

后，我们清理遗物，发现了父亲多年保留下来的数百万字的日记、文稿，还有保存完好的政协委员证。父亲是祁阳县第一批中学高级教师，从 1984 年开始，父亲连任县第二、第三、第四、第五届政协委员，每一回作为政协委员参政议政的证件、资料，父亲都认真保存。在他心里，这不仅是对他几十年教师生涯的肯定，更是一种至高的政治荣誉。我们下一辈也没有辜负父亲的期望，我的妻子连任县第六、第七届政协常委，我是县第九届政协委员、第十届政协常委，在为百姓传达呼声的路途上，我们接力前行。

到今天，父亲离开我们已有整整 3 个月了，一辈子崇拜并依赖父亲的母亲终日以泪洗面，作为子女，我们也陷于对父亲深深地怀念之中。父亲这一生影响我们最深的，是他的坚韧、敬业与进取，这便是家风，我们将代代相传。

父亲，儿了答应您，会尽心照顾好母亲，用心教育好下一代，愿您在九泉之下保佑儿孙幸福安康。若有来生，我还要做您的儿子！

◆本文原载于【文史博览·力量湖南】微信公众号 2018 年 7 月 20 日

323

父亲一生，也曾有过美丽如烟花的灿烂岁月流经生命的蜉隙。

齐绍瑛：欲寄相思千点泪

文｜齐绍瑛

时光飞一般流逝，转瞬之间，父亲已离我们而去6年。今年的春节，不寒而冷。墓地禁燃烟花，全没了往年的喧嚣。穿过墓林来到父亲的坟头，叩头祭拜，思绪万千。"树欲静而风不止，子欲养而亲不待"，对于父亲的那份眷念，在他生前从未仔细品味过，此刻袭上心头的全是酸楚。

一

"我生之后汉祚衰，天不仁兮降乱离，地不仁兮逢此时"（摘自蔡文姬《胡笳十八拍》）。父亲的出生刚好比共和国早诞了十年，那是一个内忧外患的年代。两岁时，祖母即告罹难。我百度了一下，其时正值日军侵华部队在常德实施细菌战。那一年，烽火战乱，祖父为避日寇抓丁逾墙而去，数日未归。祖母出门寻夫，从此杳无音讯。没妈的孩子成为父亲的宿命，在那战火纷飞的时期，天聋地哑的悲寂弥漫着湘北无际的平原，幼年丧母的孩子能有多苦自是不言而喻。

即至少年，姑母出嫁，伯父从军，国家大办工业，父亲应招进入长沙机床厂学徒。随后又遇大跃进三年自然灾害，国家倡导城镇工作的青年下乡支农，作为幼子，本就挂念家中孤苦伶仃的老父，他拒绝了厂长的再三挽留，毅然决然地回到了祖父的"家"——生产队的牛棚里。及至"家"里，映入父亲眼中的所有：一架竹床、一条破絮、一个火盆和一盏炉锅，还有一个半身不遂、靠着左邻右舍施舍度日的祖父。父亲俯下身去，开始打理这个家，自此娶妻生子，侍奉"老爷"……

2012 年，玛雅人预言的世界末日终未来临，却遭遇了父亲的大限。第三次中风后，父亲结束了他苦难负重的一生，朝着他未知的另一个世界匆匆而去。他将子女的事业看得如此神圣，如此不堪打搅，在 8 月 10 日星期五的晚上，不留一言地悄然离去。冥冥中，或许有一种意志的力量一直在支撑着他，即使临终的送别也不愿占了我们工作的时间，他要使惜别的葬礼都在双休日期间内完成。

自我记事起，父亲的劳碌和病痛总是相伴而生。无病的时候，人称"长腿"的他总是走路带风，恰似一架不事停歇的永动机。一旦发病却是痛苦万分，彻夜难眠。彼时的乡村医生也始终未能找到父亲身上真正的病因。后来知道了是痛风，还有高血压。随着年岁的增长，患病后的父亲不时都会出现状况。而他总是独自忍受着折磨，病情稍有好转便下地忙活，更有一次晚上在田间被蛇咬伤，幸而回来被村里蛇医所救，这事到了后来很久我才听说。

二

父恩如山，所有的爱，至今已无法一一串联，只堪零拾滴滴点点。那时

人物名片

齐绍瑛：常德津市政协常委、市委统战部常务副部长

◎齐绍瑛的全家福

我家仅与一户社员相邻，与其他村民相去甚远。一家五口，三个小孩，琐事自然不少。

父亲从不给任何人增添压力和负担，宁愿将所有的责任和道义负于双肩。农村从社会主义集体所有制转为家庭联产承包责任制，一部分头脑被市场机制激活的农民，道德的建设却没有跟上致富的步伐。不少人在出售稻谷、油菜籽、棉花等农产品时，出现了有意掺杂使假，且轻易过关获利的情况。那段时间含水量超标几乎是见怪不怪的普遍现象，若非故意掺沙掺杂就算不错了。可是父亲无论是收获的稻谷还是打下的油菜籽，都要顶着烈日翻来覆去地暴晒几天，然后用风车倾力地吹，最后还要用筛子使劲地摆，把一切水分杂物等等清除得干干净净，才会出售给收购站或者流动贩子。

父亲一生，在省属企业当过工人，在村里当过财务会计，当过抽水机、拖拉机机手，最终成为一名地地道道的耕夫，自始至终只有一个信条：君子爱财，取之有道。这个信条就是他蕴藏心底、深入骨血的天道。

在我参加工作后的岁月里，看着父亲日渐老去，每次回家打开老的发黄的木橱柜，见到的基本就是一碗腌菜，一碗辣椒，外加早上煮熟筒箕盛着的米饭。我知道他不会随便花钱，给点零用钱也不会用，而当我每次买点肉类，总会说别浪费钱了，家里种的菜都吃不完，现在上街方便得很，随时可以称肉买鱼，上次的肉还没吃完等等。对于偶尔欠了别人的，总要想办法加倍偿还。

我和父亲对话互动总是很少，可是我回家后他说得最多的也就这几句：我们家出了个干部不容易，犯错误的事千万不能干，不能一世的饭一餐吃了。我们没有能力给你们多少积蓄，但也决不需要你来养老，趁剩下的日子我们自给自足，也没什么消费的，攒点养老的钱足够了。

父亲一生心无旁骛，作为丈夫，对于妻子的爱和责任亦是深入骨髓。贫贱夫妻百事哀，为了菜米油盐或者劳作意见不一时，与母亲的争执在所难免。然而每次吵架过后，赌气不吃的母亲下到地里干活，中午也不回来。父亲便做了饭菜，用碗装好差我送去。母亲虽然置气，也是见好就收，在邻居的讪笑下吃下肚去。

三

父亲一生，也曾有过美丽如烟花的灿烂岁月流经生命的蜉隙。他二十来岁就已经成为长沙机床厂的三级工。在农村人看来，成为一名拥有城市户口的工人，是一件十分荣耀的事。十里八村，有个长沙回乡的齐师傅几乎无人不识。

在我人生启蒙的第一本语文书里，有一篇习字课这样表述：爸爸是工人，妈妈是农民，哥哥是解放军……我清楚记得老师这样的解说："大家知道工人做什么的吗？齐绍瑛的爸爸就是工人"，那一刻我分明看见了同学们艳羡的目光。

水乡泽国的毛里湖有个中南村，横过水草连湖清波荡漾的"鸭公嘴"河就是民主村了。微风乍起的时候，河里总会有鱼儿雀跃柳根飘荡。农闲的夜晚，有两位而立之年的青年男人，各自头顶着自己的儿子，乘坐渡船到达对岸民主村露天的公共操场，这里正上演着三娘教子的豫剧，能够看上一场免费的电影或者戏剧，已是彼时南国最为奢侈的文化生活了。散场已是很晚，回来的路上，两位父亲却禁不住对起了黄梅戏的唱段：树上的鸟儿成双对……父亲头顶上的我，将这场刹那的芳华定格在脑海，一直残存至今。

青春的烟花太美，却足以燃尽一生的年华。在长长的生命里，父亲的欢乐只是乍现就凋落，逃不脱凡夫宿命，走得最急的都是最美的时光。君应有语，渺万里层云，千山暮雪，只影向谁去？父亲，愿你在天堂青春永驻。

◆本文原载于【文史博览·力量湖南】微信公众号 2018 年 9 月 24 日

父亲在时，"上有老"是一种表面的负担；父亲没了，"亲不待"是一种永远的孤单。再也没有父亲叫了，才感到从未有过的空虚和飘渺。我变成了没爸的孩子，父爱如天，我的天塌下来了。

何翔凤：
父亲没了，"亲不待"是一种永远的孤单

文 | **何翔凤**

很多年前，我崇敬的父亲驾鹤西去，在一个偏远的小山村静静地走了，走得很安详，好像一个婴儿睡熟了，面带微笑。根据父亲生前的意愿，安排他"住"在爷爷的隔壁，父亲终于与他的父亲团圆了。

如今，父亲的"新家"旁边长出一株天然的泡桐树，很旺盛，稚嫩的幼苗开叉长成了 V 字形，仿佛在告诉我们，他在另外一个世界里与爷爷一起安居乐业，享受天伦之乐。

天堂里的父亲没有了病痛。

父亲出生在一个贫苦家庭，爷爷年轻时因打砖砸断了腿，从此腿就瘸了。爷爷生育二男一女，生活过得非常艰苦，加上那个年代原本就比较落后，日子过得比一般家庭更加贫寒、拮据，甚至父亲 17 岁参加工作时，因无穿着、无被盖，去县城上了几天班又回来了，后来组织上知道这个情况后才把他叫回单位工作。

"文化大革命"时期，父亲被当作"小邓拓"批判，1970 年全县开展声势浩大的"一打三反"运动，父亲被迫参加学习班。不久奶奶去世，劳累一生的奶奶在临终时都没见到父亲一面。等父亲从学习班请假赶回来，奶奶已经在出殡路上，只能看到奶奶的棺材。父亲心如刀割，边跪边哭，一路跪拜追着上

山，哭成泪人。3 天后，父亲又回学习班继续学习。后来父亲又转到"五七"干校学习，边学习边挖土种花生，又到坦坪插田，被下放当农民。

到农村后，父亲积极参加劳动，砌路、修路、架桥，"双抢"时节接连数 10 天踩打谷机不下"火线"，放下打谷机又晒禾草、挑谷子，从深淤泥田里一手一筐谷子提上岸。在农村的那些年里，父亲因为繁重的劳动和无规律的饮食而患上严重的胃病，生活得非常痛苦。几年后，上级落实政策，他才又重返了工作岗位。

工作的几十年里，只要是学新技术、新知识，组织上都是派我父亲去参加，他成了单位里的学习进修专业户，学习完回来后又马上搞技术革新、新知识运用。父亲负责收购门市 10 多年，收购的烤烟、苎麻、茶叶、土产、废品、药材、皮草灰尘多，从此父亲的肺部落下病根。后来父亲又分管生产培植 10 多年，经常要下乡到田间地头农民家，负责基层分社 10 多年，地处偏远，条件又差，效益也不好。一般比较脏和累的工作，没有人愿意管的事，上级就叫他去，因为父亲好说话，又责任心强，任劳任怨。

苦日子过完了，父亲却老了，好日子开始了，父亲却走了。

父亲经常跟我们说"活到老，学到老"。父亲 17 岁参加工作，虽然只有高小文化，但看问题、做工作都非常有见地、有说服力，群众也喜欢听他的观点。父亲还写得一手漂亮的钢笔、毛笔字，逢年过节，亲朋好友都喜欢请他写对联。

父亲不玩牌，看书、写字、吹口琴就是他每天的"三件事"。他喜欢钻研烤烟生产培植、果木嫁接技术，退休后经常去他工作过的地方义务指导。20

—————————// 人物名片 //—————————

何翔凤：嘉禾县政协党组书记、主席

◎何翔凤的父母

世纪七八十年代，县里经常组织技术比武，父亲不是拿第一名就是第二名，从来没有失过手。家里以前用的脸盆、铁桶、热水瓶、口杯都是父亲得奖所获，几乎没买过这些东西。有一回县里组织珠算比赛，共四道题，4位数乘以4位数要求时间是2分钟内答题完毕。父亲仅用了1分12秒，获全县第一名。父亲的口算、心算在行业内是个奇才。

父亲这些奖品伴随着我们长大，也对我影响很深，我从小也不服输，立志要向父亲学习。

退休后父亲依然关心国家大事，关注国家政策、关心改革。每年中央经济工作报告他都要认真学习，还经常做学习笔记，写心得体会。他的日记从1952年写到了2004年，整整52年。我父亲最喜欢学习党的历史，非常讲政治，在他的笔记本里从党的一大到党的十七大的主要重大事项都做了记录。他还经常给村党支部上课，给入党积极分子讲党的光辉历史，经常给年轻人输送党的优良传统，爱党、敬党、颂党恩，家里几个后代受他的教育也非常热爱党，分别在高中、大学或参加工作后入了党。

父亲在他的日记里写道："一个人活在世上好比是一株草，草有青有枯，人的生命是有限的，一个人的世界观各有不同的特点，有正确的思想，有反动的思想，人生在世要心平正，做好事不做坏事，要向革命老同志和遵纪守法、一心为公的同志学习，反对那些危害人民的败类。我只要有一口气就要为人民的革命事业奋斗终身。"父亲心中追求的偶像就是雷锋。他在《雷锋日记》一书的扉页写着："希望我们全国有几千万个像雷锋同志这样的人。"

他在 1977 年一篇题为《为国家利益，减少国家开支》的日记中写道："我每次到郴州去交货，自己用板车从马家坪土产仓库拖往外贸仓库，流星岭、五里堆送到仓库验收后再返回单位，到郴州住宿选择价格最便宜的铺店住，虽然单位里有报销，但也想到要为国家节约一分钱的精神，每年收购的商品为国家增加很多利益，收购商品不亏等级、不亏数量……"

父亲经常教育我们要向雷锋同志学习。现在回忆起那时，他教我们的小孩唱歌，总是唱一首歌——《学习雷锋好榜样》，还在白色硬壳纸上用毛笔一笔一画、毕恭毕敬地抄写下来，连曲带词一个音符一个逗号都不漏，贴在家里客厅最显眼的墙上。家里一代一代孩子出生，一批一批教，一遍一遍教，不厌其烦，乐在其中。我们几姊妹的孩子，最先会唱的就是《学习雷锋好榜样》《没有共产党就没有新中国》。

1975 年 3 月 22 日，桂嘉输电工程在肖家黄花水开叉路口施工，因 3 月份正是农忙季节，民工上不来，人手不够，时间紧、任务重。父亲身为输电工程指挥部指挥员，为了保证施工进度，与民工一道卸底盘石，因一民工用撬棍打了滑，导致两块几百斤重的石头压在父亲的手指上，当场压断右手食指两节。因没有及时得到治疗，手指不断腐烂，后来整根食指只剩下一点点，之后也没有去进行伤残鉴定，更没有领过一分钱伤残补贴。其实像他这种受伤程度在90 年代以前，每月可以享受几百元的伤残补助，后来国家逐年提高伤残补助，到 2000 年后每月可享受 1000 余元的伤残补贴。近 40 年下来，为国家节约了

◎父亲曾在 1993 年 9 月 1 日写下一段话：要做一个廉洁奉公、光明磊落的人，开拓创新求实进取。我把这句话用画框框上挂在我的办公室

几十万元伤残费。事实上，父亲因为退休早，后来单位又改制，所以一直工资都很低，去世时工资还不够 2000 元。

1982 年 3 月 23 日，父亲下乡到行廊的门头新村察看烤烟育苗，因苗床基地有一条较长的水沟，天在下雨路很滑，不幸跌倒在水沟里，右手臂骨折，当场动弹不得。因为那段时间是烤烟移栽及育苗的关键期，父亲天天忍着病痛，下乡指导移栽、施肥、田间管理，手一直痛到 1987 年，一到下雨就剧痛，这后遗症伴随终生。

2002 年，父亲应乡党委邀请回老家当村干部，一个人从县城背起米、油，来到村里为村里架桥、修路，为村民排忧解难、办实事。为了完成乡里交给的各项任务，父亲用自己微薄的工资垫付村民多年欠下的农业税，并垫钱为村里疏通几公里长的岩洞。

2003 年上半年，当时岩背村村民在行政村的岩洞出水口上方取碎石建石场。父亲为了保护岩洞不被堵塞、村民田土不遭洪灾，找当事人进行劝阻，当事人认为影响了他的经济利益，恼羞成怒，打了父亲，最后医药费都不肯出。

2004 年，父亲牵头为村民修建了至杨梅岗 2 公里长的水泥硬化公路。当时父亲 3 年的退休工资都用在了村里的公益事业建设上，直到前几年村里才把垫付的本金还清给父亲。同年，父亲被嘉禾县委评为"第一届十佳基层干部"。

父亲走了，我的世界变了，我的内心也变了。父亲在时，"上有老"是一种表面的负担；父亲没了，"亲不待"是一种永远的孤单。再也没有父亲叫了，才感到从未有过的空虚和飘渺。我变成了没爸的孩子，父爱如天，我的天塌下来了。

父亲曾在 1993 年 9 月 1 日写下一段话：要做一个廉洁奉公、光明磊落的人，开拓创新求实进取。我把这句话用画框框上挂在我的办公室，每天上班走进办公室的第一件事就是看看父亲题的字，把它当成对自己的提醒和鼓励，铭记父亲的教诲。

其实，父亲没走，他好像就在家里，每个角落都充满着父亲的气息，慈祥的笑容、平和的心态、坚强的意志、超凡的境界、谆谆的教导，时常在眼前回放。

父亲，永远在我们心里……

后 记

从古至今，不管社会如何变迁，价值观变得如何多元，家风作为建立在中华文化之根上的集体认同，始终在中华儿女心目中留有最初的烙印。《守望初心——听政协委员讲家风的故事》是以庆祝中华人民共和国成立70周年、人民政协成立70周年为契机，通过委员讲述家风的故事，咀嚼回味这些平凡又不平凡的家庭里祖辈的感人故事，父母的言传身教，育子的心得体会，以此来传承家风初心故事。

家风故事讲述者主要为湖南的政协委员。他们有些是出生在湖湘，有些是跟随家人迁入定居湖湘，有些是因为工作事业而扎根湖湘，还有些是因为别样的缘分和湖湘发生了难以忘怀的故事。不难发现，他们的家风故事里也布满了湖湘气质底色，同时也萦绕着时代变迁背景下家庭和个体的价值坚守，家国情怀跃然纸上。

围绕家风、家庭、家教，本书分为四辑，分别从家国情怀、家教故事、家规训导、家风修养等方面分篇章辑集成书，同时每篇文章还制作了音频，是一本可供文本阅读和扫码收听的用心之作。我们的策划和采编团队在2019年年初就着手本书资料的收集和采访工作，开始对委员们的家风故事素材进行整理和进一步采集。早在2018年年初，政协云、《文史博览·人物》、力量湖南联合推出的"夜读往事之家风传承"音频栏目，邀请政协委员讲述家庭、家教、家风故事。栏目开播一年多来，已有近80位政协委员讲述他们的家风故事，把他们的初心和家风感悟原汁原味地用文字记录下来，也是我们集结出版此书的重要目的之一。

在这些故事之中，我们看到了家风对这些讲述者的重要影响。他们很多是来自不同的地方，来自不同的社会领域，有的还在世界不同地方工作生活过，但是对家风精神的追溯和传承向往是真诚而充满激情的，很多讲述者回忆家庭往事时，讲到感动之处不禁潸然泪下。可以看出，"家风"作为他们的人生起点，是他们成长的根基，使他们顺遂时不忘形，逆境时不怯懦，坚守自己的底线，成为他们行走世间的底气。

感谢这些愿意和我们分享家风故事的讲述者们，是你们的信任和支持，让我们有动力和信心将这些珍贵的故事记忆编辑成册，也让我们有幸成为你们家风传承珍贵记忆的文字记录者。

感谢湖南省政协领导、办公厅、各专委会、研究室及各市州、县区政协一直以来的关心和支持，正是你们的厚爱和关注，文史博览杂志社才能不断丰富内容生产、不断创新服务，为政协履职和传播融合探索新路径，我们一直在努力。

在此，向在图书出版过程中给予指导和帮助的中国文史出版社的老师们致以诚挚的谢意，感谢你们为本书的编辑出版提出的专业的宝贵意见。

完成这本书籍，参与的采编团队也收获满满。这支年轻的队伍有情怀，能战斗。他们是黄琪晨、吴双江、黄璐、唐静婷、仇婷、沐方婷、邓骄旭、李悦涵、彭叮咛、周欢、廖宇虹、夏丽杰、邹嘉昊、刘权剑、黎姗、彭鹏、高杉、贺彦、刘玉祥、汤威、段立人、金川、倪婷。这个80后、90后为主的年轻团队洋溢着青春的力量，他们将会有"很多可能"。

感谢这个伟大的时代。本书的编撰过程对我们来说既是时代的记录，也是工作历练，更是家风学习，它让我们懂得好的家风，是一个人前进的路标，告诉你一个人哪怕生于平凡，也当有志向，有兴味，才能找到自己愿意为之付出一生的事业，成人成才。古人说：修身、齐家、治国、平天下。当今社会价值多元，每个人对生活各有追求，但好的家风是我们的共识，它是我们的精神来路和远方。

愿你行走世间，也有这股子来自家的底气。

杨天兵

2019 年 12 月

图书在版编目（ＣＩＰ）数据

守望初心：听政协委员讲家风的故事 / 杨天兵主编 .
-- 北京：中国文史出版社，2019.8
ISBN 978-7-5205-1790-4

Ⅰ . ①守… Ⅱ . ①杨… Ⅲ . ①家庭道德—中国—通俗
读物 Ⅳ . ① B823.1-49

中国版本图书馆 CIP 数据核字（2019）第 268661 号

责任编辑：秦千里

出版发行：**中国文史出版社**

社　　址：	北京市海淀区西八里庄 69 号院　　邮编：100142
电　　话：	010—81136606　81136602　81136603（发行部）
传　　真：	010—81136655
印　　装：	湖南天闻新华印务有限公司
经　　销：	全国新华书店
开　　本：	710×1000　1/16
印　　张：	21.5
字　　数：	310 千字
版　　次：	2019 年 12 月北京第 1 版
印　　次：	2019 年 12 月第 1 次印刷
定　　价：	88.00 元